JN221165

私たちは今でも進化しているのか？

PALEOFANTASY

What Evolution Really Tells Us about Sex, Diet, and How We Live

Marlene Zuk

マーリーン・ズック◆著

渡会圭子◆訳

垂水雄二◆解説

文藝春秋

私たちは今でも進化しているのか？　目次

装幀　関口聖司

序文　速い進化と遅い進化

進化には途方もない時間がかかるという考えは誤りだ。乳製品の摂取も、高地への順応も、数千年の間に人類に起きた進化の結果なのだ。

四〇〇〇年前のＤＮＡを研究するために最初にしなければならないのは、服を脱ぐことだ。私はスウェーデンのウプサラ大学の古代ＤＮＡ研究所の隣にある気密室で、オディネ・オスク・スヴェリスドテと並んで立っている[1]。何千年も前の人間と彼らが飼っていた動物の骨を、オディネとその同僚たちが調べるところを見ようとしているのだ。彼女たちは科学者で、人間が離乳したあとも乳製品を消化できるようになった遺伝子変化の痕跡を見つけようとしている。人間以外の哺乳類はすべて、乳の中に存在するラクトース（乳糖）を消化する能力を失った。それ以来、乳製品は胃腸の不調を引き起こすようになった。しかし一部の人たち（特に北ヨーロッパとアフリカの一部）は、ラクトースを分解する酵素であるラクターゼを一生持ち続けているため、以前は食糧にならなかったものを利用できるという強みを持っている。オディネと彼女の指導主任であるアンデルス・ゴートストロムは、この変化がいつどのようにして起きたのか、そしてそれが乳牛の家畜化とどう関連があるかを研究している。ヨーロッパ中の遺跡発掘現場で発見され、放射線年代測定された骨から採取した遺伝子の、わずかな変化を調べているのだ。

DNAに刻まれた四〇〇〇年前の記憶

その第一のステップは、骨からDNAを抽出することだ。しかし他の人間の遺伝子を調べるときは、その試料を自分の遺伝物質で汚してはいけない。突然、私は自分のDNAが、密閉しておかなければならない有害な病原菌を含んだほこりのように感じ、それがまわりを浮遊しているところを想像した。オディネは背が高く金髪のアイスランド人女性で、北欧神話のワルキューレを思わせる。ワルキューレがしょっちゅう一服し、明るく神を冒瀆するような言葉を吐いていたらよく似ているはずだ。その彼女が用意してくれた清潔な服一式を身につけ、その上に使い捨ての宇宙服のようなものを着る。研究室に入るときには、その服装が必須だ。下着以外はアクセサリーを含めてすべてはずす。ゴートストロムが結婚指輪をはずすのは、ここに入るときだけだと言う。私は清潔な服と、薄手の白い一揃いのウェア、目の部分に透明なビニールのはねよけがついたフェイスマスク、ゴム手袋をつけ、研究室と外界の間に積み上げてあるサンダル型のゴム靴をはいた。研究室に持ち込む他のものは何であれ（たとえばコンピュータ用のフラッシュメモリ）、一度外に出したら二度と戻せない。これは施設の二次汚染を防ぐためだ。最後にヘアネットをつけてその下に髪をたくしこむ。

研究室に入って最初にするのは、つけたばかりの手袋の上に、もう一枚、手袋を重ねることだ。オディネは骨が入ったプラスチックの箱を取り出す。箱は一つ一つジッパー付きの袋に入っている。骨自体は漂白され、表面の汚れを落とすために紫外線を照射されている。カウンターに箱を置く前に、彼女はその上をエタノールで拭き、そのあと薄い漂白剤、そしてまたエタノールで拭く。どうやらこの部屋では、いくら慎重にしてもしすぎることはない、という言葉が生きているようだ。「この作業をするときには、みんなある種の強迫神経症にならないといけないの」と、オディネが笑って言う。少なくとも私には、マスクの下で笑っているように見えた。

ＤＮＡを入手するには、骨に穴を空けて内部から取った粉を加工して、遺伝子配列を増幅させる。つまり複製させて分析が楽にできるよう、大量の物質を生じさせるのだ。うまく増えるかどうかは骨によって違う。見込みがあるのは大きさのわりに重くて、光沢(こうたく)があるものだという。大半は四〇〇〇年くらい前のものだが、約一万六〇〇〇年前のものも一つある。それはすでに粉になっていて、私は近くでじっと見たが、他と何かが違っているようには思えない。かけらの一つは頭蓋骨の平たい部分、他は脚や腕、骨盤の小さなかけらもある。オディネと私は、これらはどんな人のものなのか、彼らはどんな人生をおくったのか、しばし思いをはせた。彼らがどんな経験をしたのか、細かい情報は当然のことながら永遠に失われてしまった。しかし彼らが何を飲んだり食べたりしていたのか、またその食生活が彼らの、ひいては私たちの祖先とどう違っていたかは、ＤＮＡに永遠に記録されている。

単に祖先のことを知りたいという気持ち以外に、四〇〇〇年以上前に生きていた人が、牛乳を飲んでも腹痛を起こさずにいられたかどうかが、なぜそれほど重要なのだろうか。それはこれらのサンプルが進化のスピードについての考えを根本から変え、その知識によって、現代に生きる私たちも遺伝子や体は大昔と変わらないという考えに疑問が生じたからだ。この大昔のＤＮＡを使うことで、私たちはいまだそれに縛られているわけではないと示すことができるのだ。

私たちが文明社会に適応できない理由

私たちは進化とは想像を超えた時間がかかるもの、ひれからうろこを持つ肢(あし)へ、そして親指を他の指と向かい合わせにできる手へといった小さな変化にも何百万年もかかると考えている。そのためどんな進化にも計り知れないほどの時間が必要だと思うのもしかたない。そうなるとほんの数千年でサバンナからアスファルトでの生活へと移行した人間が、現代の生活のペースにはついていけないのは当然で、もっと適応できていた状態が、歴史上どこかにあったはずだと感じるのも無理からぬことかもしれない。私たちは太っていて不健康だ。血圧は高く、ＰＴＳＤやＡＩＤＳなど、大昔の祖先が心配したことのないであろう病気をわずらう。ジュリー・ホランド博士は『グラマー』誌の記事で、もし自分が「人間未満」のように感じ、常にストレスにさらされて疲れているとしたら、「今は私たちの多くが自然にさからって生きている」ことを思い出す必要があると書いている。「生物学的に見ると、現代のホモ・サピエンスは石器時代に生きていた祖先によく似ています。私たちは動物であり、霊長類に属しています。そして原始的なニーズがあるのに、それが無視されています。そのため健康になるには、こう考えてみればいいのです。洞穴に住んでいた原始人はどうしていただろうと[2]」

ニューヨークタイムズ紙の健康ブログ〝ウェル〟の読者の投稿から、同じような趣旨のものをいくつかあげてみる。

私たちの体は何十万年もかけて進化し、その期間の九九パーセントは、狩りや採集をする小さな集団で生活していた。私たちはそのような生活に完全に適応しているのだ[3]。

私たちは（好むと好まざるとにかかわらず）恒温の脊椎動物である。つまり動物の一種であり、何千年もかけてこの種を形作ってきた進化の圧力から解放されるようになったのは、ごく最近のことなのだ[4]。

はるか昔の洞窟の生活に戻ったら――女は外で果実を集めたり掃除したりして、いつも忙しく過ごし、男たるもの命をかけてサーベルタイガーや毛むくじゃらのマンモス狩りに出かけ、獲物を引きずって戻り、ビール片手にカウチに倒れ込む。うん、おれにとっては納得の生活。[5]

私は『グラマー』誌やニューヨークタイムズ紙の読者が、現代の矛盾をすべて指摘していると言っているわけではない。どこかで何かが間違ってしまったという、根強い思い込みから逃れるのは難しいと言っているのだ。人は環境を変えるという、それまでになかった能力を得て、砂漠に花を咲かせ、数時間で大陸を移動できるようになった。その一方で、人類以前の動物はもちろんのこと、数千年前に生きていた祖先が見たことも聞いたこともない病気に悩まされる。それはたとえば糖尿病、高血圧、関節リウマチなどだ。米疾病対策予防センター（ＣＤＣ）の最近のデータでは、現在の世代は両親ほど長く生きられないという、人類史上初めての世代になるだろうと予想している。原因としてあげられているのが肥満とそれに関連する病気で、それらが近代医療の恩恵を減じてしまうためだと言われている。

過去の簡素な生活へのノスタルジアは、どの世代にも見られる「昔はよかった」式の思考と同じだ。古代ローマ人でさえ、先人たちが苦労して手に入れた知恵を軽視する若者の態度への不満を表明している。一六世紀から一七世紀の作家や哲学者の一部が、周囲の環境を破壊することなく、自然と調和して生きていたとして、〝高潔な野蛮人〟を理想化していたのは有名な話だ。そして現在、〝生まれたときからデジタル機器に囲まれている〟子どもたちが、一つのことに集中できず、犬を散歩させるときでさえ、メールを打ったり、ｉＰｏｄで音楽を聞くのを私たちは心配している。

また、現代の人間は何かが間違っているという感覚の出所となっているのは、現代人も遺伝学的に見れば、古代ローマ人や一七世紀のヨーロッパ人どころか、ネアンデルタール人や、ホランド博士が引き合いに出した類人猿の祖先、何十万年も前にアフリカに小さな集団で暮らしていた初期のヒト科動物と変わらないという認識だ。たしかに人間は、相対的にはあっという間に遊牧生活をやめて定住するようになり、農業を発達させ、町や都市に住み、月まで飛び、実験室で受精卵を生み出し、片手にすっぽり入る大きさの器具に膨大な量の情報を保管する能力を得た。

このジェットコースター並みの変化のスピードでは、私たちが現代の生活に適応できないのは当然で、もし大昔と同じ生活をすれば、健康や家族生活、精神状態など、すべての質が向上すると考えるのもわからないではない。この「大昔の人間と同じ生活」の意味こそが問題であり、この詳細については第二章で再び取り上げる。しかし、そこにある思い込み（それが間違っていることを実証したい）は同じだ。いわく私たちの体と頭は、ある特定の状況で進化する。その状況が変わるスピードが速すぎて、私たちの体はそれに合わせた進化ができなかった。その混乱した状態が現代の生活である。

石器時代への幻想

要するに私たちは、人類学者のレスリー・アイエロ（ウェンナー・グレン人類学研究財団会長）が言うところの〝パレオファンタジー（石器時代への幻想）〟を抱いているのだ。[6] 彼女は限られた化石証拠に基づく人間の進化物語について語っているのだが、現代の生活は人間の適切な進化からかけ離れているので、その不均衡を正さなければならないという考えにも、この概念は当てはまる。新聞記事や朝のテレビ番組、何十冊もの本、そしてスローフードやノークック（調理なし）ダイエット、裸足でのランニング、添い寝などの唱道者たちが、大昔の祖先と同じ生活をするほうが、より自然で健康的だと主張している。そこから導き出されるのは、私たちは更新世（二〇〇万年前から紀元前一万年前くらいまで。旧石器時代の終わり）に生きていた人々がしていたことはうまくやれるが、当時は必要なかったことは苦手であるという結論だ。前者の例としては、小集団の中での裏切り者に目を光らせるといった行為が、後者としては、あまり会えない人や会ったことがない人との交渉があげられる。

人間の健康と行動について、進化という流れに照らして調べることに、私は大賛成だ。その流れの中では、私たちが進化した環境を理解することが求められる。またスウェーデンのオディネの研究室や他の多くの機関による発見により、人間の進化は止まったわけではないし、すべての進化が、何十万年もかかるわけでもないことが明らかになっている。ここ数年で、高地での身体機能やマラリアへの抵抗力などは、進化のスピードが速い性質のリストに加わった。リストに入れられる性質の数はさらに増えると予想されている。今は大量のＤＮＡであるゲノム全体を同時にスクリーニングして、自然選択がすばやく起きる徴候を、遺伝子の中にさがすこともできる。

私たちが今の時代や私たち本来の性質に適応していないという考えは、進化の働きについて現在わかっていることと矛盾している。つまりスピードが問題だということだ。進化が速い性質もあれば、遅い性質もあり、その中間もある。そしてその違いがなぜ生じるかを理解することは、だらしない肉体の現代人を、自然と調和していた筋肉質の祖先のイメージ（正しくても間違っていても）と比較するより、はるかに啓発的だしおもしろい。このあとの章では、私たちが調和について知っていることや、進化のスピード、そしてこれらの発見が今後の人間の進化についてどんな意味を持つかを示すことになろう。

私たちの祖先は環境に適応していたのか

パレオファンタジーが現実離れした幻想であると私が主張する理由の一部は、それが人間、少なくとも私たちの祖先である原人が、どこかの時点で完璧に環境に適応していたということを前提にしているからだ。私たちは、進化が生物と周囲の環境との理想的な調和を生むという誤った考えを、人間ばかりでなく他の生命体にまで当てはめている。私たちは生物が原始のシアノバクテリアから生じたとき、それは大急ぎで木を削ったおもちゃや、画家が肖像画を描くときの下書きのような不完全なものだったと考える。その後、ところどころ空いている穴に目や口ができたという、漠然としたイメージを私たちは持っているのではないだろうか。やがて動物は自然の力にさらされ、砂漠にいる動物は太陽の日差しに耐えられるようになり、寒い土地にいる動物は毛皮や脂肪で身を守るか、火を使うことを覚える。そのような性質が現れて集団全体に広がり、下書きではなく既成事実となって、すべての細部を備えた完全な形の生物が生まれたというシナリオだ。

しかし、もちろんそれは事実とは違う。どこからどう見ても葉がついた木の枝にしか見えないナナフシの、鳥のフン模様がついた羽や、血管の間の絶妙な熱交換によって0℃以下の温度にも耐える犬ぞり用の犬の肢には素直に感心するが、そのどちらも妥協の産物であり、他のすべての生物と同じように、間に合わせの形なのだ。カマキリは背景に溶け込むだけでなく、病気への抵抗力をつけなければならない。犬は体温を保つだけでなく、走り回って食べ物を見つけなければならない。カマキリの黒い模様をつけるのに使われている色素は、昆虫の免疫システムでも役立っている。そしてある点では好都合なことが、別のところでは不都合になることもある。たとえば走るのに都合がいい細くて長い肢は、太い肢より熱を失いやすいので、寒さから身を守るには不都合だ。このように対立するニーズの存在により、どんなシステムにも自然に交換条件(トレードオフ)が生じる。ひとつひとつの性質がじゅうぶんに機能しても、完璧であることはめったにない。人間でも他の種でも、環境と完璧に調和していたことはない。むしろ私たちの適応は、ところどころ歯が欠けた壊れたジッパーのようなものだ。それが壊れて見えるのは、非現実的な完璧主義者の目で見ているからだ。その完璧主義者の「目」にも、過去から受け継がれた、おかしな形の環状の血管がある。

今も働いている自然選択による妥協がなくても、私たちには進化の過程で身につけたまま残っているトレードオフと、〝まあまあの結果〟という解決策がある。人間は脊椎動物という設計図に基づいてつくられているが、そこには魚にとっては意味があったが、二足歩行の陸生動物には意味のない特徴がある。古生物学者のニール・シュービンは、私たちの内部の魚が、体の行動や健康を抑制していると指摘する。ある環境で生じた適応のための策が、他の環境では悩みの種になることもある。[7] しゃっくり、ヘルニア、痔、これらはすべて魚の祖先から、不完全な形で移行した構造だ。これらの問題が消えなかったのにはいくつもの理由がある。ただの偶然。有害な性質を失う遺伝的変異が起きなかった。もっと可能性が高いのは、しゃっくりが出ないように食道を変えてしまうと、体の他の部分に困った変化が起きてしまうということだ。しばらくの間はある機能がそこそこ、少なくともその個体が繁殖できるくらいに働いていれば、進化するには足りる。

進化は継続していると認めても、どの世代も前の世代とはごくわずかに違っているだけだと理解するのは難しい。カエルやサルが自分の姿を見て、満足げに「ほら、これでできた」と宣言するには、果てしないほど長い時間がかかると思っているからだ。私たちの体では、魚やショウジョウバエ、トカゲ、ネズミから続く、間に合わせのシステムが働いている。私たちが祖先のような生活をしたいと思うのは、同じような妥協をさらに望んでいるということでしかない。

ユートピアはいつだったのか

進化が継続的なものであると考えれば、調和していた時代を特定することに意味はない。なぜ私たちは、昔の人々に比べて時代に合っていないと感じるのだろうか。人間は本当に何十万年も変わらず、完全に環境に適応した状態で過ごしていたのだろうか。そのように適応した状態に達したのはいつだったのだろう。そして進化を止めるべきときが、どうしてわかったのだろうか。

洞穴に住んでいた私たちの祖先が、もし進化について知っていたら、二足歩行になる前の、のどかで木の上が安全地帯だった時代を懐かしんだだろうか。今のハイエナのように、より強い捕獲者がとらえた獲物の残りをあさることは、人類が実際の狩猟をするようになる前、遅くとも同時期には行なわれていたと考えられる。それならその狩猟採集を行なっていた祖先は、ライオンが捕まえたガゼルをくすねることが、自分たちで追いつめて捕まえるという新しい方法よりも優れていたと思ったのだろうか。そしてなぜそこで止まるのだろうか。生命は海中で生じたのに、なぜ水中にとどまらなかったのだろうか。私たちの肺は、いまだ呼吸には適さない部分がある。さらに言えば、単細胞生物のほうがいいこともある。がんは細胞の分化が暴走して起きる。つまり単細胞生物は、がんにはならないのだ。

たとえどの時代がいちばんよかったか決められたとしても、その祖先が生きていた夢の世界（ニルヴァーナ）では、具体的にはどんな生活がおくられていたのかという厄介な問題がある。現代でも世界の一部に残っている、自給自足の生活をおくる狩猟民族にならえばいいのだろうか。何百万年も前に枝分かれした、私たちの祖先にいちばんよく似ているはずの大型類人猿はどうだろうか。化石からどのくらいのことがわかるだろうか。人類学者によれば、人間は約二〇万年前から〝解剖学的には現代人と同じ〟、つまり今の私たちとほぼ同じような外見をしていたという。しかし〝行動が現代人と同じ〟人間が現れたのはいつなのか、そして彼らが何をしていたのかは、あまりはっきりわかっていない。そのため私たちの祖先がおくっていた昔のライフスタイルを推定するのは、それ自体がちょっとしたギャンブルだ。サイエンスライターのニコラス・ウェイドは、著書の『5万年前——このとき人類の壮大な旅が始まった』で、「否定的な証拠があれば仕方がないが、なければ、私たちの祖先は今の私たちとよく似ていたと考えたくなる。しかし、それは危険な想定だ[8]」と書いている。

狩猟採集生活者、つまり私たちのパレオファンタジーに登場する原始人が環境に適応していたのは、何千年もその環境で暮らしていたからではないかと思う人もいるだろう。私たちがコンピュータの前に座っている時間、あるいはチョコレートバーを食べて過ごすようになってからより、はるかに長い時間だったはずだ。その理屈が当てはまる性質もあるが、すべてに当てはまるわけではない。安定した環境（深海のような）で自然選択が続くと、あまりうまく生きられない個体が集団から脱落していき、さらに細かい適応が起きることがある。しかしそんな安定した世界はほとんどありえない。更新世でも数千年の間に気候はかなり変化し、人間は絶えず移動していた。住居が温暖地から寒冷地へ、あるいはサバンナから森林へ、少し変わっただけでも、進化の新たな障害となりうる。完璧に安定した環境でも、トレードオフはある。どれほど長い間がんばっても、頭の大きな子を生むことと、直立歩行を難なく行なうことは両立しない。

ついでながら、今のような生活が始まったのはつい最近なので、現代人はまったく新しい環境で生活しているという考えや、私たちの祖先（あるいは平均的な狩猟採集者）は三〇歳か四〇歳までしか生きられなかったため、加齢による病気はなかったという思い込みを払拭することも大切だ。人間の寿命がこの二、三世紀で大幅に延びたのはたしかだが、だからといって何千年も前の人が、三五歳までは元気いっぱいで、その後、突然死んでしまったわけではない。

平均寿命とはその集団のすべての人が、平均して何歳まで生きられるかを示した数字である。平均寿命が四〇歳未満という状況は、一人一人がその年齢、あるいはそれに近い年齢で死ななくても起こりうる。たとえば発展途上国でよく見られるように、はしかやマラリアといった病気による子どもの死亡率が高いときだ。人口一〇〇人の村があったとして、その半分が五歳で死に、二〇人が六〇歳で死に、残りの三〇人が七五歳で死ぬとすると、この社会の平均寿命は三七歳である。けれども三〇歳を元気に迎え、その後、急速に老化が進むという人はいない。発展途上国の平均寿命が極端に低いことにも、同じパターンがあてはまる。平均寿命が短くても、サハラ以南の人々、あるいは古代ローマ人が、老いを経験しなかったわけではない。子ども時代の病気を乗り越えられる人が少なかったのだ。平均寿命はほとんどの人が死ぬ年齢ではない。老人が最近になって現れたのではなく、老人になるまで生きることがふつうになったのが、最近のことなのだ。

目の前で起きている進化

これから先の世界を考える手がかりを過去の架空のユートピアに求めないとすれば、他にどのような方法があるだろうか。その答えは、問いかけを変えてみることだ。自分たちが今の生活に適応できないことを嘆くのではなく、なぜ速く進化する性質と、遅く進化する性質があるのかを考えてみるのだ。進化が起きる速さに私たちがどう対応しているのか、どうすればわかるだろうか。ラクトース（乳糖）耐性がほんの数世代で人口全体に定着するなら、パレオダイエットでは悪者とされる、精製された穀物を消化し、体に取り込む能力についてはどうだろうか。ゲノム（生物の遺伝子全体についての研究）をはじめとする遺伝子工学の画期的な発展のおかげで、個々の遺伝子や遺伝子ブロックが、自然選択に対応して変化するスピードがわかるようになった。ヒトの遺伝子の多くが、たった数千年で変化したという証拠が次々と見つかっている。数千年という時間は進化という流れではほんの一瞬だ。その一方で、何百万年も変わらないものもある。本書ではどの遺伝子と性質が変化していて、どれが変化していないか、どうやってそれを知るのか、そしてなぜそれが重要なのかといったテーマを掘り下げていく。

さらに実験進化学という新しい学問分野の研究で、進化は私たちの目の前で起きていることがわかってきた。適応が一〇〇世代、五〇世代、一〇世代どころか、ほんの数世代で起きているのだ。生物の寿命によっては一年未満、あるいは二五年程度という場合もある。それは実験室で容易に確認できるが、野外でも見ることができる。そしてヒトも常に進化の途上にあるのはたしかだが、他の種の生物でのほうがそのプロセスを簡単に見ることができる。過去数百年、あるいは数十年で、生きる環境が劇的に変わったのはヒトだけではない。私が学生たちとともに研究しているコオロギ（ハワイ島や太平洋沿岸で見られるもの）は、羽の突然変異によってオスが鳴かなくなった。その完全に新しい性質は、ほんの五年（二〇世代未満）で広がったことがわかった。[9] これを人間に当てはめてみると、グーテンベルク聖書の発行（一四五五年）から『種の起源』の出版（一八五九年）までの間に、人間がいつのまにか話せなくなったようなものだ。こうした動物についての研究によって、どのような性質がどのような条件下ですばやく進化するかのヒントを得られるかもしれない。統制された条件下で、リアルタイムに試すことができるからだ。

この一〇年で、そうした急速な進化（〝生態学的時間尺度での進化〟とも呼ばれる）への理解は、一気に進んだ。進化の速さについての研究には、実際的な意味もある。たとえば漁師はサケやマスの最大の種を、川で捕ることが多い。魚類はある一定の大きさにならないと、成熟して子を産めない。その段階に達したあとは成長スピードが遅くなる。他の動物と同じように、魚類にも大きさと生殖の間にトレードオフがある。大きくなるまで待つと産める子の数が増え、進化上有利になる。しかし子を産む前に死んでしまうリスクは高くなる。乱獲によって魚の数が大幅に減った漁場では、平均的に魚は小さくなっている。あとさきを考えずに漁が行なわれた結果、生殖活動を早く始める魚のほうが、進化上、有利になったからだ。大きな魚がすべて捕獲されてしまったというだけではない。そもそも魚が以前より小さくなったのだ。成長と生殖可能な大きさを規制する遺伝子も、以前とは違っている。まわりの人が目をみはるほど大きな魚を再び見たいならば、人間が生き方を変えなければならないと、科学者は言う。

人は食事から運動、セックス、家族など、あらゆる面で「〜であるはずだ」という言い方をする。しかしそうした言説はだいたい間違いであり、長い目で見れば、新しい食べ物や新しいアイデアに対して、不要な警戒心を植えつけることになる。私は現代人の体と頭に存在する進化の遺産を否定しようとは夢にも思っていない。ごろごろしてジャンクフードばかり食べている生活がよくないのは明白だ。しかしある時点まで進化したら、それから先は変化する可能性が少ない、あるいは現代人は過去に生きた人間と同じで、今は自ら招いた環境と遺伝子の不適合に苦しめられていると考えると、進化生物学におけるとびきりおもしろい進歩を見逃すことになる。

進化のスピード

二〇世紀に大きな影響を与えた生物学者ジョージ・ゲイロード・シンプソンは、一九四四年に『進化のテンポとモード』という本を出版している。これは多くの面で称賛すべき本だが、特に注目にあたいするのは、進化が起きる速さ（テンポ）と、進化そのもののパターン（モード）を区別したことだ。古生物学を学んだシンプソンは、当時新しかった遺伝学の分野と自分の専門分野を融合する試みを仕事とみなしていた。それは彼自身認めたとおり「驚くべきことであり、危険でさえある」ことだった。

カーテンを閉め切った部屋にとじこもり、ミルク瓶の中で飛び回るハエを観察する。それが、つい最近までの古生物学者の遺伝学者に対するイメージだ。そんな現実離れした研究は、もう役に立たないとさえ考えていた。一方、遺伝学者のほうは、古生物学者のアプローチを、ただ単に、進化の結果を記述するだけのもので、生物学の何の役にも立っていないと考えていた。古生物学は、科学と呼ぶには、因果関係も導かれる法則もなく、ただ現象を説明しているだけだと。遺伝学者は古生物学者を、通りの角に立ち車が音を立てて通りすぎていくのを見ながら、中のエンジンの仕組みを研究する人々だと思っている。[10]

私たちはいまだ、古生物学あるいは大規模な進化（恐竜の発生と滅亡、陸生動物の起源など）と、一つの世代から次の世代へと遺伝子が引き継がれるという小さな出来事には、ほとんど共通点がないと考えることがある。しかしシンプソンは、それぞれ特有の要素があるにしても、これら二つのプロセスはつながっていて、今そのへんを飛び回っているハエにも、一〇〇万年前の骨に見られるのと同じ特徴が数多く表れていることを認識していた。それはただ測定の尺度が違うだけなのだ。

シンプソンの著作のタイトルは、本書での私の議論にぴったりだ。アレグロ（急速）やアダージオ（ゆっくり）という要素を持つ、進化のオーケストラ的な見方だ。速かったり遅かったりするさまざまな部分があることを認識せずに進化を考えるのは、交響曲のすべての楽章を同じ速さで演奏するようなものだ。調子は同じになるが、音楽の喜びと機微はほとんど失われる。バイオテクノロジーの新たな進歩は、シンプソンが想像していた以上に、古生物学と遺伝学の融合の可能性を高めた。私たちはまだ『ジュラシックパーク』に出てくるような、恐竜のクローンはつくれないが、それほど遠くないところまで来ている。その融合が意味するのは、進化によって何がつくられたかだけでなく、どのくらいの速さで起こったかを調べられるということだ。つまりシンプソンが希望していたとおりになったわけだ。

変化が常によいほうに行くとは限らない

私たちは環境と調和していたパレオファンタジーの世界にしがみつくと同時に、類人猿のような祖先と違うことを誇りにしている。ワニやサメのような動物がよく〝生きた化石〟と呼ばれるのは、その外見が何百万年も昔に生きて、石の中に保存されている祖先と気味が悪いほど似ているからだ。しかしその言い方には、見下すような調子が含まれることがある。時代の趨勢に追いつけず、襟足を長く伸ばすマレットヘアやサスペンダーといった時代遅れの格好で歩き回っている（あるいは泳ぎ回っている）人を、あわれんでいるように思えるのだ。私たちは最近の進化によって、二〇〇万年前に生きていた祖先とは似ても似つかぬ姿になった。他の生物が親と同じスタイルにしがみついているのに比べ、それはとてもよいことのように思える。

　ところがその根拠はあやふやなもので、実は人間の進化が特に新しいわけではなく、それどころか大きく遅れているのだ。厳密に言うと、ある個体群における遺伝子頻度の変化という教科書的な定義に従えば、最も新しい変化が起きているのは病原体、つまり病気を引き起こすウイルスやバクテリアのような生物だ。世代交替が速く進むため、ウイルスはすぐに進化する。つまりそれらの遺伝子頻度は、ヒトやキリンなどの脊椎動物に比べ、ごく短い時間で変化が起きる。

　進化の性質からして（つまり目的も意図もないということ）、進化が速く進むのは必ずしもいいことではない。ヒト以外の生物で、進化が速く進む背後には、たいてい新しく強力な選択要因がある。たとえば穀物に新しい殺虫剤が噴霧されたとか、群れの境界周辺にさまよいこんだひと握りの個体によって、新しい病気が持ち込まれたとかいったことだ。耐性を持つ個体（ごく少数のこともある）は生き残って子孫を増やし、そうでないものは死ぬ。このような事態は、穀物やヒト以外の生物にしか起こらないと思ってはいけない。ある推定によると、中世にヨーロッパで発生した黒死病と呼ばれる腺ペストによる死亡率は九五パーセントにまで達した。

　こうした自然選択のふるいを通り抜けられるのは、生き残るのに必要な遺伝子を持つ個体だけだ。問題はそこで殺虫剤や病気に対して感受性の高い遺伝子とともに、他の遺伝的変異の多くが追い出されてしまうことだ。たとえば目の色や熱耐性、音楽能力に関わる遺伝子が、たまたま染色体の中で感受性の高い遺伝子の近くにあったと考えてみよう。生殖細胞がつくられる間、染色体が整列して、精細胞と卵細胞がそれぞれ、入れ替わった遺伝子のセットを受け取るとき、他の遺伝子は、運び手が毒や病原体などの選択圧によって生まれるやすぐに殺されて、必要以上に排除される。その結果、全体として遺伝的変異が細かい選別を受けて、特に有害でないものまで取り除かれてしまう。

今後の進化と不死の弱み

進化は常に起こっていて、あちこちの遺伝子と、それにともなう性質を変化させている。それはいつも目に見えるわけではない。少なくとも最初は目に見えないが、起きていることに変わりはない。進化が常に起きているために、人間の念願である不死に不都合が生じるのだが、それについてはほとんど考えられていない。たとえばあなたが吸血鬼物語の登場人物だとしよう。来る日も来る日も、季節が変わり、年月が過ぎ去り、周囲の人々が老いて死んでいっても、あなたは変わることなく生き続ける。年をとらない体を、まわりの人間の目から隠さなければならないとか、何度も何度も、スカート丈が長くなったり短くなったりするファッションの流行についていかなければならないとかいった不便はあっても、きっと完璧な人生に違いない。

しかし実はそうでない。人生の目的を見失う、死ぬ前に生きたあかしを残す必要がなくなる、愛する人が老いていくのを見なければならないといった文学的なこと以外にも理由がある。世代が進むにつれて、進化できないという問題が、しだいに明らかになってくるだろう。当然ながら一人では進化できない。それぞれ量に差はあれど、集団に属する個体は自らの遺伝的表現を残すだけだ。しかし生きている間に自分の目で見られるのは、せいぜい自分の前後二世代くらいなので、自分以外の集団の中で起きているわずかな変化には気づかない。そしてしばらくすると（進化という面からはそれほど長い時間がたたないうちに)、一五世紀から生きている吸血鬼のあなたの姿は、ネアンデルタール人ほどではないが、その時代の人々とは少し違って見えるようになる。たとえば同世代の友人たちより、少し背が低いとか。外見は違わなくても、内部の最新機能(機械なら、新しいバージョンを買おうと思わせるような)が欠けているかもしれない。それはたとえばマラリアのような新しく生じた病気に対する抵抗力などだ。あなたがずっと吸血鬼として生きている間にも、自然選択は起こっていたのだ。

私たちは「水から出た魚」なのか

『進化のなぜを解明する』の著者で、同じタイトルのウェブサイトも運営している進化生物学者のジェリー・コインは、講演を行なったときに必ず、人間は今でも進化しているのかと訊かれるという。[11] 近代医療や避妊法によって、遺伝子を次の世代に引き継ぐ方法は変化している。しかし現代の私たちは、運動靴やコンタクトレンズ、GPS、幼児用ワクチンなどがなければ、凶暴なサーベルタイガーに対抗できないだろう。人間に関して言えば、自然選択は完全に停止しているわけではないが、かなり遠回りをしているように見える。一方で、AIDSのような新しい病気によって、私たちのゲノムで新たな選択が起こり、たまたまそのウイルスの耐性を持つものが有利になり、そうでないものは消えていく。ロンドン大学ユニバーシティ・カレッジの遺伝学者で、何冊もの本を書いているスティーブ・ジョーンズは何年も前から、自然の危険の多くを避けてきたために、ヒトの進化は〝廃止〟されてしまったと主張している。[12] しかし人類学者の多くは、ある種の性質、たとえば青い目が生じる頻度などについて、過去五〇〇〇年から一万年の変化のデータから、私たちは今でも、大なり小なり進化していると考えている。青い目が出現したのはせいぜい六〇〇〇年から一万年前で、染色体のランダムな変化によって生じたと考えられている。現在、青い目はごくふつうに見られる。これは最近の進化の一例だ。グレゴリー・コクランとヘンリー・ハーペンディングはジョーンズとは逆に、ヒトの進化全体がここ数千年で加速していると示唆している。また彼らはアフリカや北米の、比較的、隔絶された人々の集団は、異なる選択圧にさらされていると考えている。[13] それを突き詰めると、そのような集団は違う方向へ進化する可能性があるという、あまり愉快でない主張につながる。少なくとも物議はかもすだろう。

テレビや映画で、〝水から出た魚〟のテーマを扱うのは珍しくない。都会ずれした人間が農場に住み始めたり、クロコダイルダンディーがマンハッタンに現れたり、魔女が郊外の奥様として生活していたりする。誤解と大騒ぎが起こり、やがてはみ出し者はもともと住んでいたところに戻るか、どこにいても人はそれほど変わらないと納得する。なじみのない場所で右往左往している人を見るのはおもしろい。しかし大きな視点で考えれば、私たちは誰でも、水から出た魚のように、自分がいるべき環境に適応できていないと感じることがある。ただ問題は、そもそもそのような環境が存在するのかということだ。

第一章 マンションに住む原始人

人間は歴史の大半を狩猟採集で生きてきた、病んだ現代人は今こそ原始人を見習うべきだ——石器時代への憧れは正しいのだろうか？

二〇一〇年、ニューヨークタイムズ紙に「ニューエイジ・ケイブメン（新時代の原始人）・アンド・ザ・シティ」というタイトルの記事が掲載された。それは進化に基づくとされるライフスタイルを追求している現代の人々についての特集だ。[1] 男性が多く、主に肉を食べて生活し（調理したほうがいいかどうかについては、意見が分かれているらしい）、耕作という新しい習慣によってつくられた食物は避け、運動は獲物を追うときの疾走を模した活動を行なう。シドニー・モーニング・ヘラルド紙でも同様の記事が出て、実践者の一人が次のようにコメントしている。「理論としては、一万年前に生きていた祖先と同じものだけを食べるんです。つまり森の中で、棒一本を使って手に入れられるものですね」[2]。献血も頻繁に行なう。それは原始人はよくけがをして、血を失うことも多かったという考えに基づく（ウィスコンシン大学の人類学者ジョン・ホークスは、このパレオ〈原始〉式生活の実践者三人の写真が「更新世の〝トワイライト〟の役者のよう」だったとコメントしている）[3]。驚いたことに、ニューヨーク・シティは、そのような生活を実践するのには適した場所らしいのだ。その理由の一つが、たいていの目的地まで歩けるからだ。紹介された一人は、ウォーキングを〝ツイードのジャケットとイタリア製ローファーでやっている〟[4]が、石器時代の祖先が着ていた（であろう）毛皮への執着がないことについては、何も言わなかった。

石器時代に戻ろう

パレオ式（〝原始人（ケイブマン）〟という表現よりこのほうを好む人が多い）の実践者には、さまざまなタイプがいる。ニューヨークタイムズ紙で紹介されたグループの他にも、健康になりたいというだけでなく、大昔の祖先がおくっていたのと同じ生活をしたいという人々がいて、そういう人々に向けた食事についての本、ブログ、運動プログラム、アドバイスのコラムなどが、数多く存在している。そのようなサイトの一つである、Cavemanforum.com には、こんな書き込みがある。「パレオ式生活から離れてしまったことの間違いが次々と見つかる。僕たちが必要としていることすべて、幸せになるためとか、健康になるためとか――ばかみたいに聞こえるかもしれないけど、僕は農耕こそ最大の間違いだと感じるようになった。もちろん時間を戻すことはできないけど、それができたらどんなにいいだろう。僕らが抱えている問題の答えはここにあるんじゃないか。食べ物だけじゃない。人間がすべてをだいなしにして、いま僕らがその代償を払っているような気がする[5]」

男らしさに言及されることもよくあるが（あるブログは「男らしくなる技」のサイトにリンクが貼ってあった）、Paleochix.comは女性志向で、スキンケアや母性についての記事がある。グーグルで〝原始人のライフスタイル〟を検索すると、二〇万件以上がヒットする。アルテミス・P・シモパウロスとジョー・ロビンソンは著書『オメガ・ダイエット』で、「この惑星では人間に似た生物は四〇〇万年も前から存在していて、その期間の九九パーセントは、狩猟と採集によって生きていた……つまり私たちが昼食をとろうとしているとき、体は石器時代の祖先たちが食べていたのと同じタイプの食物、同じ比率の油脂を摂取することを〝期待している〟のだ」と述べている。[6] Diabetescure101.comには、次のようなコメントがある。「原始人の体のまま、〝現代人〟がするあらゆることをやってきて、体の機能がめちゃくちゃになったことに気づいたら、変わるために何をすればいいのか、立ち止まって時間をかけて考える[7]」

これらの記事は明らかに皮肉交じりだし、特に熱心なパレオ式生活の信奉者も、一万年前に生きていた人々とまったく同じ生活をしようとしているわけではない。そもそも原始人の住む洞穴がどこにあるというのだ。クマにかまれることと、針を刺して血を抜くことは同じなのだろうか。少なくともニューヨークタイムズ紙のブログ〝ウェル〟には、懐疑的なコメントが掲載されている。「長生きできるとか、生活の質が向上するとかいう理由で、前近代の人間の行動をまねるのはばかげている。あなたたちは前近代の人間ではない。そんなことはやめるべきだ[8]」

私たちは道を間違えたのか

オーストラリアのマッコーリー大学の人類学者グレッグ・ダウニーは、私に向かってしみじみとこう言った。「世間の人が前の年や前時代の家に憧れないのは、興味深い現象だ。私たちは泥壁の古い家は、未練なく捨ててしまったように見える[9]」。しかし私たちの祖先の習慣を、少なくともいくつか取り入れるのはよいことだという主張は増えている。そして一部には、近代文明によって、私たちは道を間違えたと信じている人もいる。しかしより健康になるためには、昔の生活のどの部分をまねればいいのだろうか？　そもそも祖先たちはどんな生活をしていたのだろうか。そして私たちは昔の人間について、どこで知ることができるのだろうか。

さらに原始人のような生活をおくるという考えを否定しても、過去およそ一万年、人間は進化するじゆうぶんな時間もなく、ずっと打撃を受けていると考えるのは妥当なのだろうか。旧石器時代の生活をしたらどうなるか問いかけることで、私たちは穀物を食べるべきか否か、メガネをかけるべきか否か（パレオ式の熱烈な信奉者の中には、そのような器具の使用を非難する人もいる）[10]より、はるかに興味深い問題がわかってくる。私たちの歴史を理解するということは、ある性質がいつ生じたのか、あるいは最近の変化によって生まれた性質はどれかを理解することでもある。また証拠が限られているなか、自分たちの進化のモデルとして使えるものは何かを判断することでもある。骨は化石となるが、残っているのはごくわずかだ。また昔の人々の社会的取り決め、性生活、育児などを含めた行動を推測する材料となりそうな、物理的な痕跡は残っていない。しかし遺伝子を調べることで、しだいに歴史を再構築できるようになっている。これは農業の出現以降、ＤＮＡが変化していないという仮定より、はるかに複雑な話を明らかにする作業だ。それはすべて進化の速さに帰結する。

進化と進歩は同じではない

進化の節目を描いたイラストには、誰でもなじみがあるだろう。魚がトカゲに変わって陸地へはいあがり、その後、さまざまなタイプの哺乳類が現れる。最後はいつも人類で、たいていは槍を持って遠くを見つめている。最初から人類で始まるものもあれば、パレオファンタジーを目に見える形で表現したイラストでは、手をついて歩いていた類人猿が、棍棒を持った眉の突き出た男、そして腰巻をつけた筋骨隆々の人間、やがてコンピュータにおおいかぶさるようにしている腹の出た男になる。誇張したマンガだとは思っても、言いたいことはいろいろある。まずそれらの絵には、性的役割を強調するとき以外、女性は描かれない。まるで人間という種の重要な進化は、すべて男性が担ってきたかのようだ。またそこには進化が一直線に進むという前提がある。それぞれの形態が途切れなく、また必然的に次の形態へと変化する。しかし本当の問題は、それらの絵では、進化がまるで進歩のように見えてしまうことだ。しかしそれは違う。

たしかに自然選択によって、環境にうまく適応できない個体や遺伝子は取り除かれていき、生き残って子を産めるものが残る。そしていま生きている生物は、海底の砂地で横たわっていて、目が移動して片側に寄ってしまったオヒョウから、蜜を吸うために細長い花と同じ長さの舌を持つ蛾まで、完璧な形をしているように見える。魚や蛾に似た祖先が目指した最終形態のように。しかし序文で述べたように、生物にはトレードオフがつきもので、いまの私たちが見ている姿は、数多くある解決策の一つにすぎない。オヒョウの祖先は苦心して平たくなったわけではなく、昔の蛾は、特に細長い花の蜜だけを吸っていたわけではない。中新世（約二三〇〇万年前から約五〇〇〇万年前まで）に生きていた類人猿は、いずれ車を運転したり税金を払ったりする存在になろうとしていたわけではないし、木から降りることさえ考えていなかった。違った形になった可能性もあり、もっとうまく擬態できる平たい魚や、もっと壊れにくい歯を持つ人間が生じていたかもしれない。だから「私たちは進化して……になった」という言い方は誤解を生む。肉を食べるようになった、複数の恋人を持つようになった、直立して歩くようになったなど、すべてそうだ。少なくとも私たちがそのような状態に到達し**ようとしていた**という意味でなら、それは間違いだ。

それだけでなく、進化は自然選択なしに起こる可能性があるし、事実、起こっている。群れの中の遺伝子の組み合わせが変わるだけで種は変化する。個体がある場所から次の場所へと移動したときや、小さな運命の偶然によって、選択がもう働かなくなった性質全体が消えることがある。これらすべてのことからわかるのは、私たちは進化の頂点にいるわけではないということだ。蛾やオヒョウも違う。つまり進化のようすを描いたイラストは、おもしろいかもしれないが、間違っているということだ。

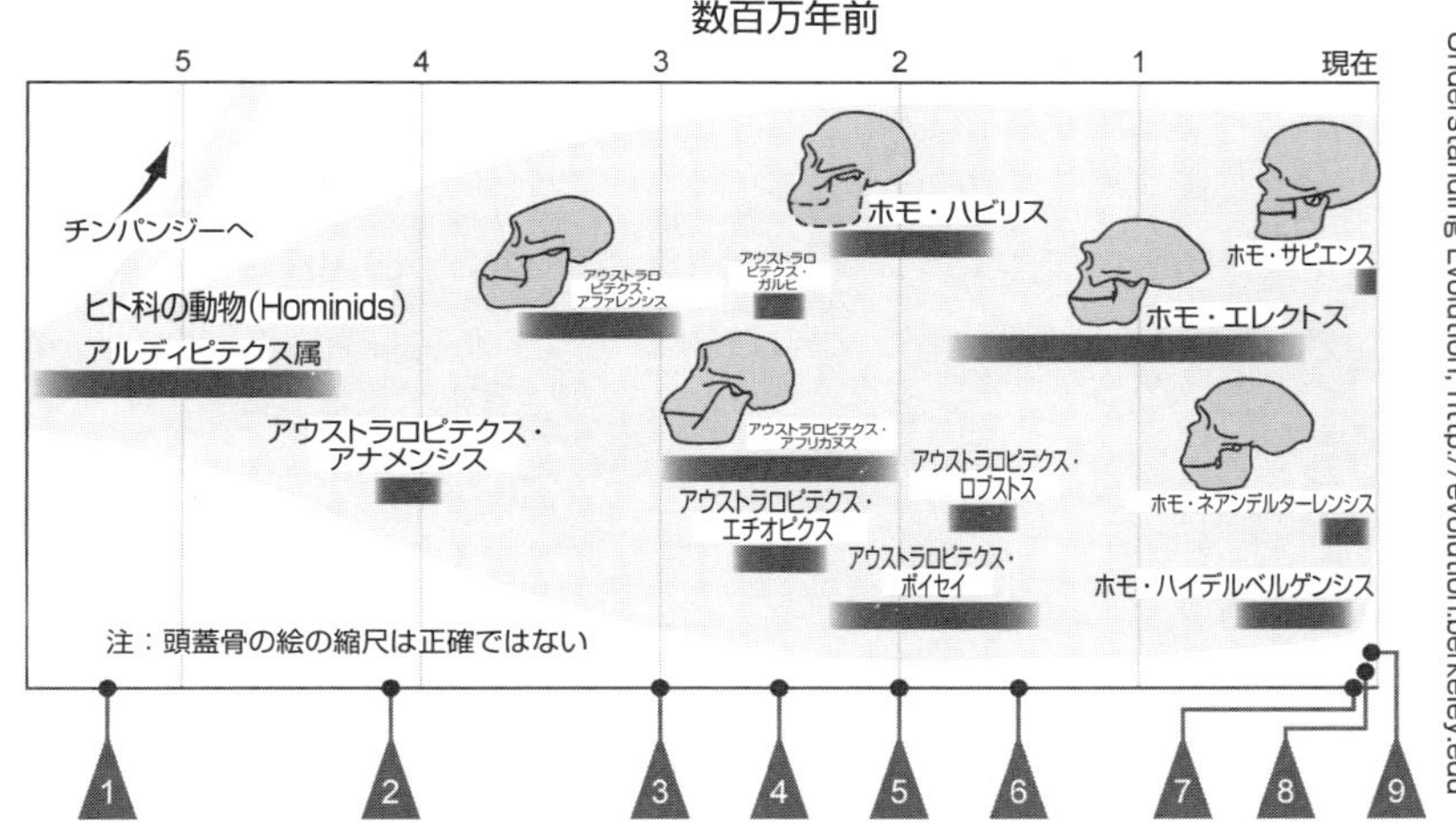

人間の進化における重大な節目

人類はどこから来たのか

人間がどのくらいのスピードで進化するかに目を向ける前に、私たちがどこから来たか知る必要がある。人類学者の間では、ヒトの進化の細かい部分の多くについてはまだ議論がなされているが、人間に似た霊長類は地球が冷えつつあった約六〇〇万年前に、類人猿の祖先から生まれたという点では、ほぼ一致している。もちろんその類人猿は現在のチンパンジーやゴリラ、オランウータンとはあまり似ておらず、まったく違う形だった。化石の記録が少ないため、ヒトがどの種類の類人猿から生じたのかはっきりわかっていないが、最初のヒト族は、他の類人猿の祖先とは違っていた。ヒト族（ホミニン）とは、人間とその祖先を含むグループで、チンパンジー、ボノボ、オランウータン、ゴリラは含まれない。四足ではなく二足歩行ができ、それで歩き回ったことで、骨格に多くの変化が起こった。その変化に対して、私たちがまだ完全には適応しきれていないのはおそらく間違いない。その証拠として挙げられるのが、腰背部の痛みなどの問題だ。そして熱帯に近いアフリカの森林から、森やサバンナへ移動して違う種類の食物を食べるようになると、自然選択がそれぞれの世代で働き、歯や頭蓋骨が変化した。

四〇〇万年前から二〇〇万年前の期間、アフリカにはいくつかの人類が共存していた。われわれ現代人が含まれるヒト属もその中の一つだった。現代人には、現在の類人猿と区別される性質がいくつもある。たとえば比較的大きい脳、二足歩行、他者に頼って生きる子ども時代の長さ、シンボルを使った言語で、道具のような複雑な文化を伝える。人と同じような性質を持つ動物もいる。たとえばクジラは体の大きさと比較して脳が大きい。しかし全般的には、今あげたような性質が人間と他の動物を分けるものとなる。

人類学者の中には、さらに重要な性質をあげる人もいる。たとえばハーバード大学の人類学者リチャード・ランガムは、火を使って料理をするという性質から、今の人間が生まれるのに不可欠な進化上の出来事が次々と起こったと考えている[11]。大きな脳と、子どもの成長にかかる時間の長さに注目する学者もいる。直立二足歩行もヒト族の重要な特徴だ。たしかに両手が自由になったことで、道具や武器を持ち運ぶとか、隣人と抱擁するとかいった特徴が現れたが、それらの変化が他の性質（大きな脳など）の出現を促した重大なきっかけになったとは思えない。私たちの祖先の類人猿は、初期のヒト族の脳が大きくなる徴候が現れるずっと前から二足歩行していた。

人間を他の動物と区別する性質としてあなたが何を推すかはともかく、その性質がいつ生じたかについては、いまだ考古学者の間で熱い議論が戦わされ、目標は常に変わっている。二〇一〇年までは、人間の進化における技術発達の重要な徴候とされる道具の使用が始まってから三〇〇万年はたっていないと考えられていた。しかし、それより八〇万年以上も前の二片の動物の骨を注意深く調査したところ、違う結論が導きだされた。ルーシーと呼ばれる人骨化石で有名になったアウストラロピテクス・アファレンシスがアフリカで勃興していた時代のその動物の骨は、三四〇万年前から肉を切断するために人類は道具を使っていたのではないかと示唆していたのだ。それらの動物の肋骨と大腿骨に小さな傷跡があり、高度な映像化技術で、それが他の動物によって噛まれたときの傷ではなく、石でできたものであることが示されたのだ。[12] しかしルーシーと同時代の仲間たちは、のちに出現したヒト属（私たちもここに属する）のさまざまな種と比べると、脳が小さい。つまり狩猟の獲物の肉を切り分けるには、それほど高い知能が必要ではないということだ。

ごくわずかな化石の証拠では納得しない人類学者もいる。そして二〇一〇年に発表された研究では、その傷が腐敗によるもので、動物の蹄（ひづめ）に踏まれたか、あるいは他のありふれた原因かもしれないという主張がなされた。[13] 人が最初に道具を使い始めたのはいつだったのか判断を下すには、もっと多くの情報が必要だ。それでも火を使うようになった時期については、穀物を初めて粉にして使うようになった時期の推測とともに、少しずつ早くなっている。ベンチマークが変化することは、私たちの生物種としての歴史を再構築するという視点から重要かつ興味深いというだけでなく、人類が何か一つのこと（狩猟、道具の使用、耕作など）を、どのくらい続けているのか断定することの危険性を改めて感じさせる。さらにそれが不確定だということは、人がある行動（たとえば穀物を食べる）をするようになって、まだ〝ほんの〟短い時間しかたっていないために、うまく新しい環境に適応できていないと断定する根拠にはならないということだ。ではどのくらい長ければじゅうぶんで、どのくらいだと短すぎるのだろうか。

狩猟が始まった時期

私たちがどのくらい遠くまで来たのかを理解するためには、初期のヒト族の生活がどのようなものだったか細かく調べる必要がある。私たちの祖先がアフリカのサバンナや森に移動したころ季節が生まれ、雨が降りやすい時期とあまり降らない時期が現れた。すると乾燥期に入手できる食物（地中にできるイモ類や肉）がより重要になる。何を食べるかによって、それを獲得する方法が決まる。そして人間について言えば、いつ狩りを始めたかが大きな問題となる。人類学者は以前、初期のヒト族はそれほど多くの肉を食べていたわけではないと考えていた。狩猟は高度な活動であり（少なくとも、現在の人間が行なっている方法は）、脳がまだ小さかった祖先たちがそれをする能力はなかったと思われたからだ。しかし過去二〇年の間に、アウストラロピテクス・アファレンシスより脳が小さいチンパンジーが定期的に狩りをして、サル、アンテロープ、イノシシなどを捕まえていることがわかり、それほど頭脳はなくても狩りはできることが示唆された。

その餌となる動物の大きさも手ごろだ。群れで分け合えるだけの量がある。そして食物を分かち合うようになったことも、人間の社会的行動の進化における重要な節目である。アリゾナ州立大学の人類学者ロブ・ボイドとジョーン・シルクは「狩猟によって分かち合いが必要となり、分かち合いによって狩猟が可能になった」と述べている[14]。つまりシカを持ち帰れるということは、その肉を持ち帰る以上の意味があるということだ。狩猟は確実な成果が見込めず、オオカミやライオンなどの捕食動物でも成功より失敗のほうがはるかに多い。しかし個々の狩人が捕まえたものを他者と分かち合い、他の人が植物などの食物を入手できれば、狩りが失敗続きでも飢えるリスクは低下する。そのため初期人類が狩りをしていたら、獲物を分けることによって、そこに複雑な社会的交流が生まれていたはずだ。また食物を分かち合うことで群れの内部に労働分担が生じたと思われるが、狩りを行なうのはすべて男で、女は家にいて植物の根を掘ったり、木の実を拾ったりしていたのか、それは明らかになっていない。これについては第七章で論じる。

大きな獲物を捕まえるのも、果物、イモ、はちみつなど、野外で食物を見つけるのも、どちらも簡単ではなく、そのためのスキルを身につけるには何年もかかる。そのような難しい技術がふつうのことになったとき、フィードバック・ループが生じる。自然選択で特定の性質が選び出されるのだ。大きな脳や、より長い子ども時代が農耕採集に有利に働くので、こうした性質が自然選択されていく。一八〇万年前の更新世の始まりには、より新しいヒト族がアフリカに定着していたが、私たちの種であるホモ・サピエンスが現れたのは、たった一〇万年前のことだ。

ヒト属初の長距離ランナー

初期のヒト属の種であるホモ・エルガステルは、ここで取り上げる価値がある。私たちの系統で初めて現れた、長距離走者である可能性があるからだ。初期の類人も二足歩行をすることがあったが、ホモ・エルガステルは背が高く（KNM－WT一五〇〇〇というすばらしい名をつけられた人骨化石は、少年時で一六三センチあり、完全に育ちきったあかつきには一八二センチを越えたと思われる）、長い脚、細い腰、走ることができる現代の人間と同じ厚い胸板を持っていた。これは当時まだかなりの時間を樹上で過ごしていた、腕が長く足の短い祖先とは対照的だ。

走ることが重視されるのは、第六章でとりあげる〝自然な〟形の運動についての論争に関わるからだけでなく、大きな脳につながると信じる人類学者もいるからだ。走れるようになると、ライオンなどの捕食動物が残したものを、他の腐食動物（ハイエナなど）が来る前に手に入れられるようになり、上質のたんぱく質を得やすくなった。そうした栄養価の高い食物は、大きな脳が必要とするエネルギーとなる。大きな脳を維持するのは、生理的に高くつくのだ。狩猟動物を捕まえて処理するために、ホモ・エルガステルは初期の人類より洗練された道具をつくった。たとえば両刃で、先端を細く尖らせた石斧なども含まれる。興味深いことに、ホモ・エルガステルは現代の人間にも共通する、進歩の招かざる影響も受けた。それは腸内の寄生虫だ。人に寄生する条虫（人と人が食べる動物の腸にのみ生息する）に関する最近の研究によると、少なくとも二種類の条虫が一七〇万年前から存在している。動物を家畜化するよりずっと前だ[15]。

ホモ・エルガステルがアフリカからヨーロッパへ広がったころ、他のヒト属もユーラシア大陸のさまざまな場所に現れた。九〇万年前から一三万年前（更新世）の間は地球の気温が下がり、世界の多くが氷河に覆われていた時期が長かった。氷河がある範囲を覆う一方で、北アフリカでは砂漠が広がり、植物と人を含めた動物の生息地が分かれた。人類学者の間でも、この時期の人間の化石をどう分類するかは意見が割れているが、頭の大きさがホモ・エルガステルから一気に大きくなったのは明らかだ。そして初期人類の一種であるホモ・ハイデルベルゲンシスはマンモスのような大型の動物を狩り、屠殺していた。三〇万年前にはさらに精巧な道具が現れ、柄がついていたと思われるものもある。これは大きな力を発揮するための、画期的な進歩だ。

ネアンデルタール人と現代人との共通点

ほとんどの人にとって原始人のイメージといえばネアンデルタール人だろう。ネアンデルタール人はヨーロッパと東アジアに一二万七〇〇〇年から三万年前に生息していた。彼らは人間の祖先ではない。つまりその系統が直接、現代の人間につながっているわけではないのだが、ヨーロッパにいたため、ヨーロッパ出身の多くの古生物学者にとって、アフリカやアジアより化石を掘るのに都合がよかった。それで私たちは他の初期人類より、ネアンデルタール人についてよく知っているわけだ。

最近、わずかだが私たちとネアンデルタール人に共通する遺伝子があることがわかり[16]、昔のホモ・サピエンスとネアンデルタール人が性的関係を持っていた可能性が示唆されたため、両者が属するヒト族への新たな興味が生まれた。頭蓋骨の化石を調べたところ前歯が大きかったことがわかり、それはおそらくネアンデルタール人が肉を門歯で引っぱっていたからだと思われる。そしてネアンデルタール人は、ややずんぐりした体だった。ボイドとシルクによると「オリンピック選手のデータと比較したところ、ネアンデルタール人が最も近いのは、ハンマー、槍投げ、円盤投げ、砲丸投げなどの投擲（とうてき）の選手だった」[17]。そのような体格は、寒い気候に住む種と一致している。手足が短いほうが、体の熱を維持するのに都合がいいからだ。

ネアンデルタール人の脳は、現代人より大きかった。体の大きさとの比率ではなく、絶対的な意味においてだ。そして複雑な石器をつくり、おそらくヘラジカ、シカ、野牛などの大きな動物を狩るのに使っていたのだろう。〝おそらく〟というのは、初期人類についてのすべての説明と同じで、直接的な証拠がないからだ。石の道具があり、その道具による傷がついた動物の骨がある。ではネアンデルタール人は動物を殺していたのだろうか。それとも他の捕食者が残したものをあさっていたのだろうか。彼らは実際に獲物を殺していたということで、意見はほぼ一致しているが、データは決定的なものではない。狩猟をしていたにしろ、残骸をあさっていたにしろ、ネアンデルタール人の生活は楽ではなかった。ほとんどが五〇歳になる前に死に、成人の骨の多くに関節炎や歯周病、手足の変形した徴候がある。

およそ一〇万年前に出現した現生人類は、体の外見がネアンデルタール人と違っていただけでなく、より複雑な社会生活をおくり、遠く離れたところから持ってきた材料を使って道具をつくっていた。それはすなわち遠方の人々と取引をしていたということだ。現生人類は家をつくり、絵を描き、遺体を埋葬していた。彼らはたしかに狩猟を行なっていたが、植物性の食物に対して、どのくらいの量の肉を食べていたかははっきりしない。またそれは世界のどこに住んでいるかで違うのはほぼ間違いない。人は旧石器時代にアフリカから世界中の多くの土地へと移動した。それが正確にはいつごろだったか、現在、検討されている。植物の茎や種、果物の核などに比べると、骨や道具のほうがはるかに多く保存されているが、だからといって他の食物より肉が多く食べられていたわけではない。

言語を司る遺伝子

およそ五万年前を境に、ヨーロッパで発見される昔の道具や文化的な装身具の化石が大きく変化した。人の外見は長い間、それほど変わっていないが、人間はより精巧な道具、服、家をつくるようになり、ある時点で意思伝達のためのシンボル、つまり言語を使い始めた。いつどのようにして言語が生まれたかもまた、激しい議論の的となっているテーマだ。言語学者は悲観的で、近代言語の起源を五〇〇〇年以上たどるのは難しく、せいぜい一万年前と考えているが、そのはるか以前から、口頭での意思伝達に何らかの形のシンボルを使っていた可能性は高い。

最近、ＦＯＸＰ２という遺伝子が発見された。これはすべての人間にほぼ同一な形で存在しているのだが、言語の進化に不可欠な要素を明らかにしてくれるものと考えられている。ＦＯＸＰ２は多くの動物に見られる。たとえばマウス、チンパンジー、ゴリラは同一の形の遺伝子を持っている。人間においてＦＯＸＰ２が欠損すると、言葉を正しく使えなくなる。生物学者のスヴァンテ・ペーボとマックス・プランク進化人類学研究所（ドイツ、ライプチヒにある）の同僚たちが、チンパンジーとゴリラ、そして世界のいくつかの土地に住む人間の遺伝子のわずかな違いを詳しく調べたところ、ＦＯＸＰ２は人間とチンパンジーが共通の祖先から分岐して以降、急激に変化したことがわかった。それはおそらく強力な選択が働いて、言語を使える能力が有利になったからだろう。そしてペーボの計算によると、人間の系統に現在の形の遺伝子が現れたのは、二〇万年以内のことだ。[18]

一〇万年前にはヒト属の他の種がヨーロッパとアジアに住んでいたが、現生人類であるホモ・サピエンスがアフリカを出て、世界の別の土地に住むようになったのは、わずか六万年前だ。現在の地球上の人間はすべて、少数のアフリカ人の子孫なのだ。人間が他の多くの種（近い親戚であるチンパンジーも含め）に比べ、遺伝的多様性に乏しいのも、おそらくそれが理由だろう。私たちには動物園のチンパンジーはみんな同じに見える一方で、人間は一人一人大きく違っていると感じるが、遺伝子を調べると話はまったく違う。南ヨーロッパのようにわりと大きな集団からランダムに二人を選び、ＤＮＡ配列を調べてみれば、その遺伝子の違いは中央アフリカの二頭のチンパンジーの間の違いよりも小さいことがわかるだろう。

ブッシュマンと原始人は同じなのか

人がアフリカから世界中へ拡散したあとに起きた、進化上の次の大きな一歩は農業の始まりだった。大きな群れができるようになり、やがて町、社会的階級、その他、近代的な装身具が生まれた。しかしそれ以前、人がまだ狩猟と採集で生活していた六万年から一〇万年前こそが、パレオファンタジーを刺激する時代だろう。進化心理学者はこの時代を進化適応環境（the Environment of Evolutionary Adaptedness=ＥＥＡ）と呼び、人が今の私たちのようになったとしている。[19]第二章で、私はそのような環境について考え、そしてそれが現代の私たちの行動に反映されているかどうかを検討する。ここではもっと基本的な問題を考えたい。それはこの時代に、人はどんな生活をおくっていたのか、私たちがそれを知るにはどうすればいいか、ということだ。

科学者は従来、初期人類についての情報を、次の三つのソースに頼ってきた。（１）当時の人の化石と関連する人工物。道具や絵画。（２）現代の世界に生きる狩猟採集民族。たとえばカラハリのブッシユマン（サン人とも呼ばれる）など、私たちの祖先に近いと思われるライフスタイルで生活している人々。（3）現代の類人猿、特にチンパンジーとその近い親戚であるボノボなど、現存する他の動物より近い時代に、私たちと共通する祖先を持つもの。近年、科学者の使う道具や技術が増え、新しくとても性能のよいものができた。それは、過去の自然選択の痕跡を残している私たち自身の遺伝子の検査に関するものだ。それらの手法は、最近になってようやくその価値が知られるようになった。これらの情報源には、それぞれ利点と欠点があり、どれも私たちのパレオファンタジーの材料となる。

まず現代の狩猟採集民とか、狩猟社会と呼ばれる人々の生活から見ていこう。かつては野蛮と考えられていた生活形態だ。私たちが住むところからはるか遠く、ほとんど外部の人間が寄りつけない土地で生活しているカラハリのブッシュマン、タンザニアの遊牧民のハッァ族、南米のアチェ族は、文明化以前の生活を垣間見るための窓とみなされることがある。昔の人類学者は世界中の人間社会を、進化上の進歩と考えられる基準によって分類し、狩猟採集民は進化上の発達が停止した状態にあるとした。そのため彼らを研究すれば、農業が出現する以前の生活を理解できるという論法だ。

この分類法は社会政治的視点から好ましくないというだけでなく、間違っている。人間の集団はすべて同じ期間、進化し続けている。しかし南米の先住民が昔と同じ生活をおくり、そしてなぜか自然でより純粋で無垢な状態にあるという考えが否定されたあとでも、彼らを人類の過去の生活モデルとして使えるという考えが残っている。

今でも狩猟と採集による生活をしていて、私たちの祖先も同じ狩猟と採集をしていたとわかっているのに、なぜそれを昔の生活を推論するのに使えないのだろうか。推論の材料として使うことはできる。しかし大半の人が思っているより、使える範囲ははるかに狭い、というのが答えだ。まず現代の狩猟採集民は、それぞれ食べ物、男女の仕事の分担、子どもの育て方、その他、日常生活の多くの面で違って

カラハリ砂漠に住むブッシュマン（サン人）の家族。狩猟採集だけで生活している一族は、現在ではごくわずかしかいない

いる。私たちの祖先は南米の熱帯に住み、小さな動物の狩りはするが、さまざまな植物を主食にしていたアチェ族に近かったのだろうか。あるいはアザラシなど大型の動物を主たる食物としていた北極のイヌイットに似ていたのだろうか。おそらく時代や住む土地によって、どちらにも似たところがあったと思われるが、今の時点で、どのライフスタイル、あるいはどんな特徴が普遍的なものだったのか、判断はできない。

商業取引をする狩猟採集民

さらに人類学者の間ではしだいに、現代の狩猟採集民の社会が本当は〝原始的〟ではなく、ほんの数世紀前の我々の祖先と同じ生活をしているという考えに傾いている。たとえばサン人は、農業を行なう近隣の人々と取引をしているし、近い過去に彼ら自身、農業をしていた可能性もある。イヌイットは複雑な商業ネットワークを持っていることがわかっていて、カリフォルニア大学バークリー校の人類学者ローズマリー・ジョイスは「民族誌学者がやってきて、彼らの素朴さを説明するはるか以前に、ロシアに到達していた」と述べている[20]。一九七〇年代、タサダイ族という狩猟採集民は「とても平和に、いまだ石器時代の生活をおくっている」と、ブルース・バウワーという記者が『サイエンス・ニュース』で発表した[21]。しかしさらに調査を進めたところ、タサダイ族が世間から隔絶されているという説に疑いが生じた。現在では少なくとも、石器の使用を含め、彼らのライフスタイルの一部は、メディアの注目を集めるためのやらせであったとされている。

現代の採集民の多くは、祖先が住んでいた土地から遠く離れた場所、技術的に進んだ人々が住みたがらない、辺境の土地へと押しやられている。あるいはアマゾンの熱帯雨林に住むヤノマミ族のように、ヨーロッパからの探検家が持ちこんだ西洋の病気で滅んだ、もっと大きな一族の生き残りかもしれない。中央アメリカのラカンドン族は、人が農耕を始めなければおくっていたはずの〝原始的〟生活のモデルとしてとりあげられた。しかし今では、彼らは一六世紀にスペイン領の端に追いやられ、そこで狩猟や取引をしながら新しい環境に適応したことがわかっている。

しかし私は、それらの一族から学ぶことは何もないと言っているわけではない。むしろその逆だ。彼らの生活を知ることで、まったく違った経済や文化を持つ西洋社会で生まれた仮説を検証する新しい場ができる。文化の多様性を研究するのは、私たちが一般化していることが本当に普遍的なのか、それとも私たちの背景から生じる偏見が反映されているだけなのかを理解するのにいちばんいい。しかし現代の狩猟採集民は、過去を映しているわけではない。かりに彼らの社会には糖尿病や失業の不安がないといったうらやむべき性質があったとしても、私たちの祖先が同じように恵まれていて、私たちが進化の途中で定住を始めて道を誤ったと結論することはできない。ジョイスが言ったように、「現代の狩猟採集民を、人間の社会がどのくらい小さな規模で動くかを調べるのに用いることはできる。しかしあくまで規模が小さい例とするべきで、進化の早期段階の例と見なすべきではない[22]」。

ネアンデルタール人のイメージチェンジ

人類学者のジョン・ホークスは人間の起源についてのブログで人気を博しているが[23]、そこには〝ネアンデルタール人への誹謗に対する反論〟という一連のエントリーがある[24]。一般通念では、ネアンデルタール人は獣のような毛むくじゃらの姿で、よりずるがしこく、より魅力的な（偶然そうなったわけではない）ホモ・サピエンスに取って代わられた存在だ。ホモ・サピエンスはより便利な道具をつくり、言語を発達させ、そのまま進化して今の私たちへとつながった。しかし二〇〇八年にネアンデルタール人がつくった精巧な石の道具が発見され、二〇一〇年にスヴァンテ・ペーボらが、現在の非アフリカ人のゲノムの一〜四パーセントが、ネアンデルタール人に由来することを突き止めて以来、すべての学派が大急ぎで自分たちの仮説を修正した。

ネアンデルタール人は、突如クールな存在になった[25]。彼らはそれまで考えられていたより、大きな脳を持ち、おそらくもっとセックスをしていた。少なくとも大衆紙はそのように報道した。ガーディアン紙は「ネアンデルタール人はばかではない、ただ違っているだけだ[26]」という、同情的な見出しを掲げた。Wired.com は「ネアンデルタール人は愚かではない。しかしつまらない道具をつくった[27]」と叱責調。Scotsman.com はもっと荒っぽい。「なんてこった！　やつは利口だ。やつはタフだ。やつはホモ・サピエンスに負けていない！[28]」。クロアチアのクラピナに新しくできたネアンデルタール人博物館の展示には、歯を磨いているようなものがある（もっと不愉快かつ、少なくとも奇妙なのは、元ロッカーのオジー・オズボーンが、過去のやりすぎの行為、たとえば「一日に最高でコニャックのボトル四本を空けていた」ほどの過度の飲酒を、ネアンデルタール人の遺伝子のせいにしたことだろう。これはデイリーメール紙が報じたもので、彼が私的に遺伝子調査会社を使って調べてわかったと噂されている[29])。

ネアンデルタール人は、すでに消滅した私たちの直系の祖先と同じく、どのような生活をしていたのか自ら語ることはできないので、私たちは彼らが残したもの、たとえば道具や、食糧にしていた動物の骨、彼ら自身の体を利用して、祖先の生活を理解しなければならない。そのようなわずかな骨や化石から、どのくらいのことがわかるだろうか。そしてそれらは私たちの過去について何を語っているのだろうか。

たとえ頭蓋骨のかけらでも、かつてのその持ち主の脳と体について、膨大な量の情報を提供する場合がある。ドラマ『CSI：科学捜査班』のファンなら、頭蓋骨の一部から、おおよその年齢、身長、性別を推定できることは知っているだろう。しかし現代の人類学者は架空のドラマの推理能力をはるかにしのぐテクニックを持っている。たとえばネアンデルタール人の頭は、現代人と同じくらいの大きさだが形は違う。もっと細長く、人間に特有の額(ひたい)のふくらみがない。ドイツのマックス・プランクの進化人類学研究所の研究者たちは、ネアンデルタール人の新生児と、もう少し年長の子どもの頭蓋骨を細かく調べた。幼いほうが、人間の新生児と同じようにやや頭蓋が長かった。しかし年長の子どもの頭蓋骨には、人の頭蓋骨の特徴である、頭頂と底の丸みが現れていなかった。ネアンデルタール人の脳は大きかったが、現代人とは違う発育の道筋をたどった。つまり私たちの独特の能力は、発育の過程のとても早い時期に生じた可能性があるというのが、研究者たちの結論だ[30]。言い換えると、あなたの行動を決めるのは、体にある部位だけではなく、それが生じるまでの過程なのだ。分析に用いられた骨が少ないことを考えると、その仮説は信じられないという科学者もいるが、主張そのものはともかく、これらの研究が目指すのは、ほんの何本かの骨を使って、細かいところまで復元することだ。

歯から推定する祖先の食生活

歯は食生活を推定する材料として以前から使われてきたが、最近では歯のエナメル質自体の分析技術の発達で、私たちの祖先の食生活を推定する、新しく刺激的な方法が現れた。それは〝セックスをすると、その相手の以前のパートナーすべてとセックスすることになる〟という論法の、もっと穏やかなバージョンだ。食物に関して、歯にはあなたが食べた植物だけでなく、あなたが食べた動物が食べた植物の情報も含まれる。植物は種類によって、日光をエネルギーに変換するために違う炭素を使っている。そのさまざまな炭素は、動物の歯のエナメル質で追跡できる。高木や低木は、イネ科やスゲ科の草とは違う化学的特徴を持っている。人類学者のマット・スポンハイマーとジュリア・リー－ソープは、アウストラロピテクス・アフリカヌスの歯を調べ、草に含まれるタイプの炭素が、測定可能な量だけ存在する証拠を発見した。その類人たちが種、根、イモ類（塊茎）、そして草食動物も食べていた可能性が示唆されたのである。[31] 必ずしも大きな動物の狩りを行なっていたとは限らない。他の動物が残したものや甲虫などの幼虫を食べていても、同じ結果になったかもしれない。それでもその研究は、間接的な証拠からも相当な量のデータが集められることをよく示している。

脳の成長や他の身体構造上の進化ではなく、祖先の行動についての推定はどうなのだろうか。ここでも化石がある程度の役割を果たしているが、既知のものに基づく推定はややリスクをともなう。

二〇一〇年、「ネアンデルタール人はセックス中毒だった！」の見出しが、イギリスのデイリー・テレグラフ紙を飾り、[32] 他のメディアもすぐ追随した。フランス通信社（ＡＦＰ）は「ネアンデルタール人のいけないセックスライフが異例の研究で明らかに」と楽しげなタイトルをつけた。[33] ネアンデルタール人は注目されている研究テーマというだけでなく、前述したとおり大きなイメージチェンジをしているので、どうしても取り上げたくなるようだ。同じくらい俗っぽいが、化石の破片の調査結果から導かれたニュースがもう一つある。これはネアンデルタール人の指の骨の化石、そして人間に似た四種の動物（初期人類だが身体構造的には現代人）、そして現代の類人猿四種（テナガザルを含む）の指の骨のデータを詳しく調べた結果わかったことだ。リバプール大学のエマ・ネルソン率いる研究者たちは、人の祖先とその近い親戚に、どのような配偶システムがあったのかを調べようとした。[34]複数のオスがメスに近づくため互いに争っていたのか。あるいは一夫一妻制だったのか。オスとメスの全体的な体の大きさの違いが、その種において何人（何匹）のパートナーを持つことができたかを示す指標となる。より強いオスが選択されるということは、勝ち残るオスは大きいために戦いに強いということになるからだ。オスとメスの違いが大きいほど、配偶システムも極端になる。たとえばオスのゾウアザラシは、メスの二倍から三倍の大きさで、このような種では、交配に成功するオスが限られ、群れの子の九〇パーセント以上が一頭のオスの子で、戦いに敗れた大多数のオスはまったく子を残せない。

指の長さからわかる性的志向

しかし判断材料として使えるものに、オスとメスそれぞれのわずかな骨だけしかないと、全体的な大きさの違いを測るのは難しい。それが特に大きなメスと、特に小さなオスだったら、どうなるだろう。指の骨が使われるのは、薬指（第四指）に対する人差し指（第二指）の比率に、オスの個体がまだ子宮にいたときにさらされた男性ホルモンの量が表れると考えられているからだ。オスでは人差し指が薬指より短いことが多い。メスはどちらもだいたい同じくらいか、人差し指が薬指よりやや長い。するとこの比率が低いほど、男性ホルモンのレベルが高いことを示し、オスの間の競争が激しく、長期的な一対一の関係が少ない種に見られる特徴と考えられる。

過去一〇年ほど、進化心理学の分野で、指の長さの比率に注目が集まっている。性的志向、音楽能力、女性の受胎能力など、いくつかの性質がその人の指の長さの比率の違いに反映されると言われている。[35] ネルソンらはさらに一歩踏み込んだ。ある一つの群れでの比率ではなく、彼らが持っているすべての標本の指の長さの比率を比較したのだ。ゴリラ、チンパンジー、オランウータンは、繁殖期に複数のパートナーと交わるが、テナガザルは比較的、一対一の関係を保つことがわかっている。化石の標本の種はすべて（ルーシーの種であるアウストラロピテクス・アファレンシスは除く）、ゴリラやチンパンジーに近く、テナガザルからは遠いことが、指の比率に示されていた。またネアンデルタール人は現代人よりも、乱交的な交わりを持つ種に近いらしい。イギリスのデイリーミラー紙が、ネアンデルタール人の〝身持ちの悪さ〟を見出しにしたのは、[36] おそらくこれを根拠にしているのだろう。

ではそれで、ネアンデルタール人を含め、私たちの祖先とその親類の大半はオスが複数の妻を持てて、そして現在の一夫一妻制が定着したのは、最近のことだったと結論できるだろうか。それはできないだろう。[37] ネルソンら研究者は発言にはかなり慎重で、骨の標本は小さく、その結果が体格の性差についての追加データで確認されたとしても、「指の比率は化石化したヒト族の社会的体系を説明するための、補足的なアプローチだ」と述べている。[38]

指の比率を使うことについては、最初から賛否両論があった。チェコの研究者、ルカス・クラトクビルやジャロスラフ・フレグルは、その差は女より男のほうが手が大きいという単純な事実を統計的に操作して生じた結果だとしている。[39] また私たちはこの数字そのものの解釈のしかたを、ほぼ何も知らない。およそ九万五〇〇〇年前のものと思われる、身体構造上は現代人に近い化石で、指の比率が〇・九三五だったとする。現在の人間の値は〇・九五七、テナガザルは一・〇〇九、チンパンジーは〇・九〇一だ。つまり私たちは一夫一妻制の親戚（テナガザル）に〇・〇五二足らず、好色な親戚（チンパンジー）より〇・〇五六上回っているのだ。それはどういうことだろうか。答えは、〝わからない〟だ。ジョン・ホークスは、移動や運動を含め、手は違う使われ方もしているため、違うタイプの自然選択が働いていたという理由で、指の比率を配偶システムの予測に使うことに懐疑的だ[40]。

私は化石から大昔の人のライフスタイルについて推定できるようになるという考えは捨てて、降参するべきだと言っているわけではない。しかし化石そのものが限定的だし、多くの仮説に基づき（胎内でのホルモンレベルが常に男性の競争心の強さと結びつくのか。子ども時代の脳の違いが、大人になってからの行動も支配するのか）、残されたものから人間の過去の明確なイメージを描こうとすると、論理の組み立てがあまりにも複雑になりがちだ。

類人猿はタイムマシン？

人間以外にヒト属で現在も残っている種はない。つまり今も生存している動物から私たちの祖先がどのような生物だったかを推測しようとすれば、やや遠い親戚に目を向けなければならない。他の霊長類が発見されてから、チンパンジーなどの大型類人猿と人間が似ていることは、誰の目にも明らかだった。そのため私たち人間はサルから進化したという誤った考えが助長された。本当のところは、私たち人間とサルと類人猿（チンパンジーやオランウータン）は同じ祖先から生じたが、およそ五〇〇万〜七〇〇万年前に人間は他の類人猿から枝分かれした。これはかなり最近のことなので、チンパンジーに見られる特徴、たとえば道具の使用や集団での狩り、社会的集団の間の戦いなどは、人間の先祖伝来のもののように思えるし、そのようにみなされることもある。

リチャード・ランガムとデイヴィッド・ピルビームが、ある本で担当した一章のタイトルは『アフリカの類人猿はタイムマシン』というものだった[41]。ランガムによれば、人間は他の類人猿と似ているが、特に〝チンパンジーらしさ〟が表れている。[42] チンパンジーらしさとは、男性優位で荒々しいという性質に関係している。これは同じく人間の親戚であるボノボには見られない性質だ。ボノボの社会はもっと平等で、そこでは社会的緊張はセックスで解決される。それはオスとメスの間だけでなく、同性の間でも起こる。

ボノボについての研究が始まったのは、チンパンジー研究よりはるかに遅かった。チンパンジーの社会についての記録は、一九六〇年代にジェーン・グドールによる観察から始まった。そして一部の研究者の間では（たとえばエイドリアン・ジールマン[43]）、もしボノボ研究が先に始まっていたら、人間の性質についての見解は今と違って、平和主義のボノボを人間の祖先のモデルとしていたのではないかという意見がある。そうなっていたら、初期人類は好戦的ではなくむしろ融和的だというイメージができていたかもしれない。そうなると現代の戦争は暴力的な本能によるものではなく、異常な行為とみなされていただろう。二〇〇九年にアルディピテクス（四四〇万年前に生きていたと考えられているヒト族）の骨の発見が発表されたとき[44]、人類学者たちが心配したのは、たとえ化石だとしても、実際の人間の親戚を調べたほうがいいという考え方が主流となり、現存している類人猿のデータから初期人類の生活を推定する手法が否定され、過去についての情報源が必要以上に限定されてしまうことだった。

人間の進化を理解するのに、今の時代に生存している霊長類を使うことができるのだろうか。その答えはイエスだが、それは類人猿がタイムマシンや生きた化石だからではない。チンパンジーやゴリラ、ボノボは外見が私たちにとてもよく似ていて、共通の祖先から枝分かれしたため、自然選択が他のサルに似た霊長類（私たちにごく近いヒト族）に対して働いたのと同じように、それらの種にも働いたと考えられるからだ。他の哺乳類と違って、人間をはじめとする大型類人猿は、嗅覚ではなく視覚と聴覚に頼っているため、匂いではなく視力と音によるコミュニケーションが進化した。それは私たちの祖先も同じだったに違いない。しかしだからといって、もっと新しい時代に枝分かれした種があれば、あらゆる面でその種とのほうが似ているということではない。また類人猿が五〇〇万年前の祖先とまったく同じ状態にあるというわけでもない。彼らもまた私たちと同じように、環境に合わせて進化しているのだ。

　現代の大型類人猿には、人間と共通する過去が昔と変わらぬまま記録されているという考えで問題になるのは、共通の祖先から枝分かれしたのが最近だったとしても、ある性質について遺伝的な類似性があるとは限らないことだ。それは進化のスピードによって変わるし、違う性質は違う速さで進化する。たとえば私たちとチンパンジーに共通の祖先が好戦的だったために、今のチンパンジーが好戦的なのだと考えてみよう。現代人の遺伝子が現代のチンパンジーのものとよく似ていたとしても、人間にとって対立より協力のほうが自然選択で有利になるなら、遺伝的な類似はそのままに、人間だけ新しい性質を手に入れるだろう。そもそもある性質がいつごろ生じたかが、それが存在するという証拠、あるいは反証にはならない。ランガムとピルビームは次のように述べている。「しかしあらゆる予想を覆して、人間の間で命を落とすほどの激しい争いが、約六〇〇万年前から行なわれていたことを示す、説得力のある証拠が見つかっている。一方、目に見える発情のしるし（犬や猫のヒートなど）がなくなったのは、〝たった〟一九〇万年前だ［目に見える発情のしるしがないことは、一夫一妻制や長期的な男女の結びつきにつながる］。暴力の歴史が融和より四一〇万年も古いということが、私たちの自意識に、重要な意味を持つだろうか？　そんなことはまったくない[45]」。すばやく変化するのはどの性質か、そしてその理由を問うほうが、人間とチンパンジー（ゴリラ、ボノボ）の類似性の基準を決めるより切実な研究のはずだ。

外国の土地を旅する楽しみの一つは、地元の人々と触れ合うことだ。服装、食習慣、宗教など、自分とまったく違うように見える人々でも、実は共通する基本的性質が見つかることが多い。たとえば子どもへの愛情や、ヘビへの恐怖といったことだ。土地をめぐる争いや政治的対立はあっても、人間は人間なのだ。

人類学者のドナルド・ブラウンは、旅行者だけでなく研究者によっても指摘されている世界的な類似性に大きな関心を寄せ、〝人間の普遍性〟と呼ぶべき性質の目録をつくった。民族誌学者は文化の差異を強調するが、ブラウンは一九九一年に出版された本で「民族誌学関連のどの書物を見ても、現実の人間がすることすべてに、人間としての普遍性があふれている[46]」と主張している。ブラウンは人間の行動について文化的視点からのみ説明することには反対で、生物の生態と進化が環境と相互に作用し、すべての人間に共通する行動が生まれたと提言している。そのような普遍性の例としてあげられるのが、近親相姦の忌避、言語のおおまかな構造、男性優位の政治、精神や気分を変える物質（向精神性薬物）の使用、前述のヘビへの恐怖などだ。このような普遍性に対するブラウンの観察は驚くほど細かく、人々が何をしたかだけでなく、どう感じたかにまで及ぶ。「普遍的な人々は……火の熾し方は知らなくても、使い方は知っている……道具と火は彼らの生活をより快適かつ安全にするのに大いに役立つ[47]」

そうした普遍性が私たちの祖先の行動を反映しているとすれば、〝最も自然な〟行動を推定する手段として使えるのだろうか？　そうとは言えない。私は世界中の人間集団に見られる類似性には目を見張るものがあるという点には同意し、人間の行動は進化の結果だと考えているが、しかしそうした類似性は、私たちの祖先がどのような生活をおくっていたのか、いわばパレオファンタジーをつくりあげる根拠にはならない。ローズマリー・ジョイスは自分の考古学の授業を受けている学生たちが、普遍的な人間の性質と、現代のさまざまな社会に見られる性質が過去にも存在していたという議論を、支持することが多いと述べている。しかし彼女はこう釘を刺す。「現存している人間社会すべてに特有の社会的慣習がある。だからといってそれらが大昔の祖先の行動について教えてくれるわけではない」[48]。問題は、進化が継続的であり、誰もが同じ選択圧にさらされれば、同じ行動パターンを示す可能性があることだ。

では原始人はどんな生活をおくっていたのだろうか？　それはパレオ式生活信奉者が思っているほど明確にはわかっていない。たしかに初期人類が狩猟と採集を行ない、獲物をさばくのに石の道具を使っていたことや、絵を描いていたことなど、多くの特質があるのはわかっている。そして私たちに近い霊長類の生活を観察することで、社会的行動にどのような選択が働いたのか、多くを知ることができる。しかしただ一つのパレオ式ライフスタイルというものは存在しない。それは現代的なライフスタイルがいくつもあるのと同じだ。昔の人間は獲物の大きさによって、わなを仕掛けて捕まえたり魚を釣ったりしていた。また住む場所と時代によっては、食物の大半を採集でまかなっていた。どんな時代の行動にも、霊長類が一〇〇〇万年前からやってきたこと（たとえば社会的地位を得るために個人同士で協力すること）もあれば、進化上、比較的近い時代に発達した行動（ただ手で投げるだけではなく、柄をつけられる石器をつくることなど）もあった。どちらがより〝真正である〟ということはない。マンハッタンの住人にとって、小さなアパートの部屋に肉の貯蔵庫を設置したいかどうかとは、また別の話だ。

第二章　農業は呪いか、祝福か

疫病も専制政治も過重労働も、人類が農耕定住生活を始めてから発生した。果たして農業は諸悪の根源なのか？　恩恵はないのか？

五万年以上前の私たちの祖先がどのような生活をしていたか議論の余地はあっても、人間が家族より大きい集団で定住するようになってから、まだごく短い時間しかたっていないのは間違いない。地球の歴史を時計で表現することがよくあるが、それによると人間が存在しているのは最後の数分で、農業とその後の発達はナノ秒にしかならない（クロアチアのネアンデルタール人博物館では、進化が一日二四時間の時系列で示されていて、〝人類の親戚〟が現れたのは深夜〇時のわずか八分前だ[1]）。人間の進化だけを見ても、狩猟採集の生活ではなく、定住して農業を始めてからの期間はきわめて短い。そして進化は長い長いプロセスで、影響が目に見えるまでに何千世代もかかると言われる。そのため進化心理学者らが好んで言うように、私たちはいまだ石器時代の遺伝子を持っているため、この宇宙時代の生活と環境にはうまく適応できずにいるという考えは、正しいように思える。〝進化心理学：入門編〟というサイトでは「現代人の頭蓋骨に石器時代の脳が詰まっている[2]」と表現されている。

この結論は妥当に思えるかもしれないが、間違っている。少なくともかなり幅広い解釈が必要になるので、ほとんど意味がない。さらにそこには関連はあっても違う論点が混じることがある。それはローレン・コーデインのようなパレオダイエット支持者がよく主張する「農業によって人類はでんぷん質まみれの破滅の道を転げ落ち始めた」という考えだ。[3] しかし実のところ、問題は二つある。この章でその両方について検討する。第一になぜ農業の開始がそれほど重要なのか。言い換えると、農業はなぜそれほど画期的だったのか、そしてその結果として起こった変化はすべて悪かったのかということだ。第二に、人間が定住型の生活を始めて、まだほんの数千年しかたっていないために、いまだに体は農業を始める前のままであるという主張は本当かということだ。農業とそれにともなう食生活や政治の変化は悪い結果をもたらしたという、ジャレド・ダイアモンドらの主張と、[4] 私たちは農業によって生まれた檻（おり）（肥満と病気と社会的階層が付き物）に囚われているという考えは、同じではない。

農耕こそ諸悪の根源

ヒトという種がアフリカから世界へ広がったとき、彼らはおそらく小さな集団で狩猟採集をしながら生活をしていた。そしてやがて農業が始まる。人類学者のグレゴリー・コクランとヘンリー・ハーペンディングはそれを大変化（ビッグ・チェンジ）[5]と呼んでいる。それが一つの大きな節目であったことを否定する者はいないが、さらに踏み込んで、それは下方スパイラルの始まりだったと主張する科学者もいる。一九八七年、ジャレド・ダイアモンド（のちに彼が発表した、地上の人間の歴史に関する書籍『銃、病原菌、鉄』は大ベストセラーとなり社会に大きな影響を与えた）は、農業の確立についての記事に「人類の歴史の中で最悪の間違い」とタイトルをつけた。その中で彼は「農業の出現とともに、社会的、性別による不平等、病気、専制政治など、私たちを苦しめるものも生まれた」[6]。イギリスのテレグラフ紙に掲載された、ダイアモンドの他の著作についての記事にも、「農耕は諸悪の根源か？」[7]という、陰気な見出しがついていた。

米国地理学協会のスペンサー・ウェルズは、さらに深く切り込んだ。「突き詰めれば、現代の人間を襲う大きな病気のほぼすべて（細菌性、ウィルス性、寄生虫、伝染病以外の病気）の根は、私たちの生態と、農業の出現以来、私たちがつくりあげてきた世界の不適合にある」[8]。そして環境ライターのジョン・フィーニーは「狩猟と採集で生活していたころの人間は、地球の生態系にすっきり溶け込んでいた。やがてすべてが変わった。農業によって文明が始まった。農業には持続可能性がない。今は目に見えなくても、先行きは見えている」[9]と遠慮がない。

こうした悲観論に対抗する前に、明確にしておかなければならない第一のポイントは、定義の問題だ。農業とは単に自然の産物を採集するのではなく、自分たちの手で穀物を育てる、動物を家畜化、少なくとも飼育することと、定義できる。[10]しかし人類学者は食物生産方法を三つに分類する。ホーティカルチャー（園芸）、牧畜、農耕である。ホーティカルチャーとは、掘り棒のような単純な道具で畑を耕し、あまり人為的に改良されていない穀物を育てる作業を指す。農業はここから始まったのだろう。現代のホーティカルチャー社会としては南米のヤノマミ族があげられる。彼らはキャッサバ、タロイモ、薬草などの栽培をする他、森で採集や狩猟をして足りない食物を補う。現代でもホーティカルチャーを主として生活する人々の中には、ずっと決まった場所に住むのではなく、ある期間は遊牧民として生活する者もいる（おそらく過去には数多くいただろう）。定住する集団ができても、それは小さく、町や都市を形成する可能性は低い。

牧畜民は動物の群れを飼うが、その動物は飼育者が与える餌ではなく、自然の牧草を食べる。その数はいつの時代も穀物を育てる農民ほど数は多くなかったが、現在でもスカンジナビア半島のトナカイを飼育するサーミ人（ラップ人とも呼ばれていた）など、少数の集団が生き残っている。動物は同じ場所で数か月間続けて飼育されることがある。サーミ人は夏の間、乳をしぼるためにメスのトナカイを囲いの中で飼う。彼らはトナカイその他の牧畜動物から多くの糧を得ているが、農耕を行なう集団と取引をして、他の生産品、たとえば肥料などを手に入れる。

集約農業は現在行なわれている食物生産の形態に近いが、まだ〝伝統的〟と分類される社会でも見られる。たとえば東南アジアの稲作農耕文化などだ。ホーティカルチャーではよく〝焼き畑〟が行なわれ、作物を栽培したあとしばらく（場合によっては何年も）放置し、土壌の栄養を回復させることがある。それとは対照的に、集約農業社会では積極的に肥料を用いて畑を管理し、常時、使用する。また彼らはより高度な道具を使うが、エンジン付きの耕耘機ではなく、動物に鋤を引かせるといった単純なものもある。穀物は育てた人が食べるだけでなく、販売用にもつくられる。つまり人々はより大きな集団で暮らし、作物を育てる人、それを売り買いする人の間に、役割分担ができるということだ。そのような分業が起こると、資源（食物の他に、それを買うための手段）がいつも平等に分けられるとは限らなくなり、社会に階層が生まれる。

人類学者に論争の種を与えるという以外、こうした区別がなぜ問題になるのだろうか。それは肥満や高血圧を蔓延させたとして、モンサントのような農業関連産業化学会社を非難するほうが、先のとがった棒で地中のイモを掘る数十人の人々を非難するより簡単だからだ。小規模の農業は、人々が考えるよりずっと以前から行なわれていたのかもしれない。勇ましいネアンデルタール人の歯の間にも穀類の破片が見つかり、初期人類が穀物をすりつぶして粉にしていたことがわかってきたのは、ごく最近のことだ。これについては第五章で詳しく検討する。

このように時間をかけて少しずつ変化してきたために、農業への移行にともなう災い（伝染病の増加、一つあるいは数少ない食糧源への依存）が、正確にはいつ現れたのか判断するのは難しい。考古学者のティム・デナムらが指摘したように「初期の農業は、空間的に明確なマッピングや時間的に追跡が可能な、はっきり区別された〝オール・オア・ナッシング〟の生活形態ではなかった[11]」。進化の他のプロセスと同じく、食物を入手する違う方法への移行は、ときどき思い出したように起こり、その変化にうまく適応する人間の性質もあれば、それほどうまく適応しない性質もある。そのように不規則だが現実的な発達をしたと考えると、コーデインの「パレオダイエットこそ、私たちの遺伝子構造に理想的な唯一無二の食事だ。たった五〇〇世代前（そしてそれまでの二五〇万年間）には、地上の人間すべてがそのような食事をしていた[12]」という主張が、少し疑わしくなってくる。

人間の食べる穀物は三〇種だけ

これは農業（集約農業でもそうでなくても）が定着したときに起こった変化を否定するものではない。最もわかりやすいのが、人が麦、米などの穀物を食べるようになり、やがてそれらが主食になったことだ。そしてより多くの人が一つの土地で暮らしていけるようになった。さらに食事に含まれる炭水化物とたんぱく質の相対的比率が、より入手が確実なでんぷん（炭水化物）へと傾いたが、正確にどのくらいだったかははっきりしない。ネアンデルタール人その他の化石から最近見つかった証拠によると、これまで考えられてきたよりずっと早くから、初期人類が穀物を食べ、加工までしていた可能性がある。それでも農業が始まって以降の食生活には炭水化物が増えただけでなく、狩猟採集の時代よりも多様性が大幅に減少した。狩猟採集民族が食べていた植物の種類は、群れの場所と人口によって違うが、五〇種から一〇〇種以上と推定されている。ところが現在では、ロンドン大学ユニバーシティ・カレッジの考古学研究所のデイヴィッド・ハリスによると「人間の食料供給で、植物由来のエネルギーの九五パーセントは、たった三〇種の穀物によってまかなわれ、その半分はトウモロコシ、米、小麦から供給される[13]」。

食べるものの種類が減るのがなぜ悪いのだろうか？　多様な食物を摂ることが、必ずしも本質的な善というわけではない。しかしさまざまな作物が入手できれば、ある種の食糧不足を緩和できる。一つのものに全財産を賭けるのではなく、リスクを分散するということだ。たとえばアイルランドのジャガイモ飢饉は、アイルランドの農民たちが必要とするカロリーをほぼすべてまかなっていたジャガイモが、真菌による病気で枯れてしまったために起きた。振り返ると、病気がそれだけの影響を及ぼしたのは、すべてのジャガイモが遺伝的に同一になるよう選別されていたからだ。大きさ、形、味が同じで、おいしく、育てやすい。しかし一株の苗が病気にかかりやすければ、すべて同じようにかかりやすい。そのためすべての作物が、あっというまに壊滅してしまうことがある。数少ない作物に依存することは、同様の災いを招きやすい。そしてそれは現在の科学者や農民にとっての不安材料でもある。しかしだからといって狩猟採集の生活に戻ることが（たとえ可能であっても）、最高あるいは唯一の解決策かどうかは議論の余地がある。

チンパンジーより勤勉

狩猟採集派と農業派の論争における最大の論点は、後者が働きすぎるということだ。それは生きるための糧を得るのにかける時間、求められる労働の強度、どちらの面を見てもだ。少なくとも農業をしない人々より働く。ウェルズはそれを次のように表現している。「狩猟採集をしていたころ、私たちは他の種の動物と同じように、自然が気まぐれに与えてくれる食物や水に依存して生きていた[14]」。そして自然の気まぐれは、おそらく石だらけの土地や、反抗的な家畜よりも御しやすい。農業は難しすぎるという理由だけで、悪とみなされることがある。

少なくとも一部の狩猟採集民が、生きるための糧を得るための活動という意味での〝仕事〟に割く時間が、農業従事者よりも短いことがあるのはたしかだ。一九六〇年代にリチャード・リーが行なったカラハリ砂漠の人々についての古典的研究によれば、彼らがじゅうぶんな食物を集めるために、働かなければならないのは一週間に二日半、道具をつくったり、他の〝家事〟を行なったりするための時間を合わせても、うらやましいことに一週間に四二時間だった。[15] タンザニアのハツァ族が仕事をするのは、一週間に一四時間以下だと、ジャレド・ダイアモンドは述べている。[16] 他にもさまざまな推定があるが、例としてあげられた社会は典型的な狩猟採集民ではないと、一部の人類学者は批判している。しかし農民、特に集約農業に従事している人々が、狩猟採集民よりよく働いているという結論は妥当と思われる。

問題は狩猟採集民も、少なくとも他の種の生物よりは必死に働いているということだ。人類学者のヒラード・カプランとその同僚たちは、より現代的な人間の特徴は、入手しにくい食物を獲得する能力だと提唱している。[17] 彼らは食物を、果物などの**集めるもの**、地下の巣に隠れているシロアリや、土に埋まっているイモなどの**引き出すもの**、そしてトナカイなど、わなにかけたりして捕まえる**狩るもの**に分類している。

チンパンジーを含む他の霊長類も、入手するのに同じような手順が必要な食物を食べているし、チンパンジーは狩りをするときもある。しかしもっぱら自然のきまぐれが与えてくれるものを集めるより、引き出す食物と狩る食物を食べる動物は人間だけだ。そして（狩猟採集社会の人々でさえ）魚を捕まえたり、有蹄動物を獲物として持ち帰ったりできるようになるまでには、長時間の訓練を必要とする。南米のアチェ族（現在、最も研究されている狩猟採集社会）の男たちの間では、狩猟の能力は長く衰えず、三五歳までは一狩りあたりの肉の獲得量で評価される。イモを採るのも、それほど簡単なことではない。ベネズエラのヒウィ族の女性が最もうまく根茎を集められるのは、三五歳から四五歳の時期だという。そうしたスキルを身につけるには時間がかかる。しかも短くない時間だ。[18]

こうしたデータから、二つの結論が導かれる。まず明らかなのは、狩猟や採集はただ歩き回ってブドウが口に落ちてくるのを待っていたり、ときどき仲間たちと会って、楽しい狩りに興じたりするだけではすまないということだ。ウォールストリートのやり手たちや、一九世紀の搾取工場で働く労働者ほどではないかもしれないが、私たちが想像するほど牧歌的な生活ではない。もう一つの結論はそこまでわかりやすくはないが、生きる糧を得るために費やす時間の、動物種による違いは、連続的で明確ではないということだ。なぜ私たちは大昔の狩猟採集生活に、パレオファンタジーという幻想を抱くのだろうか？　私たちの昔の親戚である類人猿でさえ、食糧を採集する時間が以前より減っているこの時代に。道具が使用される以前の時代は、それほどいい時代だったのだろうか？　時間と労力のバランスをどう考えればいいのだろうか。入手するのに努力はほとんど必要ないが、ひと口ずつ苦労して飲み込まなければならない草を食べるほうがいいのだろうか、あるいは獲物がかかるかどうかわからない、込み入った魚用の罠をつくる時間が少ないほうがいいのだろうか。農業を選んだときから人は働きすぎるようになり、転落が始まったとする論は擁護できるものではない。

農業がもたらした病気の数々

何を食べるかはともかく、集約農業を行なえば、一つの社会でより多くの人間を養えるのはたしかだ。人数の多い集団が、落ち着いた生活をすることで起こる結果はいくつかある。ウェルズらが主張したように、農業の明らかに望ましくない影響の一つは、伝染性、非伝染性を問わず、新しい病気の急増だ。これについてはまぎれもなく、定住と農業のマイナス面と明言できる。一か所に人が集まっているときは排泄物も同じ場所に放置されやすいため、病原性の生物、ウイルスや細菌によって起きる感染性の病気が広がりやすい。たとえばコレラが流行するのは感染した糞尿が水を汚染するときだが、これが問題になるのはその汚染された水源で洗い物をしたり、その水を飲んだりするときだけだ。集団が絶えず移動していれば、そのような病気は生じないため、狩猟採集民がかかることはなかっただろう。同じように、はしかの原因となるウイルスは、群れの中に感染したことがない人が、常にある程度いないと広がらない。そのため少人数の群れが感染しても、病気はすぐに消滅してしまったはずだ。しかし人口密度が高い土地では、はしかのような病気は、新たに生まれた感染しやすい人々を襲い、延々とそれが繰り返される場合がある。

農業には動物を家畜化することも含まれるが、その動物も特有の病気を持っていることがあり、そうした病気の多くが、知らないうちに飼育者に感染する。寄生虫、菌類、細菌、ウイルス――ペットも家畜もこれらすべてに感染する可能性がある。ということは、人間もその病気にかかる可能性があるということだ。天然痘、インフルエンザ、ジフテリアは、もともと人間以外の動物に由来すると考えられている。狩猟民が野生の動物の病気に感染する可能性もあるが、動物が人間と接触する時間が短いので、リスクははるかに低い。

新しい農業文化の社会に生じた病気としては、ニコチン酸欠乏症や壊血病といった、ビタミン欠乏による病気があげられるが、これは先に述べたように、農業に関わる人の食生活が少数の食品に頼りがちで、不可欠な栄養がそれらの食品に欠けている可能性が高いためだ。大昔の農民の骨には、虫歯、鉄不足による貧血などの病気の証拠が山ほどある。ダイアモンドによると、農業が始まる以前のギリシャとトルコの遺跡で発見された骨から、当時の人の身長は、男で一七五センチ、女は一六五センチと推定されるが、農業の定着以降の人間の平均身長はもっと低く、約五〇〇〇年前は男で一六〇センチ、女が一五二センチで、それはおそらく栄養不良のためだという。一万二〇〇〇年前（その土地の人々が、狩猟採集から農業に移行して一〇〇〇年後）に死んだエジプト人の歯のエナメル質に栄養不良の徴候が多く見られた。農業が普及する以前は栄養不良の徴候が四〇パーセントだったのが、七〇パーセントにまで増加していたのだ[19]。

そして農業以前の地中海人種から、現在の大規模農業社会に至るまでに、おかしなことが起こった。（少なくとも一部の）人間は健康になったのだ。それはおそらく新しい生活に適応し、食物が以前より等しく分配されるようになったためだろう。エジプトで集められた骨からも、四〇〇〇年前には人間の身長は農業開始以前のレベルにまで戻り、歯に見られる栄養不良の徴候も二〇パーセントにまで減少していた。農業は私たちの体に有害だと主張しようとする人は、だいたい農業に移行した直後の人体骨格資料を証拠としてあげるが、より長期的な視点で見ると話は違ってくる。たとえばオールバニーのニューヨーク州立大学のティモシー・ゲイジは、世界中の長期的な死亡率と、死因として最も多い病気の発生率を調べ、農業が定着して以降、寿命が短くなったわけでも、多くの病気が増加したわけでもないと結論した。人が定住するようになったあと、たしかに悪化した病気もあるが、歴史を通じて、人の一生が〝不潔で野蛮で短い〟時代は何度もあった[20]。

人口増と進化のスピード

農業が始まって以降、人々は健康で幸せになったのかどうかはともかく、人口が増えたのは間違いない。農業は多くの人を養えるが、それをまかなうだけの穀物を育てるには、より多くの人が必要だ。さまざまな推定があるのは当然だが、一〇〇万から五〇〇万人だった世界の人口が、農業が定着したあと二～三億人にまで増えたことを示す証拠がある。そして人口増加による変化は、あらゆるものの規模が大きくなる（大家族はシリアルの大箱を買うとか）ということだけではない。人々の生活の質も変化するのだ。

たとえば人が多くなり、特に移動が減ると、病気の種類も増える。そして食物を長期的に貯蔵できるようになると、持てる者と持たざる者が存在する社会が生まれる。ダイアモンドやウェルズをはじめ、多くの評論家が、その結果として生じた社会階層を詳しく説明している。役割分業と作業の専門化、宗教や政治の発達、その他、建築から金銭まで、数えきれないほどの文明の印が現れた。ウェルズは農業の定着によって、自然に対する人間の姿勢が、尊重から支配するべきものへと急激に変化し、それが現在の地球規模の環境問題につながっていると主張している。

故スティーヴン・ジェイ・グールドからホセ・オルテガ・イ・ガセットまで、狩猟採集生活から定住生活に移行してから、戦争と暴力が増加したとして嘆いている学者は多い。現在、大規模で悲惨な暴力が見られるのは、航空機とミサイルによる戦闘の非人格的な性質のせいにされることがあるが、事実は見極めにくい。現代の狩猟採集民の間で、どのくらい戦闘が行なわれているかは集団によって違い、前章で指摘したように、彼らの行動にも近代の影響が及んでいる。私たちの祖先がどのくらい好戦的だったかについて、現在の狩猟採集民の生活に基づく予測は、すべて割り引いて考えるべきだ。

経済学者のサミュエル・バウルズは、発掘された考古学的資料から戦闘によると思われる成人の死亡率（骨についた傷跡から武器によって殺されたことがわかる）を計算し、さらに一九世紀（おもに近代工業社会と接触する以前）から始まる世界中の民族誌学の記録を調べた。[21] そのデータによると、そのような暴力による死は、なんと一四パーセントに及んだ。これは現代のほとんどの社会よりも高い。バウルズは続けて、集団レベルでの自然選択が働き、初期人類の間で利他的な遺伝子の発現が増加した可能性があると主張した。犠牲的精神を持つ集団のほうが、頻繁に攻撃を受ける状況で存続できると考えられるからだ。バウルズが正しいかどうかはともかく、彼の指摘は初期人類が平和主義で、好戦的になったのは農業が始まってからだという主張と相いれない。心理学者のスティーヴン・ピンカーは、実のところ、のちの社会のほうがはるかに平和になっているということを論じている。[22]
しかし人が増えるということは、遺伝子も増えるということだ。個人の遺伝子の数が増えるというわけではなく、単に地上にいる人間の数が増えるのにともない、全体的に遺伝子が増える。人口が増加すると、密集や、清潔な水などの資源の需要の高まりといった、明らかな不利益もある一方、見逃されやすい利点もある。それは自然選択が働くための材料が増えるということだ。進化が起こるには突然変異（遺伝子のわずかな変化）が必要だ。有益な性質、たとえばえらではなく空気を吸い込むための肺や、槍を投げるための能力が生じるかどうかは、新しい遺伝子、あるいは遺伝子の組み合わせにかかっている。そして新しい遺伝的素材をつくる源は無作為の突然変異だ。突然変異を宝くじと考えてみよう。宝くじの当選確率を高める唯一の道は、買う本数を増やすことだ。コクランとハーペンディングは、人口が急激に増加し始めたとき「以前は一〇万年に一度しか起こらなかった好ましい突然変異が、四〇〇年に一度、起こるようになった[23]」と指摘している。そしてそのような好ましい突然変異は、人口が多い世界ではより速く広がる。そのため人口が多いと、進化も速くなる。ジョン・ホークスと彼の同僚たちは、過去五万年で、ヨーロッパでは三〇〇〇近くの適応変異が起こったと計算している。[24]

知性が発達した背景

これが何を意味するかといえば、農業が始まったあとの人口急増には不利益もあったが、重要なプラスの変化が見過ごされているのかもしれないということだ。コクランとハーペンディングは、集団が大きくなってから、（これも〝宝くじをたくさん買うメカニズム〟によって）人の知性が大幅に向上したと信じている。[25]アダム・パウエルとロンドン大学ユニバーシティ・カレッジの同僚たちは、後期旧石器時代（約三万〜一万年前）に世界のいたるところで見られた、文化と技術の複雑化のカギとなったのは、集団の大きさ（必ずしも農業の誕生とは関係なく、初期人類一般について）だったと示唆している[26]。道具、武器、絵画、儀式用具などすべて複雑になり、そして考古学記録の中に、遠方との取引が行なわれていた証拠が見つかっている。

そのような変化が正確にはいつ起こったか、それは土地によって違う。ヨーロッパと西アジアでは、北アジアやシベリアより急速に変化が起きた。なぜそのような違いがあるのだろうか。パウエルらは、重要な知識を持つ人がわずかしかいない小さな集団では、そうした道具製作の技術は失われやすいと考えている。不幸な偶然が一回起こるだけで、槍先にぴったりの石をさがすのに最適な場所や、壁画を描くためのより高度な手法を下の世代に伝えられる老人が死に、その人が持っている技術も絶えてしまう。集団がもっと大きく、人の移動が頻繁にあれば、そのような技術が永遠に失われることを防ぐための保険として働く。

人口増加の恩恵（遺伝的潜在力の増大や文化の複雑化など）も、農業が引き起こした負の結果も、最初からそちらのほうに向かっていたわけではないと、頭に留めておくことが重要だ。スペンサー・ウェルズは農耕の出現を、人間が崖から跳び下りることに近いと考えている。人は「自分たち（そして私たち）を、何百万年もの進化の歴史から切り離し、これからの一万年に現れる穴の中を導いてくれる地図のない未来へ向かって、新しい道を進み始めた」[27]。彼は農業が確立して「意図せぬ結果」がもたらされたことを嘆いている。

問題は、進化の結果はすべて意図せぬものであり、ガイドとなる地図が存在したためしはないということだ。類人猿が樹上から平原に下りたとき、私たちが新しい穀物を育て始めたときと同じように、世界がなすすべもないほど大きく変わったのは間違いない。どちらの場合も、誰かが何かを目指していたわけではない。前の章で論じたように、魚がうらやましげに、あるいは野心的な目で陸地を見上げる先に二足歩行の動物がいて、それがブリーフケースを持ちプラダを着るようになるというイラストは、やはり絵空事なのだ。進化は継続的なものだが、何かの目的に向かっているわけではない。定められた道を光明に向かって進むうちに、突然、農地を耕すのに鋤が使われるようになって道をそれ、肥満と病気へと突き進んだということではないのだ。

人類に最も適した環境

農業は恩恵か厄災かという議論からは離れて、人の体と頭は農業が始まる前の一〇〇〇〇年の間に進化したので、狩猟採集民だった祖先の想像を超えた世界に生きる私たちも、いまだ大昔の遺伝子に縛られている、という考えはどうだろうか。昔ながらの人間と現代との不一致は、原始人が何を食べていたかを詳しく説明する食事の本から、力を持つ男性が若い女性を求める理由についての憶測まで、あらゆるところで見られる。この章の最初で引用した言葉のように、私たちは環境に適応しきれない現在の苦悩を説明するのに、進化上の過去に目を向けることが多い。

現代人は適応できない世界に押し込められているというこの考えを、特に詳しく説明しているのは進化心理学者たちだろう。進化心理学とは人間の行動を進化の原則を使って説明することを旨とした研究分野で、進化適応環境＝ＥＥＡと呼ばれる概念を拠り所にしている。ＥＥＡは一九六〇年代から一九七〇年代にかけて、心理学者のジョン・ボウルビーが発展させたアイデアだった。彼は子どもがなぜ親に愛着を持つのか（逆もまたしかり）に興味を持っていた。ＥＥＡは、のちに人の脳の適応を調べるうえでの要（かなめ）として使われた。進化心理学の第一人者であるレダ・コスミデスとジョン・トゥービーは次のように述べている。

人間が狩猟採集をして生活してきた時間は、そうではなかった時間の一〇〇〇倍も長い。今のあなたや私が見ている道路、学校、スーパーマーケット、工場、農場、国家などが存在する世界は、進化の全歴史に比べたら、ほんの一瞬でしかない。コンピュータ時代も、始まったのは今の大学生が生まれる少し前、産業革命もたった二〇〇年前の出来事だ。農業が地上に現れたのはほんの一万年前で、人口の半分が狩猟採集ではなく農業に移行したのは五〇〇〇年前だ。自然選択は時間のかかるプロセスで、工業化以降の生活に適応するための回路をつくるには、まだじゅうぶんな世代を重ねていない。[28]

EEAはある特質（たとえば目があることとか、甘いものを好むことなど）が進化した環境だ。それは一〇万年前のアフリカのサバンナなど、特定の時代のある場所というものではない。しかし人類がマンハッタンのミッドタウンよりもサバンナで過ごした時間のほうがはるかに長いため、現代の環境に適応するだけの時間がなかったのだと、かの進化心理学者は考えている。トゥービーとコスミデスは「現代人の頭の働きを理解するカギは、その回路が現代アメリカの日常生活で起こる問題を解決するためではなく、狩猟採集生活をしていた祖先の日常生活の問題を解決するためにつくられていると認識することだ[29]」と主張している。それで〝石器時代の脳（遺伝子）が詰まっている〟というわけだ。エドワード・ハーゲンはもっとシンプルに、「EEAはある種の生物が適応する環境だ[30]」と表現している。つまりすべての生物、魚からバクテリア、ゾウにまで、それぞれEEAがある。

話を先に進める前に確認しておきたいのだが、私は進化の枠組みを使って人間の心理や行動を説明しようとするのが悪いと言っているわけではない。けれども人が自分自身を冷静に見るのは難しいようだし、自分自身の行動を説明するときは見たいものだけを見て、前からしたいと思っていることに都合よく理屈付けをするという、残念な性癖がある。そうなると、もしある行動（ジャンクフードを食べることであろうと、浮気をすることであろうと）が、大昔の環境では有利に働いた状況を思いつくと、自分たちが支持されている、少なくとも悪くないと感じられる。それは「そんなことをしたのは遺伝子のせいだ」という理屈とは違うが、私たちは不本意ながら祖先から受け継いだ行動の罠（わな）に足をとられているという結論を導くのと同じだ。私がこの本で論じているのは、そのようなアプローチでは、本当の進化の教訓が見落とされるということだ。その理由は、浮気は遺伝子のなせるわざという理屈はもっともらしく聞こえても、実は底が浅いし、そもそもそんな罠は存在していないからだ。

遺伝子は古く、環境は新しい

さらにＥＥＡに頼っても意味はない。何よりもまず、その古い遺伝子というのを考えてみよう。遺伝子は古いのに環境が新しいとは、どういう意味だろうか？　私たちの遺伝子は祖先から受け継いだもので、その祖先も彼らの祖先から受け継いだ。それが際限なく、少なくとも先カンブリア以前から続いている。私たちの遺伝子の中には、虫やニワトリや細菌の遺伝子と同一なものもあれば、もっと近い時代に生じたものもある。精子の生産に必要なＢＯＵＬＥと呼ばれる遺伝子は、有性生殖を行なう動物ほぼすべてに見られ、六億年前から存在しているという。人間がアフリカのサバンナにいた時代どころか、哺乳動物が出現するより前からあったということだ。

　遺伝子の変更は突然変異が素材をもたらし、自然選択やその他の力（たとえば個体が新しい場所へ移動することとか無作為の偶然とか）がその素材に働きかけたときに起こる。しかし変化は少しずつ、しかも思い出したように起こり、残りのゲノムもでたらめに引きずられる。生物は遺伝子のセットを、合わないズボンのように、すべて一度に捨てることはない。それがたとえ水中から陸地への移動、あるいはサルから人間への変化のような、大きな移行の途中であってもだ。

新しい分子技術の発達で、その遺伝子が進化の中でも保存されてきたのか、つまり違う集団が枝分かれしたときも基本的に変わらなかったのか、そしてどの遺伝子がわりと新しいものか、特定できるようになった。たとえば類人猿と人間のように、近い時代に分かれたグループのほうが、人間とカーネーションのように関係が遠い種よりも、同じ遺伝子が多いのはたしかだが、その共通の遺伝子は特定の時代（狩猟採集民だった時代など）に生じたもので、もう取り戻せないというわけではない。ベバリー・ストラスマンとロビン・ダンバーは「遺伝的に観れば、旧石器時代の重要性は、過去の進化上のどの時代とも変わらない[31]」と指摘している。

どの遺伝子が変化するかも、やはり重要だ。人間とチンパンジーの遺伝子の九八パーセントは同じとよく言われる（実際のパーセンテージは、専門家の意見や用いられている計測単位によって違い、ロイ・ブリテンは九五パーセントのほうが真実に近いとしている[32]）。しかしすべて足してしまうというアプローチでは、大きくても小さくても、遺伝的差異が何を意味するのかについて、どんな見識も生まれない。人類学者のジョナサン・マークスは、私たちの遺伝子の三分の一は、スイセンと同じだと指摘している。それはすべて使っている尺度によって違う。「そのためスイセンから見れば、人とチンパンジーの類似度は九九・四パーセントではなく、一〇〇パーセントだ。唯一の違いはおそらく、チンパンジーはスイセンを食べるということだろう[33]」。球根の権利を認める議論はないが（チンパンジーの権利については議論があった）、状況の背景なしに、類似性とは何かを判断するのは難しいと、マークスは述べている。しかしローレン・コーデインは「ＤＮＡのデータから、人間は遺伝的に四万年前から変わっていない[34]」と言っている。人は遺伝的に進歩していないというこの主張を、彼は狩猟採集民の食事、つまりパレオダイエットを勧める根拠として使っているのだ。農業の開始とともに、穀物を栽培して家を構えて定住するという、新しい考え方が生まれる前に食べられていたものを食べるというものだ。

どの遺伝子が違うかが問題

私たちとチンパンジーの違いは、二パーセントなのか一パーセントなのか五パーセントなのか、私たちと更新世に生きていた祖先との遺伝的な違いは、本当に一パーセント未満なのかといった問題はともかく、その五パーセントなり〇・〇八パーセントなりに、何が含まれているのかが重要だ。こうした統計値は、二つの群れ、あるいは二つの種の間のDNA成分の違いを数え上げて出すことが多い。これらの成分は塩基と呼ばれる化学物質のパターンに現れるため、私たちはよくDNA配列について議論する。けれどもただ配列を比較しても、その働きについてはほとんどわからない。ハワイ大学の人類遺伝学者であり人類学者のレベッカ・カンは、DNAから重要な違いを推定することには懐疑的だ。「二人の現代人のコード配列の違いを見つけるのが難しいのはたしかですが、実際に存在する違いが重要でないというわけではありません。ただ〝部品リスト〟を見ているだけでは、その違いはわからないでしょう[35]」と述べている。

言い換えると、私たちが持っている情報がアルファベットだけなら『ハムレット』とテレビドラマ『ザ・ソプラノズ　哀愁のマフィア』の台本を、まったく同じ文字を使っているという理由で、同じものとみなしてしまうかもしれない。この例はやや強引すぎるように思えるかもしれないが、言いたいことは伝わると信じている。そして遺伝子について言うなら、〝部品リスト〟というのはまったく不適切だ。何より問題なのは、類人猿と人間、あるいは現代の人間と五万年前に生きていた祖先とで、いくつの遺伝子が違うかではなく、どの遺伝子が違うかだ。DNAの細かな生化学的構造の変化は、時間をかけて、純粋な偶然によって起こる。人の言語能力のような性質は、自然選択が働いて起きる。しかし著名な進化生物学者のショーン・B・キャロルが言ったように「淡々と進む分子進化時計から、人間の遺伝子の進化の〝決定的証拠〟をどうすれば特定できるというのだろう[36]」。アルファベットの比喩を使えば、ただ〝a〟や〝b〟の文字が使われる回数の違いではなく、内容の違いから、シェークスピアの戯曲と、テレビドラマの台本を区別するためのツールが必要だと、彼は言っているのだ。

遺伝子のスイッチ

キャロルをはじめとする遺伝学者は、今は調節遺伝子と発生遺伝子に注目している。これは他の遺伝子の働きを制御し、ある生物の成長初期段階で、いつその遺伝子のスイッチを入れたり切ったりするかを決めるものだ。ゲノムの多くには非コードＤＮＡ、つまりたんぱく質を生み出さない遺伝物質が含まれている。この領域は他の遺伝子を調節する場合もあるが、ガレージに置いてある錆びたボルトの入った瓶のように、染色体のあちこちに散らばっているだけのこともある。それらの機能や、他の遺伝子と比較したときの進化のスピードについての研究が、進化生物学の最先端として注目を集めている。しかし私たちの遺伝子が他の生物とよく似ているのか、あるいは私たちの祖先とよく似ているのか、私たちは過去に押し込められているのか、変化の数自体が貴重な判断基準になるのかといった問題について、その研究からはわからない。キャロルはそれを次のように表現している。「人の性質の進化のスピードは、そこにいくつの遺伝子が関わっているかは教えてくれない[37]」。これは逆もまた真なりだ。いくつの遺伝子が変化したかがわかっても、その性質がどのくらいのスピードで変わったかはわからないのだ。

それだけでなく、古くても新しくても、人の遺伝子は画一性からはほど遠い。これだけ長い時間がたっていてもだ。人間同士のほうが、チンパンジーとよりも似たところが多いのは事実だが、それでも人はそれぞれ大きく違っている。ラクトース耐性（第四章で詳述）に関わる遺伝子のように、ある土地に住んでいた人々の子孫に、他の土地の人々の子孫よりはるかに多く見られる遺伝子もある。集団の中でも、少し細かく調べただけで、耳の形から苦味化合物の認識能力まで、遺伝的に違っていることがわかる。そのように個人間での遺伝的多様性が、進化を促す材料となる。それらが自然選択のオプションメニューを提供してくれるからだ。環境が変わると、それらのメニューのどれかが、新しい状況に適合するのかもしれない。それはつまり、私たちはまだ進化する可能性のある遺伝子をたくさん持っていて、更新世に最も適応していた遺伝子を引きずっているだけではないということだ。

私たちのEEAを活かすべきだとする、他の議論についてはどうだろうか。つまり私たちは小さな集団で狩猟採集を行なってきた時間のほうが、都会のオフィスで働いている時間よりもはるかに長いという主張だ。それは時間が長いほど進化が進む余裕があるという立場をとる。その基準からすると、一万年の間に起きるチャンスは、一〇〇万年や一〇〇〇万年の間ほど多くないということになる。しかし時間だけが重要な変数ではない。私の教え子たちはよく、もっと試験勉強や論文執筆のための時間があれば、もっといい成績が取れたのにと不満を口にする。より多くの時間があれば、その作業をする機会も増える。いち早くテスト問題を取りに来る学生を見て、私もそう思ったかもしれない。ところが悲しいことに、たとえ最後の審判の日まで、あるいは次の地質学年代まで待ったとしても、正しい答えが出せなかったり、優れた論文を書けなかったりする学生はいる。時間はもちろん大切で、もし一五分で五枚分の論文を書くよう指示したら、いいかげんなものばかり提出されるだろう。しかし大切なのは時間だけではない。

同じことが、新しい環境（農業の導入であれ、海から陸地への生活の場の移動であれ）に適応する私たちの能力と進化についても言える。大きな変化には時間がかかる。オリーブが数世代でペチュニアになることはない。しかしより大きなオリーブになるには、どのくらい時間がかかるだろうか。もう「農業が始まってから、まだほんの短い時間しかたっていない」という大ざっぱな話で、満足する必要はない。私たちは答えをさがすことができるのだ。遺伝子のある変化が群れの中に広がって、それがふつうになるまでに、どのくらい時間がかかるかという問題の、少なくとも一部には、今やデータで答えることができる。それについては、次の章でくわしく説明しよう。とりあえずここでは、これだけ言っておく。トゥービーとコスミデスが一九九〇年に発表した論文のタイトルで指摘したように、「過去を見れば現在が説明できる」のはたしかだが、その現在は同じところにとどまっていない[38]。

近親相姦を忌避するのはなぜか

ＥＥＡに代わるものとして、有名な人類学者のビル・アイアンズは〝適応関連環境論〟という修正案を提唱している[39]。適応関連環境とは、ある一つの性質（爬虫類への恐怖など）にとって重大な意味を持つ環境の、一連の特徴（たとえば降雨量やヘビの多さ）である。コブラがたくさんいる環境では、ヘビを避ける性質を持っていたほうが有利になる。爬虫類がいない環境では、庭に置かれたホースや電話用ケーブルなど、長くて渦を巻いているものを見ると叫んで逃げるという性質は、適応性があるとは言えない。

アイアンズの考え方は、狩猟採集民の生活に基づくものではなく、「すべての人間の心理的な適応は、更新世の狩猟採集社会の状況とかたく結びついているという更新世中心主義」からは距離を置いている[40]。彼はいくつかの人間の行動、たとえば近親相姦の忌避や、高い地位を得るための努力などをとりあげ、適応関連環境という概念を使って分析し、前者は子どもに近親交配による悪影響が出るのを避けるメカニズムとして進化したと論じた。そのため近親相姦の忌避という性質が進化するには「子どもが生まれて二～三年の重要な時期に、近い親類、きょうだい、親、そして子どもが、親密な関係にあり、他人あるいは遠い親戚の間では、どちらか一方、あるいは両者が、新生児から三歳までの期間、親密な接触がめったにない社会環境」が求められる。[41] このやや冗長でもったいぶった表現を突き詰めれば、誕生からある程度の年齢になるまで育ててくれた人や、一緒に育ってきた人とセックスすることへの嫌悪ということになる。このような状況は狩猟採集社会でも、最近の社会でも、ふつうに見られる。そのため特定の生活様式をその行動の理由にする必要はない。

アイアンズはまた、食生活であれ心理面であれ、どんな適応でも、それがどのような環境で起こるか、正確に見極めるのは難しいとも言っている。なぜなら人類をはじめ、私たちのはるか以前に生きていたヒト族が、農業が始まる何十万年も前から、多くの違った場所で、多くの違ったことをしていたからだ。彼はさらに更新世の終わりよりもっと現代に近い時代のほうが、環境の変化が多く起こっているので、農業への移行が岐路となったわけではないようだとも指摘している。

私はアイアンズの考え方に、特に間違いがあるとは思わないが、人間の行動の進化を理解するのに、進化生物学で用いられる通常の原則とは別に、新しい枠組みが本当に必要なのかは疑問だ。人間であれ何であれ、生物の性質は特定の環境で進化する。そして私も、環境を理解することは適応を理解するのに役立つという進化心理学者やアイアンズの意見には賛成だが、それを表すまったく新しい用語は不要ではないか。

一九三〇年代に生物学者がさまざまな形で使っていた概念を、思い出してみるのも助けになるのではないか。それは著名な進化生物学者のシューアル・ライトが考案したもので、集団と遺伝子を、山や谷がある三次元の地形図で描くというものだ。[42] 縦軸、つまり山の高さは、遺伝子の集まりの適応度を示す。山の頂点に位置していた群れの遺伝子の構成が変化したら、適応度が低いほうへ移動する可能性が高く、どんな小さな変化も自然選択で不利になると思われる。逆に谷間にいる群れは、小さな変化で向上しやすいだろう。適応度地形全体を見れば、ある群れが頂点にある山よりも、もっと高い山があるかもしれない。しかしそれらの山の頂（いただき）の間には谷間がある。そのため一つの山頂にいる群れでも、簡単にはもっと高い山へは行けない。その一方で、谷間にいる群れは、おそらくどの方向へ行ってもよくなるだろう。

ＥＥＡの観点から重要なのは、私たちはすでに進化の停滞についての考え方を知っていることだ。群れはやがて〝行き詰まり〟、その遺伝子頻度が変化するときは、全体的な適応度（それらが環境にどの程度、適応しているか）が一度は悪化しないと、再び向上することはないだろう。しかしこれは、人間は更新世に出現して以来ほとんどの時間を小さな集団で狩猟採集生活をおくっていたので、何百万年もたたなければそこから抜けられないと主張することとは違い、もっと微妙なことだ。

甘いものを欲する理由

私は、現代の人間の生活が、祖先が生きていた環境とは一致しないことが多いとか、過去が現在を知る材料にはならないとか主張しているわけではない。進化心理学者らは、人間の行動すべてが、現在の環境に適応しているわけではないと強調する。たとえば私たちは糖分を強く求めるが、繊維質はそれほどでもない。それは栄養豊富な熟した果実が不足している環境で進化したからだ。それらを見つけ出すことは、カロリーを得られるということで、見つけられた人はじゅうぶんな栄養を摂取して、生き残って子孫を残せる可能性が高まる。そこで糖分を欲する性質も受け継がれていく。現在のようにケチャップからチョコレートバーまで、加工糖があらゆるものにあふれている世界では、この甘いものを欲しがる性質が裏目に出て、糖尿病、肥満などの問題が増加した。

食物繊維も体にはいいはずだが、私たちは糠（ぬか）が多く含まれる食事を、糖分を求めるほど熱心には求めていないようだ。自然選択によって糠を求める欲求が、甘い食べ物を求める欲求ほど人間に植えつけられなかったのはなぜなのだろう。答えは簡単だ。私たちの祖先は食物繊維がたっぷり存在する環境に生きていたため、それを得るために特別なことをする必要がなかったからだ。狩猟採集民と同じ食生活をしている人は一日一〇〇グラムの食物繊維を食べるが、現在のアメリカ人の平均摂取量は二〇グラムに満たない。その理由は単に、狩猟採集民の食べ物はすべて未加工だからだ。更新世にブロッコリやブラン・マフィンのようなものが好きだった人がいても、それで他の人より有利になるということはなかっただろう。

しかし適合しないことは、行き詰まることとは違う。どうすれば石器時代の遺伝子を乗り越えることができるかではなく、どの性質が速く、あるいはゆっくりと変化したか、どうすればその違いがわかるかを考えてみることにしよう。

第三章　私たちの眼前で生じる進化

ハワイで鳴かない新種コオロギが現れたのは環境の激変に適応するためだった。動物の世界では数十年単位で急速な進化が起きている。

ある種に生じる急速な変化と聞いて、たいていの人はまず人間を思い浮かべる。それはおそらく、「現代の世界は人類が進化してきた世界とはかけ離れている」という概念が頭に染みついているからだろう。ところがこの人間優位の考え方のせいで、私たちは間違いを犯している。実は大型動物から小動物まで、ほんの数世代のうちに進化している例を、科学者たちが次から次へと発見しているのだ。そのうえ、それらの例のうちのいくつかは進化の実質的な意味をはっきりと示しており、なぜ科学者だけでなく漁師や農夫も、それらの発見に注意しなければならないか教えてくれる。

私自身が急速な進化を目撃したときのことを話そうとすると、わが家の猫のウィリアムをUホールのレンタルトラックに乗せて、夫とともにニューメキシコ州からオハイオ州へ引っ越したときのことを思い出す。ふだんのウィリアムは物事に動じない現実的な猫だったが、たいていの猫と同じように、車に乗せられるのが大嫌いだったため、移動している間は毎日、ほぼ一日中ケージの中で鳴きわめいて、恐怖の時間が終わるのをひたすら待ちつづけていた。私たちは毎晩モーテルの部屋にこっそりケージを持ちこんでウィリアムを出してやり、猫用トイレで用を足させたり餌を与えたりした。ウィリアムはケージから出されると一目散にベッドの下にかけ込んで、一時間ほど気持ちを落ち着かせてから、自分の用事をすませに現れるのだった。

この日課は最初の二日間はうまくいったのだが、三日目に泊まったモーテルのベッドは、たまたま木枠が床についているタイプだった。ウィリアムは、いつものように素早くケージから出てくると、ベッドへ向かって走った。そして立ち止まった。ベッドの下に、猫がもぐりこめるようなすき間がなかったのだ。彼はベッドのまわりをぐるりと歩いてみたが、隠れ場所はどこにもない。もう一度ぐるりと歩いた。そしてベッドの上に飛び乗った。まるで、それが本当にベッドなのか確かめているかのようだった。そして床におりると、もう一度ぐるりと歩いてみた。それでも見つからない。もう一度。まるで彼の思考が二つの相反する結論の間を行ったり来たりしているようだった。**これはベッドだ。だから「ベッドの下」があるべきだ。でもこれには「ベッドの下」がない。だから断じてベッドではない。でもベッドのように見える。だから「ベッドの下」があるべきで……**といった具合に。ウィリアムはその認知的不協和を解消することができずに、ベッドに乗り降りを繰り返し、しまいには疲れきって、唯一の逃げ場である眠りの世界へ逃げこんでしまった。私たちは次の日に目的地に到着したが、その家にはきちんとした「ベッドの下」があるベッドがあり、私たちもウィリアムもほっとした。

ハワイのコオロギの災難

私自身は相反する結論の板挟みになったとき、ベッドに乗ったり降りたりしたわけではない。しかし私はウィリアムと同じくらい混乱した。なにしろ、野外でそれほど急速に進化が起きた例を目の当たりにしたのは初めてのことだったのだ。私は長年、オーストラリアやタヒチ島、サモア諸島、マルケサス諸島を含む太平洋の多くの島にすむコオロギの一種を研究していた。同種のコオロギは遅くとも一五〇

© Norman Lee

コオロギ（左）と、コオロギのオスの鳴き声を聞いて居所を探りあてる寄生バエ（右）。ハワイではこのハエが原因で急速な進化が生じ、コオロギのオスは鳴き声をあげなくなった

年前までにハワイ諸島にも持ち込まれていて、そこでは町じゅうの芝生などの草地で見ることができた。このコオロギは他種と似た行動をとった。つまりオスはメスの気をひくために鳴き、メスは鳴き声でオスを選んで交尾をする。ハワイ諸島のコオロギにとって運の悪いことに、ここにはメス以外にもコオロギの声を聞ける寄生バエがいて（ハワイ諸島以外にはいない）、それらと戦わなければならなかった。この寄生バエのメスは、コオロギのオスの鳴き声を聞きつけると、その居場所を驚くほどの正確さでさがしあてる。そして急降下して、ミサイルよりはるかにたちの悪い置きみやげ――大食らいの小さな幼虫（ウジ）を残していく。産みつけられたウジは、コオロギの体に穴をあけてもぐりこみ、相手の体を生きたまま食べて成長していく。一週間ほどたつと、すっかりしなびて死ぬ寸前になった宿主のコオロギから、ウジがはい出し

てくる。そして地中にもぐってサナギになり、ついには成虫のハエの姿になって、どこかへ飛んでいく。

この寄生バエのぞっとするような生態は多くの点で注目に値するが、動物の出す性的シグナル――クジャクの尾羽やコオロギの鳴き声、エルクの鳴き声など――の進化を専門に研究する私としては、このハエがオスのコオロギに課したジレンマに興味がわいた。コオロギのオスにとっては、鳴き声をあげればあげるほどメスをひきつける。すなわちどんな動物にも共通の進化上の成功をおさめる可能性は明らかに高くなる。オスのコオロギにとって、鳴くことは事実上の存在理由だ。ところがハワイ諸島では鳴き声をあげればあげるほど、恐ろしい寄生バエに見つかりやすくなり「死んだコオロギは一声も鳴けない」という結末が待っている（当たり前なセリフではあるが、私としては前々からミステリ小説のタイトルにぴったりではないかと考えていた）。このように、一つの形質に対して選択がプラスとマイナスという正反対の方向に働く場合がある。私はこの二〇年間の大半を費やして、コオロギたちが進化上の難問をどのように解決したかを探ってきた。

その結果、私は同僚とともにさまざまな興味深い発見をしたが、心底驚かされたのは、定例調査を行なうために、少々慌ただしくカウアイ島を訪れたときのことだった。私たちはそれまでにもハワイ島、オアフ島、カウアイ島で調査を行なってきていたが、その数年間は各島でコオロギを捕獲し解剖して、寄生バエに寄生されたオスと、されなかったオスの違いを見いだそうとしていた。顕微鏡のもとでコオロギの体を切り開き、正常な臓器や組織の他に、丸々とした白いウジが、解剖用光ファイバー光源の冷たい光に輝いているのを見つけるたびに、わずかばかりの興奮を感じたものだ。ごく小さいときのウジは体の側面に黒いしま模様があり、そのせいで邪悪な本性にはそぐわない陽気な雰囲気を漂わせていた。

同僚たちはどんなサイズのウジにも魅力を感じることはなかったようだが、寄生されたオスの割合がいちばん高いのが常にカウアイ島だということはわかった。そこでは捕獲したオスの三分の一近くが寄生されていたため、これだけ多くのハエから容赦ない攻撃を受けていれば、この島のコオロギは絶滅してしまうのではないかと、ずっと考えていた。この寄生バエがいつからカウアイ島にいたかは不明だが、コオロギがこの島で進化していないことは確かなため、両者の関係は比較的新しくて、それゆえ不安定なものだと考えられた。

実際に一九九〇年代の末から個体数は減少を始め、カウアイ島でコオロギを見つけることは、どんどん難しくなっていった。以前は何十匹ものコオロギがいた調査地でも、年を追うにつれて鳴き声が少なくなり、二〇〇一年にはたった一匹の声しか聞こえなくなってしまった。もちろん他にいなかったというわけではないが、これだけ減ったということは、個体数が大幅に減少したことを示していた。

鳴かないコオロギの出現

そのため二〇〇三年に夫とともにカウアイ島を訪れたとき、私は状況を楽観視してはいなかった。寄生バエのせいで、この島のコオロギたちがすでに葬り去られた可能性も当然あったからだ。案の定、いつもコオロギをつかまえていた調査地へ車を走らせても、静まりかえった暗やみが広がっているだけだ。けれどもせっかくはるばるここまで来たのだから、とにかく車から降りて様子を見てもいいだろう。私たちはヘッドランプを装着して、道を歩き始めた。

私が猫のウィリアムと同じ気持ちに陥ったのは、そのときだった。私の目の前にも左右にも、地面で飛びはねたり、草の上にとまったりしているコオロギたちの姿があったのだ。しかもたくさんいるではないか。カウアイ島でこれほどたくさんのコオロギを目にすることは、何年もなかった。いや、初めてだったかもしれない。私は一匹つかまえてみた。確かにいつものコオロギで、しかも、オスだ。メスの特徴であるストローのような長い産卵管がないのですぐにわかる。それなのに鳴き声はまったく聞こえてこない。

ここで思い出してほしいのだが、コオロギにとって鳴くこととはすなわち生きることだ。私が研究対象として決して扱わないわずかな珍種を除けば、コオロギのオスとは、夜になれば表に出てきて翅(はね)を持ち上げ、こすり合わせて音をたてる生き物だ。気温が低すぎる、けがをしている、あるいは交尾をしたばかりで、次の交尾のための精子がまだつくれないなどの理由で鳴かない場合はあっても、鳴くことはコオロギのアイデンティティの一部だ。そんなわけで私は頭が混乱して、何年も前に猫のウィリアムが陥ったであろう思考の迷路に入りこんでしまった。鳴かないのだから、この虫はコオロギではないはず。**でも見て、こんなにたくさんいる。ひょっとして、これはカウアイ島で突然発生した新種のコオロギかしら？　いいえ、これは私の調査していたコオロギよ。でも、これはコオロギのはずがない。だって鳴かないのだから。ひょっとして私の耳が聞こえなくなった？　いいえ、そうじゃない。でもこれはコオロギのはずが……といったように。**

私がこの状況の不調和を解決したのは、ウィリアムがモーテルのベッドをむなしく点検するのをあきらめて眠りにつくより早かったと言えればいいのだが、実のところ、認知的不協和からなんとか抜けだし、科学によって謎を解明しようとしたものの、答えを出すまでには二、三か月もかかってしまった。

わずか五年で進化した新種コオロギ

結果としてわかったのは、コオロギたちは鳴けるのに鳴かなかったわけではないということだ。音を出す器官が欠けていて、何の音も出すことができなかったのだ。その新しい形態のコオロギを私たちは「フラットウィング」と名づけたが、その形態は五年未満、およそ二〇世代のあいだに（控え目に考えて、突然変異が生じたのが私たちの気づく二、三年前で、コオロギの世代が年に三、四世代進むとして）広がり、現在では鳴き声を出せる個体が約一〇パーセントしかいないと推測されるほどになった（最初の夜には、たまたま鳴く個体が一匹もいなかったが、その後に訪れた際には、勇ましく鳴く数匹の声を聞くことができた）。研究室で追加の調査を行なったところ、「フラットウィング」はただ一個の遺伝子に突然変異が生じていることがわかった。そのたったひとつの遺伝子の変異がコオロギの翅を変化させ、その結果、フラットウィングたちはコオロギにとってのバイオリンと弓にも等しい、音楽を奏でるための器官を失ったのだ。

もちろん通常ならオスのコオロギにとって鳴けないことは不利になるため、ふだんの状況でこの突然変異が生じたら、その個体はつがう相手を得ることができず、したがって自分の遺伝子を残せなくなるので、進化的に行き詰まってしまうのはほぼ間違いない。しかし寄生バエによってそのルールが変更されたため、フラットウィングは沈黙することによって、死をもたらす寄生バエから身を守るようになった。自分の鳴き声を聞こえなくするという隠れみのが、多大な恩恵をもたらしてくれているのだ。

だがここで一つの大きな疑問が残る。メスのコオロギは、鳴き声をあげないオスをどうやって見つけるのだろう？　その答えはかなり複雑なようで、どうやらメスは、数少ない鳴けるオスのそばに鳴けないオスがいるときに限って、鳴けないオスとつがおうとするらしい。だがここで重要なのは、カウアイ島のコオロギの変化は、野生で生じる最も急速な進化の例の一つであり、何百世代や何千世代ではなく、たった二〇世代ほどで進化したという点だ。二〇世代というのは人間でいえばほんの二、三世紀にあたる。

私が調査していたコオロギの進化速度は、たいていの生物より速かったが、比較的短い期間で変化した例は他にもある。一般的には進化といえばゆっくりと進み、気づくほどの変化が生じるには地質学的な時間を要すると考えられているが、アンドリュー・ヘンドリーとマイケル・キニスンが「導き出されるべき基本的な結論は、これまで〝急速〟だと考えられていた進化はよくあることで、例外的ではないということだ[1]」と述べているように、それに反する事実が発見されつつある。

寒い日に来たスズメ

昔から人々はものごとがどのくらいの速度で起こるのかに興味をもち、また地球とそこに暮らす生物たちがいつから存在していたかについても、さまざまな見解を示しているようだ。ダーウィン以降の人々が進化の速さに興味を抱きつづけてきたのも、おそらくそのためだろう。個体群における遺伝的な変化は進化の最も基本的な定義だが、その最速記録を初めて報告したうちの一人が、立派な口ひげをたくわえたハーモン・バンパスという科学者だ。ブラウン大学の比較動物学准教授だったバンパスは、ロードアイランド州プロビデンスに住んでいたが、一九世紀の終わりに記録的な厳冬を体験した。彼は同じ町に住むその他の住人とは違って、この逆境を科学の発展のために活用しようと考えた。

ひどい嵐の翌日、バンパスは寒さで死んだり気絶したりしたイエスズメを一三六羽集めた(一八九九年に発表された彼の論文では、入手方法は明かされていない[2])。誰がバンパスにイエスズメを提供したのか、またなぜそうしたのかを調べたが、わからずじまいだった。バンパスはスズメだけでなく死にかけの鳥に興味があることで有名だったのだろうか? バンパスの友人や隣人たちは、イギリスから北アメリカへ持ちこまれたイエスズメの不幸を、彼が以前から記録したがっていたと知っていたのだろうか? イエスズメの提供者も自然選択に興味があったが、バンパスがその後に行なった研究からは手を引いて、論文の共著者になることも断ったのだろうか? ふつうの人なら、いつか役に立つだろうと考えて、一三六羽ものスズメをポケットに入れたり持ちあるいたりはしないだろう。

残念ながら、この実験の背景が明らかにされることはなさそうだが、ともあれ話をもとに戻そう。バンパスがスズメを温めてみたところ、約半数が回復し、約半数が死んだ。彼はそれを見て、自分が宝の山を手にしていることに気がついた。自然選択が生じるには、一部の個体が生き残って子孫をつくり、その他は子孫を残せないで終わる必要がある。そして彼は、研究室で息を吹き返したスズメが、死んでしまったスズメにはない特質を持っているかどうか調べるチャンスを得たのだ。そこでバンパスは、スズメのくちばし、翼、脚、その他の体の部位のサイズを丹念に計測し、生き返ったグループと死んだグループとを比較した。するとグループの間で大きな違いがあった。死んだスズメのグループには、並外れて大きかったり小さかったりするものが多く、生き返ったグループには平均的な大きさの個体が多かったのだ。バンパスはそこから、自然選択の一種である安定化選択、つまり極端な個体をふるい落として、平均的な個体に有利になる力が働いたのだろうと仮定した。

バンパスの研究結果は、論文が発表されてから繰り返し精査されてきており、科学者たちはいまだに最適な分析方法について論じている。だがバンパスの計測したスズメたちが、私たちの目前で、少なくとも地域個体群に進化が生じた、最も初期の例の一つであるという事実に変わりはない。彼は進化が野生で生じることを立証したばかりでなく、進化が文字通りひと晩で生じることも示したのだ。

進化速度を測定する方法

バンパスののち、何人かの科学者たちが進化速度を算定しようと試みて、利用できそうな尺度を考案した。嵐のあとにスズメのサイズが変化した、あるいは、たった五年で鳴かないコオロギが圧倒的に増えたと言うことはできても、たとえば、三〇世代で脚の長さが一〇パーセント長くなった例と、一〇〇世代で泳ぐ速度が四〇パーセント遅くなった例をどうやって比較すればよいのだろう？　どちらのほうが速く進化したのだろうか？

進化速度の測定を正式に試みた最初の人は、イギリスの偉大な遺伝学者Ｊ・Ｂ・Ｓ・ホールデンだった。貴族の家系に生まれたホールデンは、若いうちは科学に夢中になって、自分の体で生理学の実験を行なったり（塩酸を飲んで、それが筋肉に及ぼす影響を調べようとしたこともある）、知識人として一九二四年に反ユートピアを描いたＳＦ小説を発表したりもした。そして熱心なマルクス主義者でもあった。進化速度を算定する方法を概説したホールデンの論文は、残念ながら彼の小説に比べれば華やかさには欠けていたが、彼はその中で、ある特質――たとえば脚の長さなど――の変化のパーセンテージと、その特質の値の標準偏差（その特質の値が個体群内でどれだけばらついているかを表す統計値）とを組み合わせることを推奨した。[3] 彼が提唱した測定単位は、進化速度の単位としてはふさわしい「ダーウィン」というものだった。もし二つの異なる時代に設置された電球があれば、「一個の電球を交換するのに何人のダーウィンが必要か？」と、古典的なジョークを言いたくなる。

けれどもホールデンの提唱した方法が適しているのは、長い時間を要する進化の場合だ。たとえば違う時代の馬の化石を調べて、違う形態の歯が出現した時期がどのくらい違うかというように（彼が一九四九年に発表した論文で用いた例）。ホールデンが一九六四年に癌でこの世を去って（彼は癌が発見されたあと「癌とはおかしなものだ」という題の詩も書いている）長い年月が過ぎてから、古生物学者のフィリップ・ギンガリッチが別の単位を提唱して「ホールデン」と名づけた。[4] これらの単位はどちらも一般的にはあまり知られていないが、現在でも科学者たちに利用されている。

進化速度が測定できるなら、私たちが「急速な進化」と言うときにはどのような意味になるのだろうか？　今日では、ある個体群に数十世代、場合によっては一〇〇世代のうちに遺伝的変化が生じたときに、その進化は急速だとみなされる。急速な進化は、現代の時間枠の中で起こっている点を強調して、「現在進行中の進化」、あるいは、動植物が捕食者に食べられたり寄生バエに襲撃されたりといった生態学的事象を経験する一方で、進化がその一生の間に起こる出来事に重大な影響を及ぼしうるという点を強調して「生態学的時間内で生じる進化」と呼ばれることがある。

ガラパゴス・フィンチのくちばし

詩人のロビンソン・ジェファーズは、一九三六年に発表した『ワシのくちばし』という詩の中で、「ワシのくちばしが一万年前から変わらないのと同じように、人の欲求と本質も、実は昔と変わらないことを知るべきだ」と、殊勝ぶって忠告している。(5) フィンチが〝急速な進化の殿堂入り〟をしたことを考えると、ジェファーズが詩の題材としてフィンチ（スズメ目フウキンチョウ科の鳥）ではなくワシを選んだのは、おそらく正解だった。もちろんワシのくちばしが昔から変わっていないかどうかは正確にはわからないのだから、「人の欲求と本質」云々もすべて怪しいということになる。けれども、少なくとも南アメリカの沖合に浮かぶガラパゴス島のフィンチについては、この数十年間でくちばしだけでなく体の他の部分も変化してきたことがはっきりしている。

ガラパゴス島のフィンチは、共通の祖先から別々の種が生じるという説をダーウィンがたてる際に大きく貢献したため、ダーウィン・フィンチという名でも知られている。生物学者の夫婦ピーター・グラントとローズマリー・グラントは、一九七〇年代からこのフィンチの調査を行なっている。私がミシガン大学の大学院生だったころ、ピーター・グラントは同大学の教授だったが、のちにプリンストン大学へ移籍した。当時の〝フィンチ研究グループ〟は、たっぷりと油をさした機械のようによく働き、ほぼ一年を通して大勢の学生たちが島へ乗りこんで、フィンチの計測を行なったり追跡したりしていた。私はピーター・グラントに指導を受けている学生の何人かと友人だったので、彼らと手紙を書き合うようになり、彼らが冬のアンアーバー市ではありえないくらい日に焼けて戻ってくると、調査についての話をじっくり聞かせてもらった。

彼らとのそうした交流によって、私の中にあった野外調査の華やかなイメージはあっという間に吹き飛んだ（のちに私自身が、暗やみでコオロギをつかまえるために好んで地面をはい回るようになったことを考えると、これは貴重な発見だった）。受け取る手紙の多くには、単調な食事のことが書かれていたが、いちばん多いのはゾウムシに食われたカビ臭いオートミールの話だった。それから毎日の日課についても書かれていた。彼らは毎朝小さな岩の上で目覚め、鳥をさがして営巣活動の段階を追い、どの鳥がいつ何羽のヒナを産んだか記録していた。計測のこともよく書かれていた。彼らは山ほどの計測を行なったのだ。低木の高さと数、その木につく種子のサイズ、その種子を食べたフィンチのくちばしの幅と長さ、脚と翼の幅と長さ、そのほかノギスで測れるものなら何でも手当たり次第だった。

進化をもたらしたエルニーニョ

学生たちが調査に参加していた一九八〇年代に、降雨パターンの劇的な変化をともなうエルニーニョという海洋学的な現象がこの地域をおそった。ガラパゴス島は、通常なら一年のうちのごく限られた期間にしか雨が降らない、乾燥して荒れ果てた環境の島だ。ところが一九八二年の一一月から一九八三年の七月の間にエルニーニョの影響で記録的な大雨が降り、その結果、植物が繁茂して大量の種子がつくられた。グラント夫妻と学生たちはエルニーニョの影響を見て心底驚き、正直言って私にはついていけないほどの激しい熱中ぶりを示した。大雨の影響を写真に撮って帰ったあと、研究室で最初に行なわれたミーティングでは、スライドに映った茂みや岩の一つ一つをじっくり見て、「左側にある灌木の一番上の太い枝を見たかい？　信じられないくらい葉が茂っているよね？　前には葉が一枚もなかっただろう？　それなのにびっしり葉が生えているよ！」といったような細かい講評が行なわれた。私は始めの

独自の進化を遂げたガラパゴス島のダーウィン・フィンチ

うちこそ講評を聞いていたが、三〇分ほどで立ちあがって、気づかれないようにそっと部屋から抜け出してしまった。

ところがこの雨とそれが木々の葉にもたらした変化は、現在も進化が起こっていることを証明するのに役立った。彼らが島で行なった計測データをアンアーバー市にある研究室へ持ち帰り、島に関するデータと長期にわたったエルニーニョに関する情報を照らし合わせたところ、驚くべき結果が現れたのだ。エルニーニョ現象が生じる以前、島の天候は比較的乾燥していて種をつける低木は少なく、くちばしが大きくて体の大きいフィンチが、そうでないフィンチより多く生き残って、より多くの子孫を残していた。これはおそらく、楽に食べられる小さめの種子がすでに食べつくされていたが、大きいフィンチはその大きいくちばしのおかげで、より大きくて固い種子を楽に割れたからだろう。ところがエルニーニョ現象のあとは小さめの個体もチャンスをつかみ、その好機はいつも通りの乾季が戻ってくるまで維持された。グラント夫妻と研究仲間たちがフィンチの調査を行なった三〇年の間に、ガラパゴス・フィンチという中くらいの種で、体とくちばしのサイズの平均値が変化するのが確認されたのだ。それらのサイズは、まず小さくなり、次に急速に大きくなり、その後ゆっくりと小さくなった。これは環境が変化したことで有利なくちばしと体のサイズが変化し、異なる形質が選択されたためだ[6]。

これはどういうことかというと、個体群や種は環境から受ける圧力が変化するにつれて急速に変化する可能性があるし、繰り返し変化できるということだ。第一章でも述べたように、進化とは目的地に向かって一直線に進むものではなく、千鳥足の酔っ払いのように進むものなので、その方向は一定とは限らない。つまり、どのような個体であっても、将来の成功は産まれた環境に左右されるということだ。たとえば、エルニーニョが過ぎたあとの一九八三年に産まれたガラパゴス・フィンチのメスは、六年間生きて一〇羽のヒナを産まなければ、二羽の子を残して自分とパートナーを確実に世代交代させることができなかった。十分な食物がないときに産まれたヒナは死ぬ確率が高いので、メスの努力の大半が無駄になってしまうのだ。だがエルニーニョの直前の一九七八年に産まれたメスの場合は、ほんの二年半生きて五羽のヒナを産むだけで、確実に二羽の子どもを残すことができた。進化の詳細はどうあれ、詩人のジェファーズがフィンチのことを知っていたら、詩の題材に選ばなくてよかったと胸をなでおろしていたことだろう。

幸運なグッピー、不運なグッピー

お次も文学的に紹介してみよう。こちらはいくぶん大衆向けになるが、詩人のオグデン・ナッシュは『グッピー』という作品の中で、ハクチョウのヒナはシグネット、クジラの子はカーフ、クマの子はカブ、猫の子はキトンというように、多くの動物の子どもには特別の呼び名があるのに、「グッピーが産むのは、ただの子グッピーだ」と述べている。[7] たしかにグッピーは子グッピーを産む。しかも、あっという間に。グッピーの子に特別の名前がついていないのは、ほんの二、三か月で成体になってしまうからかもしれない。メスのグッピーは産まれて二か月で性的に成熟し、その一か月後には最初の子を産む。グッピーはこのように極めて繁殖率がよいため、進化速度の研究対象として理想的だ。カリフォルニア大学リバーサイド校にいる私の元同僚デイヴィッド・レズニックは、まさにその研究を数十年間行なっている。

グッピーは一般的には水槽で飼われる色とりどりの魚だと思われているが、野生のものもいる。熱帯地方のトリニダード島の小川や川にも生息しており、レズニックもこのトリニダード島で野外研究を行なった。フィンチと同様、グッピーも時の運に応じてさまざまな環境に暮らしているが、グッピーの場合は生死を分けるのは雨量ではなく捕食者の有無だ。トリニダード島の川の下流は流れが穏やかで、パイクシクリッドという捕食魚がすんでいるが、川の途中には滝や早瀬があり、それより上流に産まれた幸運なグッピーは、捕食者と出会わずにすむ。ご推察の通り、グッピーの死亡率、つまり死ぬ個体の割合は、捕食者であるシクリッドのいるところでは、いないところよりはるかに高い。

レズニックが川にいるグッピーを研究室へ連れ帰り、繁殖させたところ、捕食者がたくさんいるところから連れ帰ったグッピーは、捕食者がいないところのグッピーよりも、より若くて小さいうちに性的に成熟することがわかった。またリスクの高い川から来たメスは、一度に産む子の数は多いが、それぞれの子のサイズは小さい。[8] この差は理にかなっている。食べられる危険があるときには、早いうちに子を産み、手持ちのエネルギーを多くの子に分散させたほうが、敵に出会う前に自分の遺伝子をわずかでも子孫に伝えられる可能性が高くなるからだ。レズニックらはさらに、これらの形質の差が生息環境に応じて生じるのではなく、遺伝子の差によって生じることを証明した。

けれどもこのような二種類のグッピーの生き方の違いは、どれくらいの速さで進化したのだろうか？　トリニダード島の川には数多くの支流があり、なかにはグッピーのいない支流もある。レズニックが二〇〇八年に発表した論文のなかで述べているように、もともとグッピーがいない場所である「支流を巨大な試験管とみなして、グッピーや捕食者を放流し」、自然選択が働くところを観察するという方法を思いついた。[9]このように、現実の世界で自然界に手を加えることを「実験進化」と呼ぶ。このような実験は、繁殖が速く、人間が生きている間に結果を観察できる生物を実験対象にしている科学者の間で行なわれることがしだいに増えている。

レズニックは学生や同僚たちとともに、捕食者がいる下流のグッピーをつかまえて、グッピーも捕食者もいない上流へ放流した。放流先にはキリフィッシュというメダカ科の小型の捕食魚がいたが、捕食者としての危険性はシクリッドよりはるかに低かった。放流後は自然の働きにまかせて時がたつのを待ち、その後、放流したグッピーの子孫たちを研究室に持ち帰って繁殖の様子を観察した。その結果、新たな環境に放流されたグッピーたちは、ほんの一一年の間に、もともとシクリッドのいないところにすんでいたグッピーのように成熟するのが遅くなり、一度に産む子の数が少なくなり、より大きい子を産むように進化していた。[10]トリニダード島ではその他にもグッピーを用いた研究が行なわれている。ほんの二年半、あるいは四世代と少しで進化が生じた例や、それより長い時間で群れをつくる能力などに関わる遺伝的変異が生じた例、それより短い時間でオスの体のカラフルな斑点や縞模様の変化に関わる遺伝的変異が生じた例も報告されている。[11]

急速に進化する動物たち

グッピーは特にくわしく調査が行なわれてきた例だが、それ以外にもきわめて急速に進化できる動物が次々と発見されている。そのような例が増えるのは、それ自体が興味深いだけでなく、進化には何千年もの時間を要するという考えをくつがえす点でも重要だ。現在では比較的複雑な形質さえ急速に進化しうることがわかっており、その結果、遺伝子自体の相互作用を解明しようとする研究が活発に行なわれるようになって、成果をあげつつある。この研究は人類にも適用できるので、人類のどの形質が急速に進化しやすいか知ることもできる。

ズグロムシクイはヨーロッパに生息する小鳥で、オスの頭には名前のもとになった帽子のようなしゃれた模様がついている。ほとんどの個体は、冬になると寒さを避けてヨーロッパ南部やアフリカ北部へ渡り、そこで越冬する。ところが一九六〇年代から、ひと握りのズグロムシクイがイギリスへ渡って人家の庭で越冬するようになり、やがて一定数がその渡りルートを使うようになった。ピーター・ベルトルトは同僚たちとともに、イギリスで越冬中のズグロムシクイを何羽か捕獲して、鳥小屋で飼育繁殖させた。その結果、その子孫たちも新しい渡りルートを使い、さらに研究を進めたところ、その渡りのルートが代々受け継がれていることがわかった[12]。このことから渡り行動がたった三〇年で進化したと考えられる。

その他の急速な進化としては、海水と淡水の両方にすむトゲウオという小さな魚の耐寒性が急速に変化した例や[13]、ソープベリーバグというかわいらしい名前の虫の口が、外来植物が増えたとき、その実の奥にある栄養豊富な汁を吸うために長くなった例がある[14]。ペットショップでときどき「カメレオン」という誤った名前で売られている小型のトカゲ、アノールトカゲの例では、生息地であるバハマ諸島内で異なる場所へ移動させたところ、食物や隠れ場所をめぐる競合種がもとの場所とは異なっていたために、およそ一二世代のうちに体形と後肢の長さが変化したという[15]。また、カタツムリの殻の螺塔(らとう)の層の数が、二〇年もたたないうちに増えた例もある[16]。

最近発見されたものの中で、気の利いた進化の話には、みんなのお気に入りの動物「ヒキガエルを食べるヘビ」が登場する。いや、この言い方は正確ではない。正しくは「ヒキガエルを食べない利口なヘビ」だ。ヒキガエルはその他の両生類と同じく、かなり強い毒を持っているのだ。ヤドクガエルというカエルは、その皮膚から分泌される毒で、南米の先住民が毒矢や毒やりを作ったことからその名前がついたほどの猛毒を持つが、それ以外のカエルも猛毒はないにしても注意して取り扱う必要があるし、さわったあとにはよく手を洗ったほうがいい。

一方、ヘビはカエルやヒキガエルとちがって皮膚が乾燥していて、皮膚からいやな毒液を分泌することはないかわりに、カエルなどの有毒な獲物を食べたときに、毒の影響を受けやすい種が多い。ヘビの多くは、口の大きさによって獲物の大きさが制限される捕食者で、えり好みはしない。つまり、口に入る大きさの動物なら何でも飲みこもうとする。オーストラリアのヘビにとって不運なことに、この数十年間もっとも手に入りやすい獲物はオオヒキガエルだった。

オオヒキガエル対ヘビ

オーストラリアのオオヒキガエルは、サトウキビ畑の害虫を駆除するために、一九三五年にクイーンズランドに持ち込まれた。そのような動物によくあることだが、オオヒキガエルも目的の作業よりも、その他のことのほうがはるかに得意だった。それは子孫をつくることだ。オオヒキガエルのメスは一度に二万から五万個の卵を産むが、これはオーストラリアの在来種のどんな両生類よりはるかに多い。そのうえ、年に二回以上繁殖できる。このカエルは捕食した動物を毒殺するだけではなくて、在来種とも競合しやすく、カタツムリや昆虫などの無脊椎動物を在来種より多く食べることで、湿地生態系のバランスをくずす可能性があると言われている。

近年ではオーストラリア政府とさまざまな環境団体、多くの研究者たちが、オオヒキガエルの影響を深く懸念するようになった。最も大きな懸念材料は、このカエルが導入されてからずっと激しい勢いで増殖しており、その勢いが衰えそうにない点だった。オーストラリアの地域によって異なるが、一年に五キロから五〇キロメートルという速さで生息範囲が拡大している。オオヒキガエル撲滅の努力はあまり成果をあげておらず、特に一般市民の参加を促すと、実施することが難しくなる。二〇一一年にクイーンズランド州で実行される予定だった「一万匹のオオヒキガエル駆除計画」[17]は、一度に大量のオオヒキガエルを駆除しようとする計画だったが、一部の市民がゴルフクラブでヒキガエルを殺そうと提案したため、英国王立動物虐待防止協会（ＲＳＰＣＡ）から批判を受けてしまった[18]（ＲＳＰＣＡのガイドラインでは、より人道的に有害動物を処理する方法として、冷凍庫に入れることを提案している）。オオヒキガエルがオーストラリア北西部に及ぼす脅威について解説したウェブサイトもあり、そこには「オオヒキガエルワーキンググループ」の紹介ページもある[19]。このグループ名を見て、チームで働いているカエルを想像する人がいるかもしれないが、実際には、オオヒキガエルの問題を心配して撲滅に向けた情報交換や協力を行なっている市民や政府の役人のグループだ。

話をヘビと急速な進化にもどそう。クイーンズランド州にあるジェームズクック大学のベン・フィリップスとシドニー大学のリック・シャインは、その他のオーストラリア人と同様にオオヒキガエルの蔓延に危機感をおぼえていたが、それだけでなく、オオヒキガエルがオーストラリアのヘビに及ぼす影響について、それぞれ考えるようになった。ヘビの飲みこむ獲物のサイズが、開いた口より小さいものに限定されるのなら、体の大きさに比して頭が小さい種は、有毒のオオヒキガエルを飲みこめないため、生き残って子孫に遺伝子を残す可能性が高いはずだ。二人の推論によると、オオヒキガエルの毒の被害を受けやすい種は、このカエルの影響で頭の大きさが変化し、オオヒキガエルが持ち込まれる以前と現在とでは異なる姿になっているはずだった。

フィリップスとシャインは、クイーンズランド大学に保存されていた瓶詰めのヘビの標本に目をつけ、四種のヘビの頭、顎、体のサイズを測定した。これらの標本は八〇年間にわたって採集されたもので、オオヒキガエルの導入前と後の両方の時期にまたがっている。四種のうち二種は、小さすぎてオオヒキガエルを食べられないので致命的な毒を摂取しないですむ種、あるいはオオヒキガエルの毒に対する生理学的耐性を持つ幸運な種であるため、オオヒキガエルの害を受けにくいことが予想された。残りの二種は、カエルと出会い、食べようとする可能性がもっと高かった。フィリップスとシャインの推測によれば、オオヒキガエルの害を受けやすいヘビは、カエルが持ち込まれる以前とは外見が異なっており、害を受けにくいヘビは外見の変化はないはずだった[20]。

その推測は正しかった。外見の違いは大きくはなかったが、統計的に検出が可能で、標本のヘビが捕獲された場所におけるオオヒキガエルとの遭遇率によって違っていた。ヘビたちはカエルの影響を受けて、わずか二、三〇年の間に頭が小さくなり、体形も変化していたのだ。

関節炎に悩むヒキガエル

オオヒキガエル自身も急速な進化から逃れているわけではない。フィリップスとシャイン、同僚のグレッグ・ブラウンは、個体群の辺縁にいるカエルを計測した。個体群が新たな地域に着実に広がっていけるかどうかは、最前線にいる個体にかかっているからだ。もちろん最前線の個体たちは、オオヒキガエル王国の領土を拡大しようと考えて行動しているわけではない。たまたま集団の中に、自分のふ化した土地から遠くへ移動する性質をもった個体がいて、そのうえオオヒキガエルは多様な食物を食べる能力や、広範囲の温度に耐える能力といった、新たな土地へ適応する能力を数多くもっているため、一部の活動的な個体が最前線で活躍することになっただけだ。生まれ故郷から遠くへ移動したがる性質は遺伝的に受け継がれていくが、シャインによると、それだけでなく「最前線にいるオオヒキガエルたちは、本来の生息地にいるオオヒキガエルよりも、肢が長く、活動的で、長距離を移動する」のだという[21]。生まれ故郷から遠くへ移動すれば、当然ながら故郷で近くにいた異性とデートをする可能性は低く、特に速く移動する個体は、その他の活発な個体とつがうことになるため、進化は加速される。

ところが、このフン族（四世紀に北アジアからヨーロッパへ移住して大帝国を築いたと考えられている。民族大移動の先駆けとなった）にも似た侵略のパワーには大きな代償が伴う。CaneToadsinOz.comというウェブサイトのデザイナー兼ライターであるテリー・シャインによると、「移動速度が驚くほど増したことで、オオヒキガエルの体には大きな負荷がかかるようになった。このカエルの体は、ブラジルの沼地に座りこんでハエを食べるように進化してきたのであって、オリンピックの長距離走者のように、オーストラリアの地べたを走り回るようにはできていないのだ」[22]。最近になって進化したヒキガエルたちは深刻な脊椎関節炎になりやすく、ジャンプするのもつらくて痛みもあるはずだが、それでも耐えているように見える。いずれはこのような（ヒキガエルにとっては）猛烈に速い動きに適応して、従来の動き方にとってかわる日が来るかもしれないが、今のところはテリー・シャインの言う通り「オオヒキガエルたちは、本当にたくましい！」[23]としか言いようがない。そのうえこれらの進化は、一般的に新しくできた政党が政権を握るよりも短い時間で生じたのだ。

急速に進化するための条件

急速に進化する種としない種がいるのはなぜだろう。ほんの数世代のうちに遺伝的変化が生じることは、思っていたより頻繁にあるのかもしれないが、やはり一般的とは言えない。急速に進化する可能性が高いのはどの種で、どのような条件のときに進化するか予測はできるだろうか。それがわかれば、その情報を実際に応用することができる。なぜなら人間が利用する（たとえば狩猟などで）野生動物や飼育動物が、人間から受ける干渉にどのように反応するかわかるからだ。

急速に進化した動物といえば、ミジンコから鳥、それからもちろんヒキガエルとさまざまだが、その大半は魚の例だ。魚なら何でもよいというわけではなく、グッピー、サケの仲間の数種、タラ、ホワイトフィッシュ、ニシンなどだ。グッピーを除いて、これらの魚には共通点がある。それは、漁業の対象になっているということだ。魚以外では、オオツノヒツジも近年になって外見が著しく変化したが、これも狩猟の対象となっている。

狩猟や漁によって野生動物や魚の個体数が減少したり絶滅したりすることは、古くから知られていた。北米の大部分で空をおおいつくすほど飛んでいたリョコウバトは、一九〇〇年にはこの世から消えてしまったし、カナダとニューイングランド沖で行なわれていたタラ漁の漁獲量は、一九九二年には、それまでの数世紀の一パーセントにまで落ちこんでしまった。少々地味だが「狩猟」の一種ともいえる殺虫剤の使用も、ワタミハナゾウムシやマラリアを媒介する蚊といった害虫を、少なくとも世界の一部で大幅に減少させた。だがこれらの狩猟から逃れて生きのびた個体には、何が起こったのだろう？

生きのびた個体の多くは、群れから消えた個体とは違うことがわかってきた。狩猟や漁には特定の体の形や遺伝子をふるい分ける働きがあり、その影響力は、少なくともどんな冬の嵐や厳しい乾季にも負けないほど強いのだ。戦利品を目当てに狩りをするハンターが、いちばん大きな角を持ったオスのヒツジを選んで撃てば、大きい角のオスは人間に脅かされない群れにいたときよりも子をつくる可能性が低くなり、より小さな角をもつオスが遺伝子を残す可能性が高くなる。実際にオオツノヒツジのいくつかの個体群で角が小さくなったし、カナダのヘラジカの角も同様に小さくなっている[24]。そのほか、外見からはわかりにくい例もある。滝より下流にいる捕食者によってグッピーの成熟が早まり、小さい子をより多く産むようになったのと同じように、世界中で行なわれている漁業によって、商業的に重要なサケなどの種で生活史が変化したらしい。たとえば太平洋サケはグッピーとほぼ同じ反応を示しており、以前よりも若くてサイズが小さいうちに産卵するようになった。こういった漁業の影響は広範囲にわたるため、「漁業によって引き起こされた進化」と呼ばれており、専門家たちは、その影響を懸命に研究している[25]。

体のサイズを変えたカメ

漁業の影響で生じる進化は、体のサイズを小さくする方向に働くとは限らないし、影響を受けるのは漁獲される生物に限らない。マット・ウォラックをはじめとするアメリカ南東部の研究者たちは、美しい模様をもったキスイガメ（ダイヤモンドガメ）というカメの調査を行なった。このカメはペットとして飼われることもあるが、本来は大西洋湾岸の汽水域に生息している。カメは漁の対象ではないが、子ガメが商業カニ漁の罠にかかっておぼれ死ぬことがある。キスイガメのメスは、その他の多くのカメと同じようにオスよりも体が大きく、さらにカニ用の罠にはある程度以上の大きさのカメは入れないため、メスの成体が罠にかかる危険はない。ところがオスはメスほど大きくならないので、成体でも罠にかかってしまう。

ウォラックらは、チェサピーク湾（カニ漁の罠によるキスイガメの死亡率が高い地域）のキスイガメ個体群とロングアイランド湾の個体群、それから商業的なカニ漁の始まる以前にチェサピーク湾で捕獲されて博物館に保存されていた標本とを比較した。その結果、罠の存在する水域では、罠のない水域よりオスの年齢が若く、メスの成長が速くて体の大きさが一五パーセント大きかった[26]。これらの変化は、やはりわずか数十年の間に起こったもので、動物たちがさまざまな方法で進化できることをはっきりと示している。動物たちはそのときの選択圧のタイプに応じて、体のサイズを大きくしたり小さくしたり、成長を速くしたり遅くしたりできるのだ。

このキスイガメの例を見れば、狩猟や漁業の影響を直接受ける生物でなくても、間接的な影響によっていかに急速に進化するかがよくわかる。その他の例としては、最近ではトムコッド（小型のタラ）という魚が同じように間接的な影響を受けて、ハドソン川へ流された汚染物質への耐性を獲得したことが確認されている[27]。この川の汚染は一九四七年から一九七六年にかけて、ゼネラルエレクトリック社の二つの工場が五九〇トンのポリ塩化ビフェニル（ＰＣＢ）を流したことが原因だった。トムコッドは川底の沈泥中にいる小型のエビやその他の無脊椎動物を食べる魚だったため、ＰＣＢに対応することができずに、ニューヨーク大学のアイザック・ワージンらによる控え目かつ的確な表現によると「生存とは相いれないほど奇形率が増加した[28]」。

ところが、ほんの二、三〇年たつとトムコッドたちは回復のきざしを見せはじめた。ワージンらは二〇一一年に発表した論文でトムコッドの回復ぶりを報告し、さらには、この魚に汚染物質ＰＣＢへの耐性を獲得させた遺伝的メカニズムを明らかにしている。耐性獲得の要因は、遺伝子の一つがわずかに変異し、そのせいで成長過程における汚染物質の代謝のしかたが変化したことだった[29]。当然ながら、この発見があったからといって、汚染物質その他の脅威が環境にもたらされたとき、すべての生物が遺伝子のスイッチを切りかえて対応できるわけではないが、生態系にダメージがあっても、少なくとも一部の生物は進化によって生きのびる道を切り開けることがわかった。

環境に合わせて体型を変化させるキスイガメ（ダイヤモンドガメ）

アンジェリーナ・ジョリー似の魚

もっと大規模な変化についてはどうだろう？　トムコッドはＰＣＢの影響をかわす能力を手に入れて五〇年がたっても、まちがいなくトムコッドのままだし、オオツノヒツジは角が控え目な大きさになってもオオツノヒツジのままだ。急速な進化が新たな種の誕生につながる可能性はあるのだろうか？　新しい種の定義を少々広げれば、答えはイエスだ。ドイツ、コンスタンツ大学のキャスリン・エルマーとその同僚たちは、シクリッド――前述のグッピーの捕食者と同種ではないが近縁種で、死火山の火口にできた湖にすむ――を研究対象としている[30]。シクリッドの仲間は非常に多様で、世界中に分布しており、ひとつの水域に複数の種が生息していることも多い。この魚については、種が比較的急速に分化したのではないかと古くから考えられてきた。

ここでいう〝急速〟とは数百世代という意味だ。グッピーの変化ほど速くはないが、化石記録に数多く見られる種分化の速度に比べれば驚くほどの速さだ。

エルマーと同僚たちはニカラグアのごく新しい火口湖に注目した。約一八〇〇年前に形成されたアポジェケ湖という名の湖だ。この湖には、二つの型のフラミンゴシクリッドが住んでいる。一方の型は平均的な魚の外見をしているが、もう一方の型はくちびるが分厚くて突き出ており、シクリッド界のアンジェリーナ・ジョリーといった外見をしている。この分厚いくちびるは、岩のすきまからボウフラなどの無脊椎動物の獲物を小刻みにゆすって捕らえるのに役立つと考えられており、このくちびるをもつ型は、その湖の個体群の二〇パーセントを占めていた。

エルマーらがくちびるの分厚いシクリッドとそうでないシクリッドの間で頭の形や食物を比較し、遺伝的差異を調べたところ、二つの間には大きな違いが存在していることがわかった。さらに分厚いくちびるのオスは、同じ型のメスを探して選び、メスも同様に同じ型のオスを選ぶというように、シクリッドたちは主に同じ型の異性をパートナーに選んでいるようだった。そのような分離が生じているということは、同じ湖に生息する二つの型が異なる種に分化する途上にあり、しかもすべての変化が二〇〇〇年未満のうちに生じたということだ。これほど大規模な進化的事象にしては非常に短い時間だ。

人間活動も進化の一因

ここまでトムコッドが汚染への耐性を獲得した例や、フィンチのくちばしの大きさが変化した例などの急速な進化について紹介してきたが、それらのすべてに共通しているのが、環境の劇的な変化だ。たとえばＰＣＢの流入や干ばつ、あるいは狩猟の記念品をぜひとも手に入れようとするハンターたちの行為などだ。そうした環境の変化は、集団内の一部の個体に繁殖上有利に働く。漁師が網にかかったサケのうちサイズの大きいものばかりを捕っていると、サケの成熟するサイズが小さくなるのもそれにあたる。進化の引き金となる環境の変化は、ガラパゴス諸島のフィンチの例を見てもわかるように、人為的なものとは限らない。人間の活動が急速な進化を引き起こしやすいのは、サケを捕獲するとしたら数匹では終わらずに何千ポンドも捕るなど、大規模に行なわれることが多いためだ。商業漁業は強大な選択圧を生物にかけ、進化の本質である遺伝子間の残留率の差異を急速に生じさせる。その他、ある生物が知らないうちに貨物やスーツケースにまぎれて他の場所へ運ばれたり、オオヒキガエルのように故意に持ち込まれたりして、新たな環境へ移動したとき急速に進化する傾向がある。なぜなら新たな環境は新参者の種に多くの選択圧をかけるため、その種はオオヒキガエルのように適応するか、でなければ消滅するしかないからだ。

生物には人類との共存に比較的成功しているものが多いが、うまく共存できても新たな性質を獲得することがある。高速道路の騒音がひどくて眠れずに困ることがよくあるが、自動車や町の騒音に近いところに棲んでいる動物たちも、お互いの声を聞き取るのに苦労する。オランダ、ライデン大学のハンス・スラベコールンは、クロウタドリやシジュウカラなどの鳴禽類も、交通騒音のあるところでは自分の声を仲間に伝えられないことを発見した。そのうえ、騒がしい環境では育てられるヒナの数も減少するという。彼によれば、トラックのクラクションやブレーキ音などの騒音に満ちた環境では、鳥たちは自分の鳴き声が聞こえやすいように声の音程を変化させることがあるというが、すべての種がそうした妨害に適応できたわけではなかった[31]。スラベコールンらの報告した変化のすべてに遺伝的変化が関わっているかどうかは不明だが、人間の活動が原因で進化が生じる可能性があるのは明らかだ。

温暖化が進化を促す

多くの生物種を急速に進化させる要因となった大規模な環境変化の中でも、最新のものはおそらく地球規模の気候変動だろう。世界中で多くの生物種の暮らす環境が、急速に温かくなっている。そのせいでヨーロッパ各地では、鳥たちが以前より早くから繁殖を開始するようになり、ウツボカズラカ（食虫植物の捕虫器にたまった水でしか孵化しない蚊）は早い時期に休眠から目ざめて成虫に変態するようになった。アメリカアカリスは、食物であるトウヒの実を春の早いうちから手に入れられるようになったため、より早く子を産むようになった。こうした繁殖などライフイベントの時期の変化だけでなく、個体の体形やサイズや色が変化した例が数多く報告されている。

これらの変化のなかには、現在の環境に対するその場限りの反応で子孫には遺伝しない変化もあれば、群れの個体の遺伝子を永久に改変するような、本当の進化上の変化もある。けれども当然ながら気温の上昇や氷河の融解に出会っても変化できなかったため、絶滅の危機に瀕している種もある。このように気候変動は世界の動植物に影響を与える可能性があるので、現在の地球で、急速な進化について理解し、急速な進化をする種としない種がいる理由を解明することが、これまでになく重要になっている。一方で、生物が急速に進化できることを理由に、人間の引き起こす環境の変化に対応できる動物たちの能力を過大視するべきではない。すべての種が繁殖の時期をずらしたり、くちばしを大きくしたりして対応できるわけではないからだ。

最後に、人間の進化についてはどうだろう。選択圧のもとで急速に進化しそうな生物ランキングでは、人類はどのへんの位置にいるのだろうか。皮肉なことに、人間は多くの生物に急速な進化を強いておきながら、第一章と第二章でも述べたように、自分たちがそれほど速く進化するとは思っていないようだ。人類には急速な進化に必要な素質がそなわっているだろうか。急速な進化に必要な一つ目の条件は、強力な自然選択だ。環境汚染や都市化のように人間由来の圧力であることも多いが、伝染病や洪水、飢饉によって、ふるいにかけられることもある。そのため人類もこの条件は満たしている。

急速な進化に必要なもう一つの条件は、そうした自然選択への対応を可能にする遺伝子だが、この場合はすべての遺伝子が等しく働くわけではない。生物学者たちは「遺伝的構造」について語ることが多いが、この言葉はなかなか的確な表現だと私は常々思っている。遺伝的構造とは、ＤＮＡがどのようにして目に見える形質として表れるかということを意味している。鳴かないコオロギの場合は、一つの遺伝子の変化によって成虫になる過程が変化したが、異なる場所にあるいくつかの遺伝子がともに働くことで生じる変化もある。第四章から第六章では、選択圧と人間の遺伝子の構造がともに働くことで、人類に急速な進化が生じた例を紹介する。

第四章 ミルクは人類にとって害毒か

哺乳類の中で離乳後もミルクを飲むのは人類だけだ。なぜ乳製品を消化できるようになったのか？ それは牧畜の開始より前か後か？

人はときに乳製品に熱くなる。序文で触れたように、私の友人のオディネ・オスク・スヴェリスドテとその同僚たちは、はるか昔に死んだヨーロッパ人の骨を徹底的に調べ、大昔の原始人がミルクを飲んでいたかどうかを知る手がかりをさがしている。そしてミルクが〝自然〟食品なのか、健康的なものかどうかの議論も盛んだ。Notmilk.com という、名前のとおりミルク反対派のウェブサイトでは「人のミルクは人の子のため、犬のミルクは子犬のため、牛のミルクは子牛のため、猫のミルクは子猫のため。それが自然の姿だ」[1]というスローガンが喧伝されている。そこには乳製品の〝毒を排出〟させる方法も掲載され、乳製品断ちをすればわずか一週間で「一ガロンの粘液が腎臓、脾臓、すい臓などの内臓から排出され」[2]、睡眠、気分、セックスライフの質が向上すると書かれているが、おそらくこの方法を試す前に、その粘液には他の対処が必要だろう。

牛のミルクは子牛のもの

このような極端な見解に対して医療の専門家から多くの異議があがっているのはたしかだ。しかし、やや食欲を減退させるイメージはともかく、人間がミルクを飲むようになったのは比較的、新しい現象だという主張は否定できない。現在でも地上の過半数の人々は、幼児期以降、乳製品を摂取しない。ニューヨークタイムズ紙の健康ブログ〝ウェル〟や、Cavemanforum.comなどの読者の一部は、それが本来あるべき姿だという。〝ウェル〟の読者の一人は、次のように述べている。

チーズは乳製品だ。人間は乳製品を食べるようにはできていない。それらは子牛のものだ。単純に言ってしまうと、人が肥満になり、糖尿病や心臓病、がん、免疫不全といった西欧の病気をわずらうのは、それが大きな理由なんだ。牛のたんぱく質が害悪であるとする、多数の研究がある。牛のミルク（それからつくられたチーズも）は子牛を短時間で太らせるためのものだ。それを人間に飲ませたらどうなると思う？[3]

Cavemanforum.com では、「チーズの何が悪いのか」という問いに対し、こんな答えがあった。

僕がそれを食べないのは、それがパレオではないからだ。パレオ派の言うとおり。パレオ式の根本思想は、人間は二〇〇万年のあいだ続いた旧石器時代に食べていたものに適応しているから、そのころと同じものを食べていれば安全だということだ。他のものはすべて問題がある。[4]

ミルク、より正確にはそれを消化する能力が、人間における急速な進化のシンボルとなったのは、まさにこの新しさのためだ。私たちは遺伝子レベルでその能力がどこから生じたのか、それがどのような結果をもたらしたのかについて、他のゲノムの変化についてより、多くを理解している。

さらに乳製品を食料として利用することは、遺伝子と人間の文化的活動が互いに影響し合うという実例なのだ。人間は進化していて、それが（意外かもしれないが）最近でも続いている、あるいは（これも意外かもしれないが）文化はずっと変わり続けている。それだけでなく、それら二つが隣り合わせで互いの進化に影響を与えながら変化し続けているのかもしれない。

そして乳に含まれるラクトース（乳糖）消化の進化を研究するには、使える科学的ツールはすべて使う必要がある。私たちは人とその遺伝子を理解するために、仮想空間における電子コードとして扱うコンピュータモデルを使う。またスヴェリスドテらが漂白した骨から取り出したＤＮＡの粒子や、現代のフィンランドやアフリカの遊牧民から抽出した、もう少し水気の多い標本を使う。さらに何千年も前にミルクやチーズを貯蔵するのに使っていた焼き物の破片からこすり取った、顕微鏡で見えるくらい小さな乳脂肪まで使う。これから数千年後に生きる誰かが、今の私たちが捨てたハーゲンダッツの容器を徹底的に調べ、その遺伝子について理解しようとしている可能性もあるのだ。

ミルクを飲むから哺乳類

動物の中には、一種類、あるいはごくわずかな種類の食べ物しか受け付けないものもいるが（たとえばアリしか食べないところからその名がついたアリクイや、ユーカリだけを食べ続けるコアラなど）、人間は植物性でも動物性でも、幅広い種類の食べ物を食べることができる。もちろんすべてを食べられるわけではない。私たちの体内には、草や多くの植物に含まれるセルロースを分解するバクテリアなどの微生物がいないので、家畜のように草を食べて生きていくことはできない。しかし多くの食物を食べられるのはたしかだ。

一見、私たちのような雑食性の生物にとって、ミルクは何の問題もないように思える。なんといってもミルク、あるいはそれをつくる能力こそ、私たちの属する〝哺乳類（ママル）〟の定義なのだ。その中には、マウス、クジラ、ヤギ、アルマジロなど、毛皮を持つ仲間もいる。私たちの属する集団に哺乳類という名前がついたのは一七五八年のこと。それぞれの生物にラテン語の名前を二つ並べる形式、現在でも使われている二名法を開発したことで知られるスウェーデンの有名な科学者、カロルス・リンナエウスが「メスの乳房をこの集団のシンボルとする」としたためだと、歴史家のロンダ・シャイビンガーは述べている。(5) シャイビンガーはリンナエウスの言葉の選び方は、ジェンダーの問題の表れだと指摘している。メスの生殖に関わる部位によって区別されるものは他にないからだ。それはそれとして、ミルクは幼い哺乳類の生活には不可欠だ。それがつくられるおかげで、哺乳類の子どもは栄養と免疫系に不可欠な成分を与えられるのだ。哺乳類なのに卵を産む変わり者の単孔類（ハリモグラやカモノハシなど）でさえ、ミルクに頼っている。それらの動物の場合、母親の腹部の特殊化した皮膚ににじみ出てくるのをなめる。公平な視点に立てば、私たちは「乳房を持つ者」を意味する〝ママル〟ではなく、「乳を飲む者」という意味で〝ラクティマル〟と名付けられてもよかったのだ。

離乳後もミルクを飲むのは人間だけ

しかし、よいことはいつか終わりを迎える。授乳期間もまたしかりだ。少なくとも人間以外の哺乳類は一定年齢になればミルクを飲まなくなる。ミルクに含まれる成分（たんぱく質、脂肪、そしてカロリー）は、動物の種類とそれを飲む子の成長のスケジュールによって違う。牛のミルクは人間のミルクに比べてたんぱく質は多いが脂肪は少ない。それでもカロリーはほぼ同じだ。クジラとアザラシのミルクには、寒い環境で子どもが速く育つよう、脂肪が多く含まれているのはよく知られている。北極でアザラシを研究している私の知り合いの学者によれば、ある種のアザラシのミルクは乳脂肪が多くて非常に濃厚で、まるで練り歯磨きがチューブから子アザラシの口に絞り出されているようだという。驚いたことにマウスのミルクは（海の哺乳類のミルクには比べるべくもないが）、脂肪分もカロリーもかなり高い。一カップのマウスのミルク（入手するにはかなりの忍耐が必要だが）は四〇〇カロリー以上と、牛のミルクの約二倍半だ。[6]

そのような違いはあっても、動物の種を問わず、ほぼすべてのミルクにはラクトース（乳糖）と呼ばれる糖が含まれている。ラクトースを消化するには、つまり体内で利用できるよう小腸でそれを分解するには、ラクターゼという酵素を必要とする。ラクターゼの生産能力は遺伝的に制御されていて、ごくまれな例外を除いて、すべての哺乳類が誕生した時点で持っている。ラクターゼの分子は小腸にしまわれていて、乳製品から体内に摂取されるラクトースを待ち構えている（わずかな割合で新生児に見られるミルクアレルギーは、ミルクの糖ではなくたんぱく質に反応しているので、ラクトース不耐症とは区別される）。ところが思春期へと向かう途中でおかしなことが起こる。人間以外のすべての哺乳類、そして大半の人間では、ラクターゼの生産が、場合によっては離乳直後からほとんど止まってしまうのだ。成人のラクトース消化能力は、子どもの約一〇パーセントほどしかない。なぜラクターゼの生産が止まるのか、それはとても興味深い問題なのに、少なくとも私の印象では、ほとんど注目されてこなかった。「必要ではなくなるから」では、とうていじゅうぶんな説明とは言えない。人間の盲腸から、クジラの骨格に見られる退化した小さな肢まで、生物には不要と思われる性質が多く備えられている。

ラクターゼが消えてしまう理由はどうあれ、この酵素がもう働かなくなってからラクトースを摂取すると、胃腸に不快な症状が現れることが多い。分解されなくても、ラクトースは大腸へと進む。そこには多くの食物を消化するのを助ける微生物を含む液がたっぷり存在する。その微生物がラクトースと出会うと、それらをせっせと発酵させて、メタンと水素ガスをつくる。このガスは常にいくらかつくられているが、胃腸管の下方で大量にたまると、バクテリアの活動で生じる他の副産物とともに、腹部の張り、痙攣、下痢などを引き起こす。

一部の薬剤や、ジアルディアという寄生虫が腸を傷つけてラクトースが消化されなくなることもあるが、一般的にラクトース不耐症は酵素がなくなることで起きる。一般的なラクトース不耐症のテストは、乳製品を摂取したあとで吐いた息に含まれる水素ガスの量を測定する。ラクターゼができない人のほうが高い数値が出る。ラクターゼがない人でも、少量のラクトースなら摂取しても大丈夫だし、チーズやヨーグルトなどの発酵食品にはかなりな耐性がある。ラクトースの一部がすでに分解しているからだ。しかし一般的に、ラクターゼがない人にとって、乳製品はあまり望ましい食品とは言えない。

乳製品を消化できるのは少数派

このような苦労はあるが、多くの人は一生涯、乳製品を摂り続けることができる。それはなぜだろう？　ギリシャ・ローマ時代から、大人の乳製品を消化する能力には違いがあることが知られていた。しかしラクトース耐性が遺伝的な性質であることを示すパターンが認識されたのは、二〇世紀の後半になってからだ。大人になってからもラクトース耐性を持つ人は、ラクターゼの生産を左右する遺伝子が働き続けている。これは酵素を減らす別の遺伝領域に突然変異があるためだ。一九七〇年代に入るころには、ラクターゼをつくり続けられる性質は優性であると断定された。つまりそれをコントロールする遺伝子が一個あれば（親のどちらかから引き継がれて）、乳製品を消化する能力が子どもに表れるということだ（逆に劣性であれば、二つの遺伝子を引き継ぐ必要がある）。ラクターゼの働きを持続させる分子の性質が特定されたのは二一世紀初頭だったが、細かいことについての研究は今でも続いている。

当初、ラクターゼの働きが持続するのが〝通常〟の状態で、ラクトース不耐症は例外と見なされていた。しかし世界中で調査が行なわれてサンプルの数が増えると、大人が乳製品を消化する能力を持っているのが一般的な地域は、ごく限られていることが明らかになった。それは北ヨーロッパ、特にスカンジナビア半島と、アフリカおよび中東の一部だけだった。ラクターゼの働きが持続する人（ラクターゼ活性持続）は、世界で約三五パーセント、しかもそれが少数の土地にかたまっているのだ。

アフリカがその一つというのは特に興味深い。なぜなら事実上、隣り合って住んでいる民族グループでも、ラクターゼ生産が持続する人の割合が大きく異なっていることがあるからだ。たとえばスーダンでは、ナイル川流域に住む人々でこのラクターゼ生産が持続される人は三〇パーセント未満だが、遊牧民のベジャ族では八〇パーセントを超える。中東のベドウィンは、同じ地域のベドウィン以外の民族よりも、はるかに多くの乳製品を食べられる。この違いはなぜ起こるのだろうか。それは急速な進化のせいだ。

人類と牛の歴史

ラクターゼ活性持続の進化と、それを可能にする遺伝子の不思議な分布について理解するには、まず牛について考える必要がある。それも牛自体ではなく、人間と畜牛、あるいはミルクをつくる他の有蹄動物との関係についてだ。その関係は少なくとも七〇〇〇年前にさかのぼる。

牛が家畜化されるようになったのは、もともとミルクではなく、肉と皮革のためだった。現在でも牛を飼っている民族、たとえばアフリカのマサイ族などは、食事に乳製品をまったくとは言えないまでも、ほとんど取り入れていない。人が飲むために牛のミルクを手に入れるには、まだ乳が出ている間に子牛を母牛から引き離し、ミルクをもっともよく出すメスを選んで交配させなければならない。その結果、乳の分泌をコントロールする遺伝子が、祖先とは違う牛が生まれる。

とはいえ牛のミルクを利用しようと考えるなら、まず何よりも牛を飼わなければならない。そして大昔の人々すべてが牛を飼っていたわけではない。では人はそもそもなぜ牛を飼おうと思ったのだろうか？　逆に考えると、コーネル大学のガブリエル・ブルームとポール・シャーマンが問うたように、一年中、牛や他の有蹄動物を飼うのが難しすぎてできない環境とは、どのようなものだろうか？(7)

ブルームとシャーマンは、牛を飼うのは難しい場所の例として極端に暑かったり寒かったりする気候や、家畜動物の餌が一年を通して不足している土地をあげた。もっと重要なのは、炭疽病や牛疫といった病気が特定の地域で広がれば、牛を健康に保つのはほぼ不可能になることだ。ブルームとシャーマンは、遺伝的なラクターゼ活性持続が見られる場所と、九つの動物の病気が発生した地理的分布の関係、さらにラクターゼ活性持続が始まったときの気候についても調査を行なった。

彼らが予測したとおり、病気が流行っていた地域の出身者、また砂漠や熱帯雨林など、極端な気候の中で生きてきた人々の間では、ラクターゼ活性持続の性質を持つ人の数は極端に少なかった。しかしこの分析で、興味深い例外があった。畜牛にはやさしくないはずの地域（たとえば赤道直下のアフリカや中東）に住んでいながら、乳牛を飼育していた集団には、かなり高い確率でラクターゼ活性持続が見られたのだ。ブルームとシャーマンは、彼らは遊牧民だったために病気を乗り越えられた、つまり自分たちとともに牛を移動させていたために感染を避けられたのだと推測した。

現在の畜牛の遺伝子は、その祖先のものとはだいぶ違っている。なかには人が目指す方向に起きた変化もある。現在、家畜として飼育されている乳牛は、現在の肉牛や大昔の牛（乳牛でも肉牛でも）より、多くの量のミルクを、長期間にわたって生産できる。牛のミルクをより多く欲しいときは、子牛に早く離乳させる。肉のために育てている牛の離乳は遅くする。そのほうが大きく成長するからだ。新石器時代の牛の歯を注意深く分析したところ、当時の牛は母親から比較的早い時期に引き離されていたことがわかった。つまり牛はもともとミルクを取るために飼育されていたということだ。さらに北ヨーロッパや中央ヨーロッパなど、牛が飼育されているところが多い土地では、ミルクの異なった成分（たとえば特別なたんぱく質など）をつくる遺伝子は、かなり違っている。フランスのアルバノ・ベハ・ペレイラが率いる研究チームによれば、遺伝子型が多様なのは、違う個体群に新たな突然変異が起こったわけではなく、昔の牧羊家が選択的交配（品種改良）を行なっていた表れだという。[8]

鶏が先か、卵が先か

現存する最も古い畜牛の骨は、約八〇〇〇年～九〇〇〇年前のものだ。前節で触れた品種改良が行なわれていた以前から、そして現在でも、アフリカの一部の地域では、牛はミルクを搾るだけでなく、鋤を引いたり、肉や血を取るのに用いられている。チーズやヨーグルトなどのミルクを発酵させた食品も食べられているが、これらにはラクトースがほとんど含まれていないので、生のミルクほど消化器系に問題を起こさない。

ラクターゼ活性持続の進化を理解するには、ミルクを飲み始めたのが先か、ラクターゼに関わる遺伝子の変化が先かを知っておくことが大切だ。つまり大昔に遺伝子のランダムな変化によって、ラクトース耐性が進化したために乳製品を摂るようになり、家畜の飼いかたを変えたのか。あるいは乳製品を摂取することが進化の上で有利だったために、ラクターゼ活性持続が進化したのか。その答えを知るには、現在の高度な遺伝学と考古学の知識が必要だ。

ある個体群において遺伝子の相対的比率が偶然により変化することを、遺伝的浮動と呼ぶ。これはほとんどの個体群で起こるが、特に小さな集団に多く見られる。それは進化上、他の選択肢が少ないとき、中立的な（その変化が恩恵とも損害ともならない）性質がその個体群に定着しやすいからだ。

ラクターゼ活性持続を理解するには、この遺伝的浮動の概念が重要だ。つまりミルクを消化する遺伝子の比率は、選択によって遺伝子頻度が変化したのではなく、偶然だけで生じたとする、一種の帰無(きむ)仮説として考える。多くの遺伝子のさまざまな形が現れては消えるうちに、ラクターゼ活性持続の遺伝子が、たまたまいくつかの個体群で生じる。実際に必要な化学的変化はそれほど込み入ってはいない。やがて遺伝子はその個体群にゆっくり定着する。ラクターゼ活性持続の遺伝子と同じ染色体上にある（ただしそれとは無関係に変化している）近くの遺伝子も同様だ。このシナリオでは、同じ遺伝子のまとまりが、ラクターゼ活性持続の遺伝子とずっと一緒に動くとは考えにくい。

自然選択か偶然か

あるいは、もし偶然ではなく自然選択がミルクを消化できる人に有利に働いて遺伝子頻度が高まったのなら、違った遺伝子パターンが現れるだろう。その場合、強力な選択でラクターゼ活性持続遺伝子とともに運ばれる周囲の遺伝子は、偶然の場合よりも均質になるはずだ。

この状況をより明確にするため、異なった形の遺伝子が、つながったビーズだと考えてみよう。そのビーズは自由に取り外したり付け加えたりできる。時間が長くたつほど、ビーズが移動する確率も高くなる。ラクターゼ活性持続の遺伝子のビーズのついた部分が取り外されたら、その隣の遺伝子もいやおうなくついていく。ラクターゼ活性持続の遺伝子が広がるのはそれが有利な性質だからだが、近隣の遺伝子は、遺伝学用語を使えば、単なる〝ヒッチハイカー〟である。

これらの仮説（ラクターゼ活性持続遺伝子の周囲の遺伝子は均質になるか、あくまでランダムな配列か）を比較するには、かなり複雑な統計的分析が必要だが、細かな遺伝子配列を決定する技術により、二一世紀初めには、その重大な検証が可能になった。そしてその答えは、自然選択だった。ラクターゼ活性持続遺伝子の周囲の遺伝子は、遺伝子浮動仮説で予想されるより、はるかに質が揃っていた。ミルクを飲んでも胃腸の不調を招かない人が、ラクトース不耐症の人よりも高い率でその遺伝子を子孫に受け渡したため、ラクターゼ活性持続遺伝子が急速にヨーロッパに広まった。

そんなささやかな能力が個体群全体にそれほど大きな変化を起こすとは信じられないかもしれないが、ある遺伝子が定着するために、その持ち主の繁殖成功度がそれほど高くなる必要はない。人類学者のロブ・ボイドとジョーン・シルクは、ラクターゼ活性持続遺伝子を持つ人々の繁殖成功度が三パーセント上昇するだけで、三〇〇〜三五〇世代後には、その遺伝子が広範囲に普及するとしている[9]。期間にすると約七〇〇〇年で、進化という視点ではほんの一瞬だ。他の推定によると、ミルクの摂取を可能にした遺伝子は、だいたい二二〇〇年から二万年前に生まれたという。これもまた人間の歴史の中では、驚くほど短い。しかし少なくとも私たちの一部が、大昔の祖先から一歩離れるのには十分な時間だったようだ。

これはつまり私たち人間のゲノムは文化的習慣によって進化するということだ。ミルクへの耐性ができたことで人間はより多くの乳牛を飼育するようになり、その結果、ラクターゼ活性持続遺伝子がさらに有利に働くようになった。このような共進化は以前から知られている。人類学者のパスカル・ジェルボーの言う〝ニッチ構築[10]（生物が自らの環境を変えるプロセス）〟の好例である。生物はすべてニッチに生息し、それは各種が必要とするものによって決まる。カエルには水、食用の虫、隠れるための草が必要だ。蚊には血を吸う相手、叩き落とそうとする敵から身を守るための隠れ家が必要だ。人間のニッチはやはり限られて、以前はマイナス条件とされていたものの一つがミルクだった。けれども昔の牧畜家たちの間でラクターゼ活性持続が進化したとき、私たちは自らの運命を（少なくともそのささやかな特質については）決めた。人類学者のアラン・ロジャースが述べたように「私たちは急激に変化した環境の中で生きている。その環境は私たち自身がつくったのだ[11]」。

カルシウム、食物、水

ミルクを飲んで得られる恩恵とは何だろうか？　離乳後に乳製品を消化できる能力を持っていた数少ない人々が有利になる選択が、なぜ起こったのだろうか？　最もわかりやすい理由は、乳製品が牧畜民に不足していた栄養を補っていたということだ。しかし少なくとも他に二つの理由がある。

第一はカルシウム吸収説で、これによるとラクトース耐性が有利になるのは、特に日差しが乏しくビタミンDレベルが低くなりがちな高緯度に住む人々だ。ミルクが飲めると、ビタミンそのものと同じくらい、カルシウムが効率よく摂れるので、骨の病気である、くる病を防げる確率が高くなる。

栄養の補完とカルシウムの吸収の他に、もう一つ考えられるのは、ミルクが汚れていない液体であるということだ。北アフリカの砂漠では、それは簡単には入手できないものだっただろう。水が不足している土地では脱水症状を起こす危険があるが、ラクトース不耐症の症状の一つが下痢なので、それが起きたら体内からさらに水が失われてしまう。ナイル川と紅海の間の乾燥した土地でラクダやヤギを飼っている遊牧民のベジャ族は、長く乾いた夏の間、一日三リットルのミルクを飲む。もしラクトースを消化できなければ、彼らの生活は不可能とは言わないまでも、困難だっただろう。

ジェルボーと同僚たちは、ヨーロッパと中東におけるラクターゼ活性持続の分布を調査した。ミルクを飲むことと、ある特定の集団における乳牛の飼育量や畜牛の始まりを示す考古学的証拠、そしてラクターゼ活性持続遺伝子の周囲にあるさまざまな遺伝子の変化が、どう関わっているのだろうか。科学者たちはさまざまな初期状況とあらゆる変数を用いてコンピュータシミュレーションを行ない、人がミルクを飲むことについての仮説（カルシウム吸収がよくなるとか、人と家畜とが互いに影響を与え合いながら進化する）が、現在のパターンを説明できるか試してみた。どちらの仮説も先史以前にミルクを飲む習慣が北部で広がったことに適合するので、分けて考えるのは難しい。しかしジェルボーのチームは、ヨーロッパにおけるラクターゼ活性持続の進化にはカルシウム仮説が有力だが、中東とアフリカでは当てはまらないと結論した。[12]さらに徹底的にこの考えを検証するためには、ラクターゼ活性持続が少ないアジアを含めた、他の地域の人の遺伝子サンプルが必要だ。

ラクトース耐性（正確には不耐性）についての最後の仮説は、一九九〇年代後半に、イタリアのサンタアナ病院小児科のB・アンダーソンとC・ヴーロによって提唱された。彼らはマラリアがよく見られる土地では、ラクターゼ活性持続遺伝子を持つ人が少ないことに気づいた。つまりミルクを飲める人が少ない。ミルクを飲まない人はリボフラビン（ビタミンB_2）欠乏症になりやすい。特に他で栄養が取れないときは顕著である。マラリアを引き起こす寄生虫は、フラビン類のない細胞では成長が遅れるため、ラクターゼが不足し、マラリアにかかりにくくなる。そうしてミルクを飲めなくなる方向に進化したのではないかと推測した。[13]この見解では、選択によって進化する性質はラクターゼ活性持続ではなく、ミルクを消化できないという性質だ。しかし他の哺乳類がすべて離乳後にラクトース消化能力を失うことを考えると、人間もラクトース不耐症を祖先から受け継いだと考えるほうが自然であり、アンダーソンらの説はありそうもないシナリオに思える。その後の研究でマラリアとラクターゼ活性持続遺伝子の間には、何のつながりもないことが明らかになった。

ミルクの大陸、アフリカ

ミルクに関して、アフリカはおかしな土地だ。北ヨーロッパにおいてラクトース耐性が生じたのは、初期人類がアフリカを出たはるかあとのことだ。もしヨーロッパでラクターゼ活性持続が高い確率で見られるのは自然選択によるという考えを受け入れるなら、アフリカの一部の集団、たとえばスーダンの牧畜民ベニ・アミル族のように、ラクターゼ活性持続を持つ住民が六四パーセントに達する例を、どう考えればいいのだろうか。遠く離れた土地に住む人々の間で、たまたま同じ突然変異が、ほぼ同時期に生じたと考えられるだろうか。

ペンシルベニア大学の遺伝学者サラ・ティシュコフは、東アフリカの轍(わだち)のついた道（ないときもある）を走って、四三の民族の人々に研究に参加してもらえるよう頼み、この問いの答えを見つけた[14]。彼女と仲間たちは四七〇人の被験者に、パウダー状のラクトースを水に溶かしたものを飲んでもらった。その後、指定された時間間隔で採血し、ラクトースの消化についての情報と個々のＤＮＡサンプルを同時に入手した。このラクトース耐性のテストは西欧の医療機関で行なうものほど正確ではないが、野外調査では便利な方法だ。

ティシュコフらは被験者のＤＮＡで、以前ラクターゼ活性持続の変化が見つかったところの近くの、遺伝的変異を調べた。するとラクトース耐性を持つ人の間で、いくつか一貫したパターンが見つかったが、変異した遺伝子は前にヨーロッパで見つかったものとは違っていた。どういうことかというと、アフリカ人のラクターゼ活性持続の進化はヨーロッパ人とは違っている、つまり同じ性質（ここではミルクが消化できるという）が違う遺伝子から生じたということだ。しかしどちらの土地でもラクトース耐性を持っていたのは、（わずかな例外を除き）祖先が牛や他のミルクを出す動物を飼っていた人々だ。

またアフリカ版ラクターゼ活性持続が生じたのは、ヨーロッパ版より現在に近い時代だった。ケニア南部とタンザニア北部で家畜の飼育を始めたのは、わずか三〇〇〇年前だ。つまりラクトース耐性は急速な進化だけでなく、収斂進化の最高の例でもあるのだ。収斂進化とは、同じ性質が異なった経路でそれぞれ進化することだ。他の例としては、鳥とコウモリの翼がそうだ。機能は同じだが、その構造はかなり違っている。クジラ、コウモリ、トガリネズミが持つ、ソナーのような反響定位システムもそうだ。ラクターゼの例はそれらよりわかりづらい。鳥とコウモリの翼は共通の祖先から生じたと主張する人はいなかっただろうが、人のラクトース耐性の進化は実際には何度か起こっているのに、進化したのは一度だけというほうがそれらしく思えるからだ。

興味深いことに、タンザニアのハッァ族では、人口の半分がラクターゼ活性持続遺伝子を持っていることがわかった。彼らは牧畜ではなく狩猟採集民であることを考えると、かなり高い数値だ。ハッァ族ではなぜ、使わない性質が進化したのだろうか。ティシュコフらは、その遺伝子が役に立つ違った状況があるからだと考えている。ラクトース分子を分解するのと同じ遺伝子が、フロリジン（タンザニアに自生する植物の一部に含まれる苦味化合物）を分解するのにも使われている。ラクターゼ活性持続遺伝子は、他の物質の消化も助けているのだろうか。たしかなことは誰にもわからないが、このアイデアは、さらなる検証にも耐えるだろう。

腸の微生物の働き

ラクターゼ活性持続が自然選択によって、比較的近年に進化したことについては、有力な証拠がそろっているが、まだ多くの疑問が残っている。ラクターゼ分子と関連する一個の遺伝子の突然変異が、大人になってもラクトースを分解する能力を、なぜ保ち続けるのだろうか。そしてラクトース耐性が失われる時期が、人によって違うのはなぜだろうか。フィンランド人は全体的にラクトース耐性を持つ人が多いが、中には十代でラクトースを分解できなくなる人もいる。一生その能力を持ち続けるのではなく、幼いときに失うのでもない。この問題に取り組む意味は、一生の間の違う時期に、遺伝子が互いにどう調整し合っているかを理解することだ。これはヒト生物学の根本的な問題だ。

より実用的なレベルでは、乳製品の摂取について心配している現代の人々にとって、ラクターゼ活性持続の進化はどのような意味を持つのだろうか。たしかに〝乳製品はパレオではないから〟人が食べるものとしては適切でないという考え方を否定する材料にはなる。ミルクを消化する能力は遺伝子で決まり、その遺伝子は変化してきた。少なくとも祖先が牧畜民であった人々の間ではそうだ（前にも述べたとおり、ミルクアレルギーはミルク中のたんぱく質に対する免疫反応であり、ラクトース不耐症とは違う。どちらも遺伝的なものだが、まったく違った遺伝子から生じる）。もちろん人は、消化できる食物でも食べないという選択も多くしているが、ラクターゼ活性持続に関する話はパレオファンタジーから逃れるための実地教育である。

研究はもちろん今後も続くだろう。ラクトース耐性の可変性の問題を理解するための別の方法は、アフリカの特異な集団で見つかるかもしれない。少なくともソマリ族には、大量のミルクを飲みながら、ティシュコフらが特定した、それを可能にするはずの遺伝子を持たない人がいる。これはハッァ族とは逆のパターンだ。ロンドン大学ユニバーシティ・カレッジのキャサリン・イングラムらは、ソマリ族の腸内細菌叢がラクトースを分解し、消化しやすくしているのではないかと示唆している。ヨーグルトやチーズのような乳製品が、ラクターゼの働きで発酵すると消化されやすくなるのと同じだ。ラクトース不耐症の人の多くが、ミルクに比べてこれらの食品は苦労せずに食べられる[15]。特定のバクテリアと微生物が、ソマリ族の間で自然選択の影響を受けたという推測は魅力的だ。つまり彼らはヨーロッパ人や他のアフリカ人と同じく、ラクターゼ活性持続という性質を獲得したが、そこまでの道筋は違っていたということだ。

体内のマイクロバイオーム（私たちの体内に棲む多様な微小生物の種類）の研究は、注目を集める新たな科学研究テーマだ。地理的に遠く離れているにもかかわらず、ソマリ族、ハッァ族、フィンランド人の消化能力が、どのように収斂進化したかを理解する助けとなるかもしれない。乳製品の摂取は、人間や他の生物において、現在も進行中の進化の仕組みを、鮮やかに見せてくれる例だ。私たちの祖先は私たちとは違った食物を食べ、おそらく腸内菌叢も違っていただろう。私たちはこれからも、体内の微生物の群れとともに進化していく。かつて人が牛とともに進化し、牛も人とともに進化したように。

第五章　原始人の食卓

肉食中心だった原始人にならって、私たちは米や麦など炭水化物の摂取を止めるべきだ——「石器時代ダイエット」は本当に正しいのか？

二〇一〇年の後半、新聞の見出しやブログは、石器時代の人間についての新発見の話題であふれていた。大手報道機関をはじめ、多くの弱小メディアまでが、お決まりの発表者のインタビューや研究に関わっていない専門家によるコメント、そしてそれが現代の都市生活に対してどんな意味を持つか、さまざまな推論を掲載した。

その発見とは新しい化石でもなく、アフリカを出た人間の移動地図が描きなおされることでもなかった。大昔のＤＮＡ分析結果でもなければ、そもそも人間に関する分析ですらない。イタリアのフィレンツェにあるイタリア前史研究所のアナ・レヴィデンと、イタリア人及びチェコ人の研究者が、イタリア、ロシア、チェコ共和国の三万年ほど前の遺跡発掘現場で、石製の挽き臼から、植物に由来するでんぷんの粒を発見したのだ。その植物にはがまの根のようなものも含まれていた。彼らはその事実から、私たちの祖先は植物をすりつぶして粉をつくり、それに水を混ぜ、焼いた石の上で調理していたという結論に達した。研究チームの一人であるローラ・ロンゴはそれを「一種のピタのようなもの」と述べた。[1]

初期人類もでんぷんを食べていた

それに関連した最近の発見では、人間がでんぷんに何らかの処理を加え、摂取していたことがもっと直接的な形で示された。それは歯だ。人類学者のアマンダ・ヘンリーが率いる研究チームは、ネアンデルタール人の歯についていた歯垢を分析した[2]。まだフロスのなかった時代のことなので、食物の名残が損なわれず残っていると思われた。歯垢は歯についた他の汚れとすぐに区別がつく。ヘンリーらは草の種、ナツメヤシ、そのほかいくつかの植物の明確な証拠を見つけた。さらにそのようなでんぷん粒の外側はゼラチン化していた。これは熱を加えなければ起きない変化で、つまりネアンデルタール人は食物を調理していたのだ。おもしろいことに、昔の歯からは、熟す時期が違うさまざまな植物が見つかった。このことからネアンデルタール人はいくつかの場所に通い、穀物を採集していたことが示唆される。ヘンリーらの別の研究では、同じような食物が、二〇〇万年前に南アフリカに住んでいたアウストラロピテクス・セディバの歯でも見つかった[3]。これら二つの例では、歯の中でさらに樹皮や木部、そして幅広い種類の葉や、植物の柔らかい部分が見つかっている。そこから想像される食生活は、現在、生存している霊長類のものとてもよく似ている。パレオ派は大昔の祖先は肉食だったと主張しているが、実は違っているようなのだ。

つまり初期人類はクラッカーを食べていた。それの何が問題なのだろうか。昔の食物の残りから見つかった、挽き臼で処理したと思われる植物（ミクリなど現在のガマに近い）などは栄養に富むことが知られている。考古学にまつわるブログを書いているクリス・ハーストは、一ヘクタールのガマから、八トンの粉がとれると言う[4]。根を挽いた粉は保存、運搬ができたので、季節によって入手できないこともある動物の獲物に、以前ほど頼らずにすむようになった。私たちの祖先がこれほど便利な食物源を利用しなかったとは想像できない。

炭水化物は食べるのに適しているか

ただ私たちの祖先がでんぷんを摂取していたとなると、さまざまな形の、いわゆるパレオダイエットに疑問が生じる。それは前に述べたように、私たちの祖先の食生活を、現代人が食べるべき模範としているからだ。パレオ派はミルクについて声高に自分の意見を主張するように、穀物をはじめとする炭水化物は食べるのに適切かどうかについても、かなり熱く語る。パレオ派の多くは〝パン〟と〝パスタ〟という言葉には激しく反応してしまうようだ。たとえばニューヨークタイムズ紙の〝ウェル〟には、次のように書かれている。「小麦、オーツ、大麦、ライ麦、トウモロコシ、コメを食べるようになったのは、たかだか五〇〇〇年から一万年前で、人間はそれらを食べるのに慣れていない。遺伝的に私たちはまだ一九万年前の狩猟採集民のままなので、食べるのに適しているのは肉、果実、野菜なのだ[5]」。穀物を避けるべきだという人は、たいてい肉を大量に食べる。Cavemanforum.com への投稿にも、それを実践している例が見られる。「僕は個人的に、豚のばら肉（加工してないベーコンと思えばいいよ）をいくら食べても足りないと感じる。朝、昼、夜と、三回の食事に食べたよ。夜は四五〇グラムのサーモンステーキを食べたけど、そのあと、豚を焼いて食べることにしたんだ。それはすごくいい気分だ[6]」

肉を中心に食べ、少なくとも食事に関しては洞穴に住んでいた祖先を見習うべきだという提言が初めて現れたのは、一九七五年に胃腸科の医師であるウォルター・ヴェグトリンが書いた『ストーン・エイジ・ダイエット』という本だった。最近出版されている同類の本（『パレオダイエット[7]』『ウィ・ウォント・トゥー・リブ[8]』『パレオ・ソルーション：オリジナル・ヒューマン・ダイエット[9]』など）と同じように、『ストーン・エイジ・ダイエット』は、現代の西洋人が、でんぷんが多い加工食品を摂りすぎていることを嘆いている。当時の北アメリカの食事について、ヴェグトリンは批判をこめてこう説明している。「総じて肉は控えめで、その分、ベイクトビーンズ、マカロニ&チーズ、大豆でつくった肉の代用食品、ピーナツバターが並ぶ。野菜もあるが、グレイビーソースをかけたマッシュポテトの山や、巨大なベイクトポテトの前ではかすんでしまう。ほとんどの家でパンとバターを夕食に出す。デザートは昼食と同じ（パイ、ケーキ、プディング、アイスクリーム）で量が増えただけだ[10]」

パレオダイエット支持者によると、このような食べ方が、現在の危機的な肥満をはじめ、2型糖尿病、高血圧、アテローム性動脈硬化症など、さまざまな〝文明病〟の原因となっているという。人間がまだ穀物を食べることに適応していないのが問題というのが、彼らの主張だ。農業が始まったのはたかだか一万年前で、私たちは肉を中心に食べるよう進化してきたので、炭水化物ばかり食べていれば、不健康で危険な道へと進んでしまう。パレオ式で食べられるものは、野菜の種類や量など、細かいところで違いはあるが、どのような形のものでも、肉を中心に食べることと、甘いもののほぼすべてと粉を使った食品を禁じていることは共通している。朝食の一例としては、果物、ポークチョップ、ハーブティー。間食は干し魚、肉とクルミなどだ。

ヴェグトリンは菜食主義を否定し、彼自身が考える人間の進化の歴史に基づき（あとで説明するが、それは間違っている）、ほぼ完全に肉中心の食事を提唱している。「私たちの祖先が、少なくとも二〇〇**万年、おそらくは二〇〇〇万年の間**、肉ばかり食べていたと教えてくれた人はいますか？　人が肉ばかりの食事から離れるようになったのは、ほんの**一万年**前だと知っていましたか？[11]」と、彼は熱っぽく語る。

ヴェグトリンは彼が根拠としている進化の原則を誤って解釈しないよう戒め、次のような話をあげているが、でっちあげであることを願うしかない。

（1）人はサルから進化した。（2）サルはココナッツを食べていた。（3）だから人はココナッツを食べるべきだ。ドイツ人のオーギュスト・エンゲルハートはこんな子どもっぽい三段論法で、弟子たちを集めて、ココナッツだけを食べさせた。この集団は南太平洋の環礁に移住した。ココナッツ食を守らなかった者に対して、エンゲルハートは常軌を逸した厳格さで、投獄や拷問を命じた。第一次世界大戦でイギリス軍がその環礁を占領したとき、その集団の唯一の生存者が見つかった。それはエンゲルハート自身だった。飢えで脚は膨れ上がり、体はできものだらけでひどいにおいがした。彼は環礁から連れ出されてまもなく死んだ。その環礁には魚や貝がたくさんいた。それを食べていれば、すべての〝ココナッツ信者〟たちが、たんぱく質不足や栄養不良、そして死からも救われたかもしれないのに。[12]

言うまでもないが、最近のパレオダイエットの考えでは、菜食主義を一種類の食品（たとえばココナッツ）だけを食べ続けることとみなしてはいない。またパレオ式のファンも、すべての面で祖先の食事をまねているわけではなく、あくまで出発点として使っているというスタンスだ。パレオ式のライフスタイルは多くの人に受け入れられていて、オンラインの非公式ディスカッショングループがいくつも立ち上がり、そこで実践者が意見を交換したり質問をしたりしている。『パレオ式食事：グルテンゼロの家庭料理』『アスリートのためのパレオダイエット：最高のパフォーマンスのための栄養摂取』といったタイトルの、パレオダイエットを特別な方向に応用した料理の本も出ている。

使用する食品や他の決まりの細かさは、驚くほどのレベルだ。しかも本によって指示は違う。オリーブオイルではなくココナッツオイルを使う。いや、ココナッツオイルではなくオリーブオイルを使う。どちらでもなくバターを使う。ナッツは禁止。アーモンドではなくマカダミアナッツならＯＫ。一日に三キロの牛ひき肉は食べてもいいが、スイカの糖分には要注意。暗いときは眠り、明るくなったら起きて、目覚まし時計は使わない（スカンジナビア半島で白夜の夏の間はどうするべきかは書いていなかった）。実践者の一人がパレオ式のネット掲示板に、炭水化物をたくさん摂ると、鼻が丸くなることを心配し、助言を求める書き込みをしていた（「肉と野菜だけ食べていれば、もっと鼻がとがっていたかしら……」）[13]。「原始人の生活に戻ろう運動」を、衣服にまで拡げている人もいる。服にはウール、絹、麻、木綿、どの天然繊維が適しているか（化繊はもちろんアウト）を考え、洞穴でカイコを飼うイメージを思い描いている。また確信はないが、実践者の中には馬の脂身を食べている人もいるらしい。それで本当に私たちの健康問題を解決できるのだろうか。

正しい『パレオダイエット』

最近、私が出席した会議で[14]、『パレオダイエット』の著者であるローレン・コーデイン（できるだけ穀物を食べないことが健康を守る秘訣だという主張がよく知られている）が、進化と医療に興味を寄せる少人数の科学者グループの前で講演を行なった。彼は特定の免疫系の遺伝子に変質がある人が特定の食品を食べたとき、消化や他の健康上、どのような結果を引き起こすかについて詳しく解説してくれた。害になる可能性があるのは、グリーントマトからルートビア（やめるのにそれほど苦労しそうもない）から、パン、米、ジャガイモ（これはやめるのが難しそう）にまで及んだ。たいていの人はこれらの食材を食べても何ともないが、ある遺伝子変異を持つ不運な人だと、〝リーキーガット（腸管壁浸漏）〟という、望ましくない症状が起こることがある。

私はこの話にとても興味をそそられたが（少なくともしばらくの間は、自分の胃腸から何かが漏れだすことはないだろうとたかをくくり）、一つ腑に落ちないことがあった。これらのありふれた食材をうまく消化できないという性質は、自然選択によって消えていてもおかしくないはずなのに、なぜいまだ存在しているのだろう。私はコーデインにそう尋ねた。

彼は不意を突かれたようだった。しかしその答えははっきりしている。この現象が現れたのは、農業が始まったあとなので、完全に適応するだけの時間がなかったのだ。彼のその答えに、私は眉をひそめ「じゅうぶんな時間があったでしょう」と言った。

「しかしまだ一万年しかたってないわけですから」

「じゅうぶんな時間じゃありませんか」と、私はもう一度言った。今度は彼が眉をひそめた。話は平行線のまま終わったが、ここに本書の核心が示されている。コーデインや他のパレオ式支持者たちが理想とする食生活が、本当に〝私たちの遺伝子構造に適合した唯一の食事なのだろうか〟[15]。彼が主張するように「たった五〇〇世代前（そしてそれまでの二五〇万年間）には、地上の人間すべてが、そのような食事をしていた」[16]というのは、本当だろうか？　ラクターゼ活性持続遺伝子が急速に進化し、それを受け継いだ人々は乳製品がうまく消化できるようになったことがわかっている。消化に関連する他の遺伝子はどうなのだろうか。

はっきりさせておきたいのだが、私はパレオ式、アトキンス・ダイエット、地中海式ダイエットを含め、特定の食べ方が健康上、どんなメリットがあるかを議論しようとしているわけではない。また原始時代には、実際どのくらい動物性たんぱく質を摂っていたのか、農業が始まる以前、どのくらいの食物に、どの微量栄養素が含まれていたのかといったことを気にしているわけでもない。またすべてのパレオダイエット実践者が、まったく同じことをしているわけではないし、全員が本当に大昔の食事をまねようとしているわけでもないことはわかっている。

さらに私自身、パレオ式ではどのくらいのヤムイモを食べるのが許されるのかといった、細かいことに興味をそそられているのを、戸惑いながらも認めるしかないが、どんなダイエット法でも（絶対的菜食主義、ふつうの菜食主義、オーガニックなど）熱心すぎるほどの支持者が現れ、かなり過激になることがあることにも気づいた。パレオ式支持者の多くにとっての不満は、ご立派な菜食主義者から批判されることだ。あるブログのコメント欄に「すべてわかったうえで、一〇年間、穀物も砂糖入りの加工食品も食べていないと言うと、人間は穀物なしには生きられないから、食べなければいけないとよく説教される（そういう人はたいてい太り気味で、いろいろな病気について不平をもらしている）」とあった。[17]たしかに主に赤身の肉を食べ、できるだけ加工食品を避けていれば、少なくとも一部の人にとっては健康的だろう。スナック菓子を食べ、コーラを飲んでいるよりははるかにいい。問題は、さまざまな形のパレオ式の食事が、本当に人間の祖先が食べていたものと同じなのか、そしてそれが二一世紀に生きる私たちの手本になるのかどうかだ。

ダイエット方法のランキング

パレオダイエットの質についての研究でも、その評価は一貫していない。二〇一一年に『U・Sニュース＆ワールドリポート』が、医師や食物科学や栄養学の教授など、二二人の専門家に依頼してダイエット方法のランク付けを行なった。有名なものもあまり知られていないものも含まれていたが、低脂質ダイエット、低糖質ダイエットなどとともに、パレオダイエットも対象になっていた。[18]そして「それぞれのダイエット法を、次の七つの面から評価した。（1）実践が容易か（2）短期的な減量効果（3）長期的な減量効果（4）適切な栄養摂取（5）安全性（6）糖尿病予防と管理（7）心臓病予防と管理。またそれぞれのダイエット法で、気に入っているところと好きでないところをあげて議論し、どれかを試そうとしている人が知っておくべきことをアドバイスしてもらった[19]」。

そこではパレオダイエットを次のように説明している。「人間が狩猟採集をして生きていた時代と同じものを食べる。動物性たんぱく質や植物……原始人が食べていなかったものは食べてはいけない。精製した糖、乳製品、豆、穀物（これは農業による大革命だった）にはさようなら。肉、魚、鶏、野菜よ、こんにちは[20]」

評価の結果はというと、パレオダイエットは最下位の二〇位だった。「専門家はあらゆる尺度でこのダイエット法を批判した。どの面においても（減量、心臓病予防、実践が容易か）、ほとんどの専門家は他の方法をさがすべきだと結論した。『本当のパレオダイエットが可能なら、それはすばらしいと思います。脂肪の少ない肉、たくさんの野生の植物』とある人は言ったが、すぐにこう付け加えた。けれども今の時代に、そのような食事を再現するのはとても難しい[21]」。この章でのちほど詳しく説明するが、現代の食物は昔のものに比べて脂肪と糖が多い。パレオ式の熱烈な支持者の、少なくとも一部は、その難しさを認めている。

パレオダイエットの効果を、被験者を集めて、体重などいくつかの基準で測定する研究はいくつかあった。しかし残念ながら、すべてのダイエット法に共通することだが、パレオダイエットも対照実験を行なって比較するのが難しい。ある試みでは二〇人の健康な被験者を集めて、三週間、パレオ式の食事を続けてもらい、その前後に体重、胴回り、コレステロール値、血糖値などを測定した[22]。三週間、続けられたのは一四人だけだったが、体重は平均二・三キログラム、胴囲は〇・五センチ減（被験者は初めは肥満ではなかった）。血中カルシウム濃度は五〇パーセント以上、低下した。被験者は乳製品を食べられず、許容された食品から、特定の栄養素を摂取する方法を教わっていなかったのだから、これは驚くことではない。

イギリスの国民保健サービス（ＮＨＳ）はこの結果を分析し、パレオ式の食事の効果が確認されたと広く報告されたが、ＮＨＳ自体は手放しで認めていなかった[23]。対照実験（別の被験者に違うタイプの食事を摂ってもらって結果を比較する）が行なわれていないので、判断が難しいことを指摘した。ＮＨＳはまた、被験者の三〇パーセントが脱落したことを受け、ほとんどの人にとっては実践が難しいかもしれないと示唆した。つまりパレオダイエットに効果はあっても、文明病を治す万能薬ではないということだ。

モグラネズミと原始人の関係

マンガで描かれる原始人はマンモスの肉ばかりを食べているが、私たちの祖先は肉ばかり食べていたというヴェグトリンの大胆な主張は間違っていることがわかった。類人の化石の分析結果から、しっかりとした小臼歯は種子を割る、あるいは地中にできるでんぷん質の多い塊茎や球根を噛みくだくのに使われていたことが示唆された。もう一つ、昔の食生活についての珍しい手がかりが、人の化石ではなくモグラネズミの化石で発見された。モグラネズミとは弾丸のような形をしたげっ歯類で、地中のコロニーに精巧なトンネル網をつくり、ジャガイモのように肥大した野生植物の根から、食物と水分の両方を得る。

塊茎から遠く離れるとモグラネズミは空腹でみじめな生活をおくることになるので、モグラネズミの集団の化石が発見されたということは、近くの地中に食物源があったということだ。そしてモグラネズミの化石は、類人の骨と同じ場所で見つかることが多く、その頻度は偶然のレベルを超えている。つまり大昔の人間もそうした植物の根やでんぷんの多い食物を利用していたと考えられる。おそらくそれはほとんど、食物が不足したときの〝緊急用〟だったと思われるが、たとえそうであっても、狩りができない時期に生き抜くための糧となったはずだ。

初期人類がでんぷん質の食物を食べていたという発見は、パズルの一ピースだ。私たちの祖先の食生活がどのようなものであったかを調べるためのもう一つの情報源は、狩猟採集をしていた祖先と同じと思われる生活をおくっている人たちの食生活だ。第二章で述べたように、現代の狩猟採集民を古代人の代理とみなすべきではないという声は多いが、それを頭に留めていれば、食物を捕獲したり採集したりするさまざまな文化で、多様なもの（動物と植物の両方）を食べていることを理解できる。この多様さは、人間が住んでいる土地の気候や環境と固く結びついていると言っても、驚きはしないだろう。北方の人々は肉を多く食べ、植物性のものは少ない。海岸沿いの地域は魚を食べる。

人類学者のフランク・マーロウは、南米の最南端からアラスカ北部、そしてオーストラリア東部からアフリカまで、世界中の四七八の人間集団について、住んでいる環境と食事パターンを苦心して調査した。[24]主に植物性のものを食べるかどうかは、世界のどこに住んでいるかで変わると、彼は指摘している。アジア、ヨーロッパ、アフリカといった旧世界の採集民は、食料の多くを動物や魚の狩猟ではなく、植物の採集で得ている。新世界のアメリカではこれが逆になる。しかし後者でも、食料のほぼ三分の一は植物由来のもので、私たちの祖先はもっぱら肉を食べていたという主張とは矛盾する。気候も重要で、赤道付近の暖かい地域に住む人は、食料の大部分を採集によって手に入れる。厳しい気候の土地では、果物をはじめ植物を集めるのがいかに困難かを思えば、これは予想通りだろう。

マーロウの調査で特に興味深いのは、狩猟に弓矢を使う文化と使わない文化の間の違いだ。弓は槍よりもはるか遠くから動物を殺せるし、より大きな獲物を仕留めることができる。その結果、肉の摂取量が増えたということは考えられる。それで古代の社会に弓が定着してから、人口の増加が加速したのではないかと、マーロウは推測している。彼はさらに、もし現代の狩猟採集民を大昔の人間のモデルとして使うなら、弓矢を使わない集団を選ぶべきだとも言っている。それが私たちの祖先に一番近い生活だ生活が、お決まりの狩猟採集民のイメージと少しずつ異なっていることを示す例でもある。そしてこれは、農業が始まる以前の人々の進歩だが、社会の食物の基盤を大きく変える可能性がある。弓の使用は意外に単純なからだ。そうなるとオーストラリアやタスマニアの先住民ということになる。

肉ばかり食べていたわけではない

弓矢での狩猟が持つもう一つの重要な意味は、大昔の人々が最初は肉ばかり食べていて、あとになってでんぷんを多く含む植物素材が加わったわけではなく、この新しい技術が導入されてから、肉の割合が高まった可能性があるということだ。それはほんの三万年前のことだ。他の人類学者も、人が肉をたくさん食べるようになったのは、他の霊長類の祖先から分岐したときからだとしている。これらすべてから言えるのは、第一に、多くのパレオダイエットの支持者の主張とは逆に、古代人は肉ばかり食べていたわけではないということだ。したがってそれが今の私たちにとっても、いちばん適した食事というわけではない。第二に、私たちの祖先の食生活が、過去一〇万年は言うまでもなく、過去一万年の間に、何度も大きく変化したのは間違いない。農業が始まる前にもだ。

人々が何を食べていたかは、彼らの時間の過ごし方、そしてこの点における男女の違いとも密接に結びついている。男女の役割分担に関するパレオファンタジーについては、本書の七章で論じるつもりだが、男と女が手に入れる食物の相対的な量について、ここで触れておく価値があるだろう。これも文化によって違いがある。もう一つ弓の出現と関係があるのが、男性が大きな獲物を殺し、一家の食物の多くを供給できるようになったということだ。弓が現れる前、男は肉以外の食物（たとえばはちみつ）を集めていたが、食物の大半を供給していたのは女性だったのではないかと、マーロウは推測している。彼が例としてあげたオーストラリアの先住民では、そのようなケースが見られた。

カリフォルニア大学バークリー校の霊長類学者であり、人類学者でもあるキャサリン・ミルトンは、現代の類人猿やサルだけでなく、古代の狩猟採集民の食生活について幅広い研究を行ない、論文を執筆している。彼女は「現代人にとって〝最適な食事〟を評価するのは難しい。人間はさまざまな食べ方をしてきたし、今でも多くの食事スタイルがあり、それぞれ違いはあってもうまくいっているからだ[25]」と指摘している。さらにこうも言う。「一部の狩猟採集社会が、野生の動物の脂肪とたんぱく質で、ほとんどの食料エネルギーをまかなっていたとしても、それが現代人にとって最適な食事というわけではないし、現代人がそのような食事に遺伝的に適応しているわけでもない[26]」。ミルトンはまた、パレオダイエット推進派が狩猟採集民の食事におけるたんぱく質や飽和脂質などの栄養比率を計算し、それをまねようとしていることに異議を唱え、現代の狩猟採集民が幅広い食物を食べていること、そして大昔の人の食事については詳しい情報がないことを指摘している。

たとえ祖先が本当に食べていたものがわかったとしても、それが役に立つわけではないと、ミルトンは言う。祖先がそうした食物に適応していたようには思えないからだ。「旧石器時代の狩猟採集社会で何が食べられていたにしても、人間の栄養所要量や消化機能に対して、そのような食事が人間の進化のどんな時点でも大きな影響を与えたという証拠はない[27]」。人は進化史の中で、体が環境に完全に適応した状態に到達し、その後（きっかけは農業の開始、弓矢の発明、ハンバーガーの出現であれ、なんであれ）そこから逸脱したという考え方の根本には、進化についての誤解がある。私たちが何を食べて元気に生きるかは、霊長類としての三〇〇〇万年以上の歴史によって決まっていることだ。最近、短期間のうちに起きたことによって決まったわけではない

ミルトンはすぐに、多くの文明病が食生活とは関係ないというわけではないし、狩猟採集民ではなく、さらにさかのぼって現代のゴリラやサルを見習うべきだという意味ではないとも指摘している。私もそ

れに心から同意する。パレオダイエット支持者が正しいなら、たんぱく質を多く摂る狩猟採集民は、植物やでんぷんを多く摂る文化圏の人々より、肥満や高血圧などの現代的疾患にかかりにくいはずだが、そのような主張を裏付ける証拠はない。たしかに狩猟採集社会にその手の病気はあまり見られないが、肉をたくさん摂ることで病気予防ができるなら、もっと一様になくなるはずだ。西洋の食事の最大の問題は、カロリー密度にあると思われる。ビッグマックは同量の果物や獣の肉に比べ、カロリーがとても高い。カロリー密度が高いものは、それほど大量と感じなくても、食べ過ぎてしまうことが多い。

食事に含まれる炭水化物の相対的な割合は、私たちの健康のある面に大きく影響する。それは歯だ。しかしこの問題が生じたのは、農業が始まったからではなくもっとあとのこと、産業革命によって白砂糖と加工食品の摂取が増えたためだ。ノースカロライナの国立進化統合センターで二〇一二年に行なわれた会議では、現代人の歯の健康と、メキシコのマヤ族のように現代でも伝統的な食事をしている民族、そして化石から発見された私たちの祖先の歯の比較調査が報告された。工業化社会では、他の二つの集団よりも虫歯が多いだけでなく（一九四〇年代のオーストラリアのアボリジニは〝美しい歯を持っている民族〟と説明されていた）、あごの形も違い、不正咬合や歯の重なりも見られた[28]。大昔の人々や繊維質の多いものを食べる人々は噛む回数が多いため、あごの骨と筋肉組織の発達が違ってくる。

昔の口腔衛生を研究している科学者は、パレオダイエットで虫歯や歯並びの問題を解決することはできないと釘を刺している。アーカンソー大学のピーター・アンガーは、人類学者と同じ意見で次のように語っている。「現在の私たちの歯とあごは、単独の環境で進化したわけではない。原始人の食生活も一つではない。それでも私たちの祖先は歯をミルクシェークまみれにするようなことはしなかったと認める必要がある[29]」

品種改良された食べもの

今の私たちがもっとパレオ式の食事をしたいと思っても、はたしてそれは可能だろうか。狩猟採集生活をしていない私たちが手に入れられる食物はほぼすべて、旧石器時代に生きていた祖先のものとは大きく違っている。これはアイスクリームや菓子パン、小麦のことではなく、調理されていない素材――肉、果実、野菜などのことだ。

パレオ式の支持者の多くは、野生動物の肉、それが無理でも赤身の肉を食べることを勧める。これは筋が通っている。同じ動物でも家畜として育てられたものと野生のものとでは、含まれる脂肪の量が違うのだ。たとえばテキサスA&M大学の動物科学部の研究によると、一一三グラムのオジロジカの肉に含まれる脂肪が二・二グラムであるのに対して、同じサイズの特に脂肪の少ない牛挽肉では一八・五グラムだ[30]。キジやウズラといった狩猟鳥のカロリーは、販売されている牛肉や豚肉の約半分である。食用にされる家畜動物は当然、速く育ち、病気の抵抗力があり、野生で生きていたときより大きな集団でおとなしくなるよう、選択交配によって品種改良されている。これらの性質は、人間にとって最適な栄養源という目的と両立することもあれば、しないこともある。これは現代の肉それ自体が不健康だと言っているわけではない。ただ原始人と同じように食べようと思ったら、スーパーマーケットでは、精肉コーナーでしか買い物しないというだけではすまないのだ。

スーパーに並んだ野菜や果物にも問題がある。一般に食べられている果物や野菜はほぼすべて、何代にもわたり農家で品種改良された産物である。それは自分の家で育てたものでも、スーパーマーケットで買ったものでも同じだ。たとえば大昔のジャガイモはもっと苦く、ごつごつした根の塊でアイダホポテトに比べると取るに足りない大きさだった。中央アジアのカザフスタンが原産とされるリンゴの祖先は、マイケル・ポラン（アメリカのジャーナリストで美食家）に言わせると「皮に包まれたぶよぶよしたブラジルナッツ」で「その苦さは、あとで思い出しても胃がむかむかするほどだ」[31]。現在のトウモロコシの起源はテオシント(和名はブタモロコシ)と呼ばれるメキシコ産の草で、およそ九〇〇〇年前に生まれた。その大きさと形はイネの穂を思わせ、軸にみっちりと黄色い粒が並んでいるようなものではない。野生のサルや類人猿にならって、それらの動物と同じものを食べようとした研究者は、同じように不快な結果を報告している。

もちろんまんざら悪いニュースばかりでもない。ミルトンが何頭かのサルが食べていたパナマ産の野生の果物一八種類について調べたところ、平均六・五パーセントのたんぱく質が含まれていた。スーパーマーケットに並ぶ、品種改良された果物では五パーセントを少し超える程度だ[32]。アフリカのチンパンジーが食べる果物を同様に分析したところ、たんぱく質は一〇パーセントを超えていた[33]。また野生の果物には虫やほかの昆虫が侵入することがあり、たんぱく質、ビタミンやアミノ酸など、果物そのものには存在しない微量栄養素が加わることがあると、ミルトンは言う。そしてたとえ品種改良をしていなくても、熱帯性のトゲバンレイシの仲間など、大きく甘く果汁の多い果物もある。

ジャガイモの毒性

最近の食物は、加工してあろうとなかろうと、祖先である野生のものとはかけはなれているということが問題なのだ。人々はカロリーを増やしたり、運びやすくしたり、単にもっとおいしくしたりするために、品種改良を重ねている。パレオダイエットの熱烈な支持者もそれは認めていて、ネット上の掲示板では、もっと甘味の少ない果実、たとえばアボカドを食べるべきといった議論が活発に交わされている(その意見については別の投稿者が、アボカドの原型は基本的に大きな種子のまわりに果肉が薄くついているようなもので、食べるところはあまりなかったとコメントしている)。現実には、私たちは祖先が食べていたのと同じものを食べてはいない。それを望まないからではなく、おそらく不可能だからだ。

穀物と穀物からつくった食品を避ける以外にも、パレオダイエット信奉者はでんぷんが多い野菜や塊茎、たとえばジャガイモを食べないよう気をつけている。サツマイモは他の野菜よりはいいと言われているが、違う意見も多い。イモはすべて避けるというあるブロガーは、次のように書いていた。「まとめてしまうと、塊茎には三つの問題がある。（a）毒性物質が含まれる（b）炭水化物が多い（c）まだわかっていない問題[34]」。要するに最低二つ、（c）をどう考えるかによって、無限の問題があるということだ。けれども私から見て興味深いのは（a）だ。塊茎をはじめ、自然のままの食物の多くに毒性物質が含まれている。

ジャガイモは毒を持つものが多い危険なナス科の植物で、葉や実に有毒な化合物が含まれる。その一つがソラニンで、胃腸障害を引き起こす可能性があり、大量に摂れば昏睡状態に陥り、死に至ることもある。ジャガイモそのものにはそうした物質は含まれないし、毒を含む葉や他の部位をよほど大量に食べなければ、具合が悪くなることはない。それでも安全な食べ方を知らなければ、体に不調をきたす可能性があるというのは、興味深い問題だ。そもそも私たちの祖先は、ジャガイモが食べられると、どうして知ったのだろうか。他の植物性の食物、たとえばドングリは、毒を抜くのにかなり手間がかかる。アメリカ先住民はドングリを挽いて粉にする前に、有毒なタンニンを除去するため何度も洗っていた。

もともと食べられなかったものを、おいしい食物にする方法を、昔の人はどうやって見つけたのだろうか。必要は発明の母と言うが、発見までの過程とその間の失敗（おそらくは死をともなっていた）については、まだわかっていない。エモリー大学の人類学者、ジョージ・アーメラゴスは、独特な調理法は、毒や危険な食物を食べる可能性を減らすために発達したと主張している[35]。そこにも、大昔の人間が臨機応変な食べ方をしていたことが表れている。ヒト属の進化から農業の出現までの時代を通して、果実、ナッツ、塊茎、肉など、相対的な比率はともあれ、食べ方は一つではなかった。異なった土地では異なったものが食べられていて、人間はそれらをさまざまに品種改良し、その多様性の中を前に進んできた。

「食べ物で唾液は変わる」

さまざまな形の炭水化物を消化する能力はラクターゼ活性持続よりも複雑で、より多くの生化学、生理的プロセスが関わっている。少なくともこの一点で、人はでんぷんを食べるように進化したと言える。それも比較的、最近のことだ。場所が変われば、食べるものも変わる。たとえば日本人は何千年も前からコメを食べてでんぷんを摂取しているが、はるか北のシベリアに住むヤクート族は、狩猟と漁獲で食物を得ている。

最近の研究で、ジョージ・ペリーと同僚は、意外に単純な質問をしている。これらの二つの集団、また他にもある似たような集団では、違った食生活に適応するための性質が進化したのだろうか。お母さんから注意されたとおり、食べ物をよく嚙むことは、きちんと消化するために重要だ。その理由の一部は、唾液に含まれるアミラーゼという酵素がでんぷんの分解を助けるからだ。唾液のアミラーゼは、食べ物を飲み込んだあと、胃や腸でも残っていて、すい臓にあるアミラーゼがさらなる消化を促進する。下痢になったときは、唾液によるでんぷんの消化、ひいてはアミラーゼの存在は重要だ。そのような症状が出ているときは、食物が腸でじゅうぶんに消化できないからだ。

ペリーらはでんぷん摂取量が比較的多い地域と少ない地域の人間の集団で、アミラーゼ遺伝子に違いがあるかどうか調べた。でんぷん摂取が少ない集団としてはアフリカの二つの狩猟採集民、一つの牧畜民、そしてヤクート族、多い集団はヨーロッパ系アメリカ人、狩猟採集民であるタンザニアのハツァ族（でんぷんの多い塊茎を主食とする）、そして日本人だ[36]。共通して食べられているものもあるが、それでも食事内容は相当違っている。

彼らが調べたのはアミラーゼ遺伝子の構造そのものではなく、それぞれのカテゴリーの人々のゲノム内でのコピーの数だ。多くの遺伝子と同じように、アミラーゼ遺伝子は重複しやすく、複数のコピーを持つ人もいれば、まったく持たない人もいる。一人の人間は両親から決まった数のコピーを受け継ぐ。それは生まれたときに決まっていて一生の間に変化することはない。重複が起こるかどうかは、それが有利かどうかで決まる。遺伝子の働きによって、重複の影響がほとんどない、あるいはまったくない場合もあるが、アミラーゼに関してはコピー数が多いほど、でんぷん質の食物をうまく消化できる。でんぷんを含む食事を摂る人々にとっては明らかに有利な性質だ。ペリーはでんぷんの摂取量が多い集団のほうが、肉や魚を主に食べる集団より、アミラーゼ酵素のコピー数が多いと予測した。それは正しかった。でんぷん摂取量が多いグループでは、七〇パーセント以上の人が、少なくとも六個のアミラーゼ遺伝子を持っていたが、でんぷん摂取量が少ないグループでは、その遺伝子を持つ人の割合が三七パーセントまで低下する。

でんぷんの摂取量が多い人のほうが、アミラーゼ遺伝子のコピー数が多くなるよう進化するという考えを裏付けるのが、チンパンジーの唾液に含まれるアミラーゼの量が、人間の六分の一から八分の一という発見だ。チンパンジーが食べるものには、でんぷんが少ない。パリのパスツール研究所のエチエンヌ・パティンとルイ・クィンタナ・ムルチは、私たちの共通の祖先や初期人類も、アミラーゼ遺伝子のコピー数は少なかっただろうと述べている[37]（彼らの論文の一節のタイトルは〝食べ物で唾液は変わる〟で、この節の見出しはそれを拝借した）。そして食事に含まれるでんぷん量が増えるにつれて遺伝子のコピー数が増え、農業を営むようになった人々が、その新しい食物をうまく利用できるようになった。オオムギやコメなどの穀物がつくられるようになったのは、もっと効率的にでんぷんを消化できるよう進化してからだろう。

興味深いことに、チンパンジーやその近親であるボノボは、それほど多くのアミラーゼをつくらないのだが、アジア・アフリカ、ヨーロッパの、いわゆる旧世界に住むマカクやマンガベーといったオナガザル類は、かなりの量のアミラーゼをつくる。ペリーらはそれらのサルがでんぷんの多い物、たとえば熟していない果物を消化する助けとして、アミラーゼを使っているのではないかと推測している。そのような食物をほお袋にためておくのは、この種のサルにしか見られない習慣だ[38]。

初期人類がどのくらいアミラーゼ遺伝子のコピーを持っていたのか、時間をさかのぼって調べることはできないが、少なくとも理論的には次善の策を講じることはできる。つい最近まで、タイ北部とラオス南部の人里離れた山に住む小さな民族であるムラブリ族は、遊牧をしながら狩猟採集生活をおくっていた。しかし彼らの言語と文化、彼らと親類関係にある地域の民族との間の遺伝子の類似性を見ると、おもしろい歴史が浮かび上がってきた。太田博樹とその同僚らによると、ムラブリ族はかつて農耕生活をしていたが、採集生活に〝立ち返った〟と言う。それはおそらく農業を始めた集団が小さすぎて、作物を植えたり収穫したりすることがじゅうぶんにできなかったためだろう[39]。その変化がいつ起こったかによるが(データによると五〇〇年前から一〇〇〇年前)、ムラブリ族は他の狩猟採集を行なう集団から離れ、農耕生活をしていた名残で、思った以上の数のアミラーゼ遺伝子のコピーを持っている可能性がある。

農業の厄介な遺産

農業が発達してから、食物に関わるどの遺伝子が変化したと考えられるだろうか。パスツール研究所のルイ・クィンタナ・ムルチはＮＡＴ２（Ｎ－アセチルトランスフェラーゼ２）と呼ばれる酵素についても研究している。この酵素は最初、高血圧や結核の治療に用いる代謝用薬とされたが、植物や調理肉の毒素を分解するのにも重要な物質だ。ＮＡＴ２をコードした遺伝子にはいくつかの型があり、一つは祖先が農耕生活をしていた人々より、狩猟採集を行なっていた人たちの間に多く見られる。

クィンタナ・ムルチとその同僚たちは、ＮＡＴ２の変異は二つのタイプの個体群での葉酸の存在と関係があるはずだと考えている。[40] 葉酸は、流産や先天異常、特に二分脊椎を防ぐとしてよく知られている。妊娠した女性は葉酸のサプリメントを摂るよう勧められることが多い。葉酸は植物の葉やレバーに含まれているが、主に穀物を食べている農耕民族では、どちらも大量に食べられていたとは思えない。

ＮＡＴ２は体内の葉酸を分解するのにも用いられる。ということは、葉酸の処理速度をあげる遺伝子変異は、食事に含まれる葉酸が少ないときは不利に働く。水流の量が減っているときに、ざるの目を大きくするようなものだ。そのため農業が始まったあとでは、働きが活発でないＮＡＴ２のほうが、自然選択で有利になった可能性がある。一方、葉酸の摂取量がじゅうぶんなら、それを効率的に代謝することで、狩猟採集民の先天異常や流産を減らす助けとなる。オードリー・サバが率いる研究チームは、一二八の違った集団の一万四〇〇〇人のＮＡＴ２の変異を調べ、この考えを裏付けるものを発見した。葉酸が多いときＮＡＴ２は有用だが、少ないときは有害になるという予測どおり、狩猟採集民のほうが、活発に働く遺伝子を持つ確率がはるかに高かった。[41]

同じようなトレードオフは味覚でも見られる。人間は特に苦味には敏感だ。野生の植物に含まれる毒性化合物に苦いものが多いことを考えれば、これは便利な能力だ。そして苦味の感度の人による違いには、いくつかの遺伝子が関わっている。通常は苦味に敏感なほうが、たくさん食べる前に有毒なものを避けられるので有利だ。しかし中央アフリカの一部の地域では、でんぷんが多くてやや苦味のあるキャッサバという根を食べることが多いにもかかわらず、住民たちは苦味をあまり感じなくする遺伝子を持っている。キャッサバに含まれるある化合物が分解するとき、シアン化合物が放出される。それが大量に生じると明らかに有毒である。ところが食物にじゅうぶんな量のたんぱく質があると、少量のシアン化合物には耐え、体に入ってすぐに命に関わる事態にはならない。苦味を感じさせない遺伝子変異は今後も存在し続ける可能性がある。というのも、その変異を持つ人は、その地域の風土病であるマラリアに対する抵抗力が高いからだ。その変異の分布には、アフリカのマラリア原虫の分布が反映されている。おもしろいことに、苦味のあるその土地の植物の一部は、抗マラリアの働きを持つ。つまりそれらの植物の苦味をあまり感じない人は、より多く摂取しようとするのかもしれない。

食べ方を示すDNA

こちらの遺伝子、あちらの酵素をそれぞれ分析する方法にも利点はあるが、食物によって遺伝子に起こる最近の変化の問題に対して、研究者の多くはより多岐にわたるアプローチをとっている。現在の遺伝学のツールによって、科学者はゲノム（すべての遺伝子の集まり）をいっぺんに調べられるようになった。少なくとも食生活や祖先が異なった個体群で、ゲノムのかなりの部分を比較できる。これらの技術によって、ラクターゼ活性持続やアミラーゼに関わる変化よりも、かすかな遺伝子変化、つまり単独の劇的な変化ではなく、多くの遺伝子がともに働くことで起きる変化を明らかにできるようになった。

基本的な考え方は単純である。遺伝子は通りに並ぶ家のように、染色体の上に存在していて、隣の遺伝子との距離が近い部分も離れている部分もある。他の生物と同じく、人の染色体も二本一組で、それぞれの対立遺伝子からなる。精子と卵子は一本の染色体しか持たないので、結合して子どもをつくると、その子は通常の数の染色体を持つ。しかし染色体のペアが離れる前に、向かい合った位置にある遺伝子が入れ替わるときがある。家の比喩を続けると、通りの片側にある偶数番号の家と、向かい側にある奇数番号の家が入れ替わるようなものだ。この遺伝子組み換えがあるために、同じ親から生まれた子どもが、半分のＤＮＡは母親から、もう半分は父親から受け継いでいるのに、互いに違っているわけだ。ふつう遺伝子はいくつかのＤＮＡ配列がつながった、大きな塊ごと入れ替わる。ＤＮＡが近くにあるほど、その二つが一緒に組み換えられやすい。再び家でたとえると、同じブロックにある家のほうが、隣のブロックにある家よりも、長くまとまって動くことが多い。

穀物をうまく消化するための新しい遺伝子が、ある個体群で生じたと考えてみよう。そのような遺伝子はその持ち主に利益をもたらすため、穀類を食べる人の子ども、さらにその子どもへと遺伝子が引き継がれ、急速に広がると思われる。しかしその遺伝子の隣の遺伝子も、組み換えのとき分かれることなく一緒に受け継がれる。

これが何を意味するかといえば、世界の異なった地域に住み、歴史的に異なった食物を食べてきた人々、あるいは人間とその近親であるサルのゲノムを調べ、変更なく受け継がれてきた大きめのＤＮＡの塊が存在する徴候をさがせばいいということだ。自然選択がある遺伝子に有利に働き、進化の過程で近隣の遺伝子がそれにともなって運ばれたときにしか、そのようなことは起こらない。塊が特定できれば、その中の遺伝子の働きを見極められる。たんぱく質の代謝に関わっているのだろうか。植物性化合物の解毒をするのだろうか。こうした変化が大量に見つかれば、私たちの遺伝子は食生活の変化の新たな選択圧に反応して、比較的、急速に変化してきたということになる。

これらと同様のテクニックをもちいて、シカゴ大学のアンナ・ディ・リエンゾと同僚たちは、人間は住む場所によって、少なくとも祖先が住んでいた場所によって、食物の代謝や環境に適応するために遺伝子に違いがあることを発見した[42]。たとえば極地に住む人々の遺伝子には、寒さのストレスに対処する能力が見られ、狩猟採集民は食べる物が特化された農耕民族よりも、多くの種類の食物に適応しているようだ。根や塊茎の解毒作用がある肝臓酵素は、極地以外の、食料の大半を狩猟以外でまかなう地域で広く見られる。これは穀類消化に関わる遺伝子も同じだ。

こうした現象を扱う科学的分野が注目を集めているが、まだ始まったばかりである。ＤＮＡの配列は調べられても、どこがどのような機能を持つのか当てはめるのは一筋縄ではいかない作業だ。多くの遺伝子が食に関する特定の能力に少しずつ関わっていれば（ラクターゼ活性持続やでんぷんの消化に関わるものとは違い）、それらすべてを追跡するのは非常に困難だ。それでも人間が世界中に広がり、農業が始まって以降、私たちのゲノムに数多くの変化があったことが、強力な証拠によって示されている。そのためどの時代の食べ方が人間にとって最も適しているのか決めるのは難しい。

日本人だけが持つ腸内微生物

私たちの食の進化についての最新の発見は、人間の遺伝子ではなく、私たちのそばにいる微生物にあった。それは私たちの胃や皮膚の中、さらには周囲の土や空気の中にいるものも含まれる。食物を消化するとき、私たちはそれを自分自身で行なっているわけではない。とはいっても、一緒に食卓を囲んでいる家族の話でもない。腸内バクテリアが消化を助けるのだ。ヨーグルトなどの発酵食品が、そのバクテリアに影響を及ぼすのは、よくご存じだろう。けれども現実ははるかにドラマチックだ。私たちの体内には細胞より多くの微生物がいる。その比率はおよそ一対一〇だ。微生物は免疫システムの一部や感覚器官、消化管に存在し、私たちはそれなしで生きることはできない。それらのＤＮＡの破片が、私たち自身のＤＮＡと混ざり合っているのだ。

この微生物との交わりで、食による人間の進化の方向も決まったのかもしれない。最近、ヤン・ヘンドリック・ヘヘマンとその同僚が、食事方法によって遺伝子が変化するメカニズムを新たに考え出した[43]。日本人は他の集団よりも多くの海藻を食べる。一人あたりの一日の平均摂取量は一四グラム強だ。海藻にも微生物が棲みついていて、その中には海藻の炭水化物の一部を分解する働きを持つものもいる。大きくて複雑な生物と違い、異なる集団の微生物は、互いの遺伝子を組み換えることができる。それは生殖ではなく、遺伝子の水平伝播と呼ばれるプロセスだ。この方法で、海藻の微生物が海藻を大量に食べる人の腸バクテリアへと移動したらしい。そのため日本人の腸内細菌叢では海藻の微生物の遺伝子が見られるが、北アメリカ人では見られない。しかし日本人が寿司を食べていただけで、その遺伝子を獲得したわけではない。日本で行なわれた調査の被験者の一人は、まだ固形物を食べていない乳児だったので、それは確かだ。

腸内に存在する微生物が新しい食物を食べる力に影響を与えるかどうかを知るヒントは、ラクターゼ活性持続遺伝子を持たなくても、乳製品を消化できる人がいるという発見にあった。そういう人が乳製品を消化する微生物を獲得した可能性はある。そのような遺伝子伝播と、体内の目に見えないところにいる相棒と人との相互作用によって、環境への急速な適応への新たな道が示された。微生物学者のジェフリー・ゴードンはこう言う。「腸内微生物のコミュニティは、代謝臓器と見なすことができる。臓器の中の臓器ということだ……。それはディナーパーティーに、主催者が持っていない調理道具を持っていくようなものだ[44]」。私たちの食べ方が変わると、体内の生物も変わる。それでもっと違った種類の食物を食べられるようになる。石器時代の原始人は現代の食事を異質だと感じるだろう。それだけでなく私たちの体内の微生物（もし見ることができたら）についても、少なくとも風変りだと感じたはずだ。

遺伝子が海藻と私たちの細菌叢の間を移動するという考えを、おもしろいと思うかどうかとは関係なく、最近の食の進化についての発見が、祖先の食事についてどんな意味を持つか、多くの人が本当に知りたがっている。その答えは、人間にとって唯一の〝自然な〟食品を見つけたと主張できる人はいないということだ。低糖質信奉者であろうと、ベーコンの脂が大好きな人であろうと、オーガニック食品のファンであろうと、それは変わらない。人は過去に多くの種類の食物を食べ、多くの新しい食物に適応してきたので、結論を出すことはできない。もし個人の食事に関わる遺伝子の特徴を明らかにする遺伝子ツールが開発されたら、ある人々が特定の食事に適応しているかどうかを調べることは可能になるかもしれない。しかしそれはまだ先の話だ。

第六章　石器時代エクササイズ

私たちの体が石器時代に適しているのなら、どんな運動をすべきなのか？　マラソンか短距離走か、「積み重ねた石を運ぶ」ことなのか？

　食べる物がその主体の姿かたちなどの特徴を画定することは間違いない。これは人間だけでなく、他の生物でも同じだ。動物を肉食動物と草食動物に分類するのもその表れだ。では次は人の運動について考えてみよう。最近人気らしい、あのおかしな手袋のような形をした五本足シューズは、脳が大きく体毛が少なく、他の哺乳類より汗をかきやすい人間にとって重要な意味があるのだろうか。少なくとも一部の科学者によると、おおいに関係があるという。そして少なくとも一部の有力なランナーによると、こと履物に関しては少ないほどよく、靴は履かないか、あるいは最小限のものが自然の歩みに近くなり、けがも少なくなるという。さらに私たちの動き方、特に走り方には、人間の進化の中で受け継がれてきた特殊性がよく表れているのかもしれない。しかし私たちに最も適した走り方はマラソンのような長距離走なのだろうか、それとも短距離走なのだろうか。あるいはどちらでもないのだろうか。また旧石器時代に生きていた祖先のほうが、私たちより速く強く健康だったのだろうか。

積み重ねた石を運ぶ

ニューヨークタイムズ紙で紹介された〝新時代の原始人〟は、食事だけでなく運動の面でも、なんとか祖先をまねようとしている。[1]クロスフィットという健康プログラムに律儀に取り組む人もいる。これは筋力と心機能トレーニングを組み合わせたもので、自重トレーニングを含み、他のトレーニングほど決まった形はない。もともとの理念には「同じことの繰り返しは敵」や「トレーニングは短時間に集中して」などがある。[2]大昔の状態、いわばパレオ式のライフスタイルをまねているようには見えないが、クロスフィットは「戦闘、サバイバル、多くのスポーツ、そして日常生活」に有益であることをうたい、[3]特定のスポーツやトレーニングの種類を専門に行なうことには反対している。典型的なメニューは、懸垂、腕立て伏せ、スクワット、ランニング、それからもっと特殊な〝ピストル〟、〝サムソンズ〟と呼ばれる運動で、その強度と負荷はその人のレベルによって変わる。

他のもっと自然な活動の唱道者としては、アーサー・ディヴェイニーがいる。「エボルーショナリ・フィットネス」というブログの著者で、七〇代半ばだが、その驚くほど健康な外見は、年齢が半分の人にもうらやましがられそうだ。多くのパレオ式信者と同じように、ディヴェイニーも「私たちの体と頭は一万年以上前の環境に適応しているという前提から始まっている」。そのため「狩猟採集民が適応していたことを理解し、祖先の生活の活動や食事パターンを組み入れることで……自然で健康な生活をおくれる」[4]という。

ディヴェイニーが重視するのは、「ヒトという種の出現と進化に不可欠だった活動をまねたと思える運動だ。エアロビクスやウェイトトレーニングではなく、断続的に短時間の運動を集中的に行ない、早足で歩くことと遊びを混ぜた活動が、祖先の生活に近い」[5]。人間が健康になり、満足を感じられるのは、そのような活動をしたときだけだと、彼は主張する。ディヴェイニーは「決まった形の繰り返しの中に、ランダムさとバラエティを取り入れる」よう強調する。彼にとってそれはたとえば、毎日長い距離を走るのをやめて、不規則に強度のウェイトリフティングを集中して行なうといったことだ。

この「狩猟採集民のように運動する」という考えには、パレオダイエットで有名なローレン・コーデインも賛同している。彼を含め、現代人は旧石器時代と似た活動をするよう努めるべきだと提唱する人々がいる。[6] 彼らは昔と今で同等と思われる運動を示した表を作成している。たとえば「積み重ねた石を運ぶ」ことが、石壁をつくらない現代の生活では「ウェイトリフティング」にあたり、「食料となる植物を集める」のは「庭の草むしり」となる。「幼い子を抱っこする」のは、昔も今も持久性の運動と考えられる。けれども「斧で薪を割る」のが現代では「大きな動物の肉を切る」となると、少なくとも都会の人間が実践するのは難しいだろう。心臓専門医のジェームズ・オキーフとその仲間は、ディヴェイニーと同じく、激しい運動と休息を交互にして、たとえば狩猟のあとにごちそうを食べて踊る集団の生活をまねるよう勧めている。[7]

座るのは堕落だ

何千年も前に生きていた人々のように運動すれば、私たちの生活はもっとよくなるという説には、実は二つの異なる考えが含まれている。一つはほとんど議論の余地はないが、もう一方は、多少の議論を呼ぶかもしれない。前者は、現代に生きる人々は運動不足で、それは健康にとってよくないという主張だ。座ることの多い生活が健康に悪い影響を与えることを示す研究は、各方面から次々と現れている。ネットで「体を動かさないライフスタイル　健康リスク」と検索すると何万件もヒットし、カウチポテト族の死亡率の高さを示すさまざまなソースや、うつ、不安症など、精神的疾患が多く発生することが指摘される。

運動がガゼルの狩りや岩だらけの土の中から塊茎を取り出すことであれ、エアロバイクを四五分間、漕ぐことであれ、問題は単なる運動不足にとどまらないほど複雑だ。私たちは非常に長い時間、座って過ごしている。オーストラリアのブリスベンにある、がん予防研究センターのネヴィル・オーウェン率いる研究者グループによると、「**座っている時間があまりに長いということと、運動する時間が短すぎることとは違う**[8]」という。最近の研究では、毎日、望ましいとされる時間、運動している人でも、腹囲の増加や高血圧、血糖値に関わる問題など座ることの多い生活の悪影響が見られるという。この点については、特にテレビが悪いようだ。テレビの前にいる時間が長いほど、健康に悪影響がある。オーストラリアの研究グループは、毎日、短時間、激しいエクササイズをして、他の時間はほとんど座っている状況に、〝活動的カウチポテト現象〟と命名した。

活動的カウチポテト族、少なくともその中で調査対象となった、成人したヨーロッパ系の白人については、死亡率が予測を超えて高い。これはたとえばどのような仕事をしているかといった、交絡(こうらく)因子を考慮に入れても変わらない。カナダ人を対象に行なった調査では、一日の大半を座って過ごしている人は、それより少しだけ多く体を動かしている人よりも、死亡リスクが高かったと報告されている。自己申告による調査結果から結論を引き出すことに問題があるのはたしかだが、たとえば動き回れないくらい体の具合が悪い人が死ぬ可能性が高いといった極端な現象で、相関関係が高まったとは考えにくい。活動的カウチポテトという名前を考え出したオーストラリアの研究チームは、テレビの前に座っている時間が一時間増えるだけで、あらゆる原因による死亡リスクが一一パーセント、心臓血管疾患で死ぬリスクは一八パーセント増加するという。

肥満はなぜ進化で淘汰されなかったか

ミネソタ州メイヨ・クリニックの医師ジェームズ・レヴィーンによれば、そのような座ることの多い生活が、世界各地での「肥満の蔓延」の主な原因である。[9] 彼とその同僚たちは、その解決策として、NEAT（non-exercise activity thermogenesis＝いわゆる運動ではなく、日常的に体を動かすことで消費熱量を増加する）と称する活動を進めている。これは正式には〝運動〟とはみなされないが（たとえば芝刈り、階段の昇降、キッチンまで歩く）、エネルギーを消費する行動すべてを指す。こうした小さな活動を積み重ねるうちに、相当な量のカロリーを燃やすことになる。レヴィーンは活動的な人々（アスリートではなく日常的に動き回っている人）は、そうでない人より三倍もエネルギーを消費していると指摘する。それに加えて、あまり動かない人は代謝が変化して体重が増加しやすくなり、心臓疾患のリスクに関わる中性脂肪など、血液中の成分量が変わるといった現象が見られる。二〇一〇年の記事で、レヴィーンは〝座って行なう行動の科学的研究〟について述べ、私たちは座っているときの行動について調べる方法（テレビを観ることと、車の中で座っていることの生理的な影響が大きく違うのか、ということなど）もあまり知らないし、活動的であろうとなかろうと、カウチポテト族にならないようにする方法についても、よく理解していないと述べている。[10]

レヴィーンはまた「運動が狩猟採集民や農耕民のライフスタイルの代わりになるかどうかはわからない」とも言う。肥満は遺伝の影響がかなり大きいが、肥満の危機が叫ばれるようになった前世紀を通して、それに関わる遺伝子が劇的に変化したとは考えられない。[11] 人間や他の動物が急速に進化すると熱心に説いている私でも、これには同意せざるをえない。ラクターゼ活性持続という性質が広がるには、何十年単位ではなく何千年もかかった。そして肥満にはもっと多くの遺伝子が関わっている。では肥満が健康に悪く、遺伝の影響が大きいなら、なぜ大昔に自然選択が働いて、それらの遺伝子が淘汰されなかったのだろうか。

レヴィーンによるとその答えはNEAT、あるいはその欠如であるという。たとえばある人たちは〝NEAT節約型〟で、食物が不足しているときは動き回らないと考えてみよう。これは体に蓄積された脂肪で命をつなぎながら、再び食物が手に入るようになるまで待つのには適している。一方〝NEAT活用型〟は飢饉の間に積極的に行動し、いつもより狩猟の範囲を広げて食物をさがす。おそらく一世紀前から一世紀半前までは、誰もが生きるために動き回らなければならなかった。衣類の洗濯をするにも友人を訪問するにも、体を動かさなければならなかった。食物がそれ以前の一〇〇〇年間より多く手に入るようになっても、ほとんどの人がじゅうぶんなカロリーを燃やしていたため、体重が増えすぎることはなかった。工業化社会となりエネルギーを消費する機会が減っても、NEAT活用型はゆっくり歩いたり、キッチンの壁にペンキを塗ったり、ジムに行ったり、動き回っていたと、レヴィーンは主張する。しかしNEAT節約型はそのような必要性を感じない。そうなるとどうなるかはご存じのとおりで、少なくとも過去一〇〇年間、太り続けているというわけだ。レヴィーンはこう言う。「この一〇〇年以上の間、環境条件の影響が大きすぎて、歩き回っていた人も、動かなくなるようしむけられている」[12]

糖尿病と倹約遺伝子

この概念は現代人の間で糖尿病が増加していることを説明した〝倹約遺伝子型〟と、ほぼ同じである。倹約遺伝子説は人類学者のジェームズ・ニールが最初に提唱した。糖尿病は現代人にとって大病の一つとなり、アメリカでは医療予算の一五パーセント以上がその治療にあてられている。民族、職業を問わず、誰にも発症する可能性があるが、特にヨーロッパ系以外の、都市部に住む人々の間で急激に増えている。糖尿病の発症やその時期については食生活や運動が大きな役割を果たしている。しかし遺伝もまた大きな影響力を持っていて、ヨーロッパ系以外の人々のほうが、この病気にかかりやすい。

倹約遺伝子型仮説によると、そのような人々は比較的食料が豊富な時期（めったにないが）に糖を効率的に利用し、脂肪を蓄積する遺伝子を持っているので、飢餓の時期にも生き残ることができる。しかし常に食物が豊富にあると問題が生じる。その同じ倹約遺伝子が高血糖症を助長し、インスリンの調節に問題を起こすのだ。ヨーロッパ系にそのような遺伝子を持つ人が少ないのは、数百年前、倹約遺伝子が有利に働く食料不足の時期が何度か訪れ、その中で糖尿病になりやすい性質が排除されたからだ。さらに飢餓が起きる頻度が少しずつ減っていった。しかし太平洋諸島の住人やアメリカ先住民の特に都市部では、一世代の間に自給自足からコンビニエンスストアのある生活に移行したため、食物がじゅうぶんにある環境に適応する時間がほとんどなかった。

どちらのケース――運動不足による肥満と、飽食が引き起こす糖尿病――も、基本的な考えは、私たちの祖先が生きていた状況に適していた行動が、害になったということだ。私はここでパレオ式の運動を擁護しているわけではない。私たちは更新世に生きた祖先とまったく同じというわけではないし、進化はまだ進行中だ。シカ肉と塊茎ばかり食べなくても、カロリー過剰にならないよう食べることに意味があるのと同じように、人間は更新世から変わっていないと考えなくても、運動をするべきだと思うのは理にかなっている。そしてレヴィーンも、やみくもに狩猟民をまねた活動を行なうべきだと言っているわけではない。週末にテレビでスポーツ中継を観るのではなく、日曜大工で棚を自分でつればいいわけで、夕食用のウサギを捕まえようとする必要はない。私にはディヴェイニーや他のパレオ式信奉者の主張よりも、こちらのアプローチのほうが、理にかなっているように思える。レヴィーンが解説したNEATのバリエーションは二つのカテゴリーにきっちり分けられるものではなく、連続的なものではないかと思っている。レヴィーン自身も著作物の一部でそのことを示唆しているが、彼が指摘しているとおり、私たちははっきり結論を出す前に、人がどう動くかについて、異なる目で見る必要がある。

動かないことは危険信号

レヴィーンはパレオ式信奉者たちのように、農業開始以前と以後の人々の間に、明確な違いがあるとは思っていない。彼をはじめ、座ることが多い生活の健康への影響を心配する人々は、もっと時代が先に進むと、機械化された道具や交通機関の発達によって、長い時間、動かずにすむようになることを問題にしているのだ。農場で働いたり、食器洗浄器がない家で家事をしたりすれば、たとえ槍で動物を狩ったり、石を積んだりしなくても、オフィスに通勤するよりはカロリーを使う。

それだけでなく、よく動いている人とほとんど動かない人との違いは、過去と現代の差にとどまらない。現代だけを考えても、農村の住人と都市部の住人の間には、はっきりした違いがある。たとえば二〇一一年にジャマイカとアメリカという二つの国の、都市部と農村部で調査を行なったところ、ジャマイカの農村部の住人は、ジャマイカの首都であるキングストンの住人より六〇パーセントも多く歩いたり走ったりしていることがわかった。アメリカ人のサンプルを〝細身〟と〝肥満〟というカテゴリーに分けたとき、後者は一日一〇時間近くを座って過ごしていた。座っている時間は、都市部に住むジャマイカ人は七時間半、農村部に住むジャマイカ人では五時間半だ[13]（動きを計測するのには、下着に着けるタイプの精巧な電子機器を用いた。あるジャマイカ人の被験者はそれを〝盗聴器〟と間違われて逮捕された[14]。この研究について警察に説明するのがどれほど困難だったか想像にかたくない）。長い時間動き回るのに、洞穴に住んだり獣の皮を身にまとったりする必要がないのは明らかだ。

この一〇〇年で遺伝子自体が変わっていなくても、座る時間が長くなったことで、遺伝子の働き方は変わったかもしれない。ミズーリ大学コロンビア校のフランク・ブースらは、人間とげっ歯類で、動かないことが生理学的にどのような結果をもたらすかを調べた。げっ歯類を実験対象として選んだのは、ケージの中の回し車で走るのが好きだからだ。彼らは人間が進化したのは、食物が豊富なときと乏しいときのサイクルに対処するためだという考えに賛同していた。[15] げっ歯類が突然、走るのを止められると、脂肪、特に内臓脂肪がたまり始め、糖尿病のリスク指標であるインスリン感受性が、数日から数週間という驚くほど短期間で、運動をする前の低いレベルに戻る。トレーニングを止めたアスリートを対象にした研究でも、同じパターンが見られた。[16]

ブドウ糖を代謝させる働きを持つ遺伝子が、運動をしている場合としていない場合とでは、体内で違った働きかたをする可能性はある。カウチポテト族の体では間違った信号が遺伝子に送られ、飢饉が迫っているときのように遺伝子がふるまう。歴史的に見ると、動かないということは、食物がないので、根を掘ったり狩猟をしたり植物を採集したりするため外に出ないということだからだ。〝遺伝子発現〟（特定の環境条件での遺伝子のふるまい）が変化すると、筋肉の大きさから血管の構造まで、さまざまな体の特徴に影響を及ぼす。高血圧からアテローム性動脈硬化症、アルツハイマー病まで、現在、多くの病気の患者が増えているのには、運動不足が重要な役割を果たしていると、科学者は感じている。じっとしていることは多くの不適切なメッセージを（「危機が迫っている！　しばらくエネルギーを節約しなさい。たとえあとで体が代償を払うことになっても！」と）、多くの生理学的システムに送っていることになるのかもしれない。

ジョギングは健康に悪い

長時間、座っていることが健康に悪いというのは、たしかに一つの考え方だ。けれどもディヴェイニー、オキーフ、コーデインらが提唱しているように、私たちの祖先が狩猟採集の生活をしていたから、短時間にいくつもの違う運動をするのがよくて、マラソンのように持久力が必要な活動は悪いというのは、また別の話だ。ディヴェイニーは重り(ウエイト)をつけて早足で歩くことを勧めている。これは祖先が切り分けたマストドンを狩猟場所から住居に引きずって持ってくるのに倣(なら)った行動だという。彼はまた、この方法なら〝足を地面に打ちつけたときのダメージ〟がジョギングほど大きくないとも言う。彼はジョギングについては懐疑的だ。彼の主張によれば、運動量や体重の目標を決めるのは、〝機能とプロセスに関係しない〟ので逆効果だとしている。[17] ディヴェイニーはさらに、五頭のバイソンを深さ三メートルほどの落とし穴に追い込んで殺し、その二トンの動物を穴から引っぱりあげて解体したといわれる〝インドの勇者〟の話を誇らしげに語っている。その記事はバイソンを穴から引っぱりあげる強さを称賛しているが、私自身は石器時代であろうと他の時代であろうと、頭のいいハンターなら獲物を丸ごと持ち上げる前に、処理しやすい大きさに切ることを考えたのではないかと思う。

オキーフは他の人との共著で〝狩猟採集民の健康増進法の基本的特徴〟をあげていて、野外での運動を勧めているが、その中には心臓血管系の健康のための性的活動も含まれている。彼らはディヴェイニーほど走ることに批判的ではないが、それでも「荒野で生きていた人々は、硬くて平らな石の上を何マイルも歩いたり走ったりしなかった」と述べている。彼らはどちらかといえば「もっと柔らかい自然の地面、たとえば芝生や泥」を好むといい、またインターバルトレーニング、ウェイトトレーニングをおおいに勧め、毎日行なわずに休息日を挟むことも強調している。[18] ネットのパレオ式掲示板では、本当のところランニングがどのくらい〝信頼できるか〟という議論がふっとうし、自分たちが行なっている運動をやめたくない、あるいはやめられないのを恥じるランナーたちの告白にあふれている。一部には〝慢性心臓疾患〟を引き合いに出し、それがまるで恥ずべき健康状態であるかのように批判する声もある。パレオ式の信奉者は、マラソンファンが好む炭水化物の多い食生活をも不安視している。

団体スポーツは石器時代向き？

オキーフらもディヴェイニーも集団で行なう活動は支持している。ディヴェイニーは「スポーツの基盤には進化があるのは明らかだと思える。たとえば今日、人気のあるチームスポーツのプレーヤーの人数は、石器時代に狩猟採集をしていた絶頂期にある男性集団の人数とだいたい同じだ[19]」とまで述べている。この後半については、どう好意的に見ても推測の域を出ない。ある狩猟採集社会における〝絶頂期にある男性〟の意味も、さまざまなスポーツのチーム構成も、幅が広すぎる。おそらくディヴェイニーは、ラクロスという伝統あるスポーツのことは考えていなかっただろう。ラクロスは昔一〇〇人から一〇〇〇人でプレーすることもあった。

ベストセラーとなった『ブラック・スワン――不確実性とリスクの本質』の著者である経済学者のナシーム・タレブも、進化に基盤を持つエクササイズのファンである。彼は動きが〝ランダム〟であることを重視している[20]。タレブのファンであるブロガー、ダニエル・パトリック・ジョンソンは、これを「原始人は一日中、食物をさがして歩き回っていたころ、ときどきトラから逃げるために全力疾走したり、重い岩を彫って道具をつくったりしていた。それをまねる行動だ[21]」と説明する。しかし彼らがその重い岩を持ち上げることはなかった。タレブは「私たちの祖先が持ち上げていたのは、たいていとても軽い石で、負荷はそれほど大きくなかった。大きなものを持ち上げる必要があったのは、おそらく一〇年に一度か二度だろう[22]」と言う。

おおかたの人類学者は、現代の狩猟採集民の採集行動を〝歩き回る〟ことと表現するのは躊躇するだろう。ディヴェイニーでさえ、採集行動は現在ならエアロビクスエクササイズにあたるかもしれないと述べている。私はこの架空の初期人類が、そもそも道具を〝彫る〟のに何を使っていたのか、考えずにはいられない。彫るためにはそのための道具、おそらく別の石からできたものが必要だからだ。そうなると果てしなく話をさかのぼらなくてはならなくなる。それに加えて、もっと一般的な、小さめの石を薄くそいで道具をつくる方法は、かなりの技術が求められるが、それほどの労力は必要ない。タレブはまた、運動するときのモチベーションも重要だと感じている。前述の全力疾走にしても、怒っているときや驚いたときのことを想像すると、さらにいいという。天敵から逃げているときや、競走相手を追っている気分になる。「現在の私の生活に欠けているのは、たとえば書斎に大きなへびがいるとかいった、突然の恐怖に襲われるということだ」と、彼は嘆く。(23)

人間は走るようにできているのか

家の中に大型爬虫類がいることを問題とみなすかどうかはともかく、長距離走は健康によいだけでなく、人間はそのような方向に進化してきたと信じる科学者や運動愛好者の数は増えている。前節のタレブらの考えは、彼らの意見とまっこうから対立している。

人間は走るようにできているという説の根拠を調べるには、人間の骨格を、できれば近親であるチンパンジーのものと並べて見てみるといい。チンパンジーと違って、私たちはもちろん二足歩行をするので（チンパンジーも短時間なら、二足で立っていられるが）、私たちの体にはそれに適した特徴がいくつも見られる。まっすぐ伸びる膝、比較的平たい足の裏、湾曲した下部脊椎、よく発達した臀部の筋肉。歩くときはそれぞれの脚が振り子のように動き、階段を上るときは、体の重心にエネルギーがたまり、そのあと反対の脚に移る。寛骨（かんこつ）と骨盤の構造から、チンパンジーの脚はかなり離れていて、人間と比べて短いため、歩くとき人間のように、振り上げるような軽快な足取りにはならない。歩くときに脚をまっすぐ保てるのは人間独特の性質で、そのため他の二足歩行の動物には見られない上下の動きが生じる。四足ではなく二足で歩く能力が、なぜ、どのように進化したのかというテーマは、いまだ議論の的だ。

道具を使ったり、樹上で食べ物を見つけたりするのに、腕を自由にしておくためというものから、サバンナで効率よく熱を発散するためというものまで、さまざまな説がある。進化生物学者のデイヴィッド・キャリアーが一九八四年に発表した記事で指摘したように、人間の運動の進化について考えるとき、たいていは歩くことを考えるが、その同じ足を走ることにも使えるとは、あまり考えない。彼にすれば「ヒトと他の霊長類を分けるのは、大きな脳ではなく、二足で立つ姿勢と大またで歩くことに関わるさまざまな性質だ」[24]。

人間は走るのが得意でないとよく言われる。少なくとも馬や犬などの四足動物に比べれば、たしかに短い距離を走ることに関して人間は劣っている。私たちは他の動物ほど速く走ることはできない（たとえばグレーハウンドは時速六四キロ、チータは一一三キロ～一二一キロ、人間は三二キロ程度なので到底、比べ物にならない）。そのうえ、人間は走るとき、動物より多くのカロリーを消費する。私たちの〝移動コスト〟（動物生理学の専門用語で、ある一定距離を移動するときに消費される、単位体重あたりの酸素量を示す）は、同じくらいの大きさの他の哺乳類の二倍にのぼる。つまり人間は、効率よく走るのも苦手なわけだ。

人類は動物マラソンの優勝者

ところがもしノアの方舟のごとく、全世界の獣を集めてマラソン大会を開催したら、体格差による補正ができれば、人間は最も近い親戚である霊長類を含め、他のほとんどの動物に大差をつけて、一位になる可能性がある。野生の犬やハイエナ、ヌーなどの移動性の有蹄動物は長い時間走れるが、それらは例外である。いわゆる持久走になると、大型、小型問わず、サルはたちうちできない。すばらしい走りで知られる馬でさえ、人間が相手だと勝てないかもしれない。馬は何度も休息が必要なので、特に平地ではないところで相当な距離を走るなら、人間が勝つ可能性がある。もっとわかりやすい例をあげると、昔も今も、世界のさまざまな土地に、カモシカやカンガルーが疲れて倒れるまで追いかけて捕まえる人々がいる。

キャリアーは不思議に思った。なぜ人は、これほど苦手なことをするように進化したのだろうか。裸足ランニング愛好者のクリストファー・マクドゥーガルは、この問いをひっくり返して言う。「僕は〝ちょっと待て――もしランニングが人間にとって悪いことなら、他の動物にとっても悪いことじゃないのか?〟なんて考えたことはない[25]」。つまり人間が走ることに適応しているか、実はカモシカがナイキのシューズを欲しがるくらい走ることに適応していないかの、どちらかということだ。

その答えはどうやら、たしかに人間は短距離走が苦手だが、それを補って余りある長距離走の能力を備えている、ということらしい。特にキャリアーは長距離を走るときに直面する問題を二つあげている。体内で生じる熱を放出すること、そして走るためのじゅうぶんなエネルギーを蓄えることだ[26]。後者については部分的に食事で対応できるが、前者はもっと問題が多い。あなたが温血動物なら、激しい運動をすると新陳代謝によってかなりの熱が生じる。これはアスリートなら誰でも知っているだろう。寒い日でも運動すれば体が温かくなるのはこのためだが、一方で過度の熱をすばやく緩和できないと、高体温や熱性疲労のリスクも生じる。サバンナの稲妻チータは、走っているとき熱を蓄え、わりと短時間のうちに体温を危険なレベルにまで上昇させる。体温が四〇・五℃を超えると、チータは走り続けられなくなる。全力疾走できるのは、だいたい一キロメートルにすぎない。おもしろいことに、これはチータが獲物を追いかける距離とだいたい同じなのだ。

史上最高の空冷エンジン

人間にも、そこまではっきりしていないが、限界はある。犬と一緒に走っている人なら誰でも知っているはずだが、人間が暑くなると汗をかくところ、犬は息切れしたようにあえぐ。他の哺乳類もほとんどが同じだ（馬とらくだは例外）。汗をかくこともあえぐことも、体の表面から水分を蒸発させて体を冷やす働きだが、発汗には走っている動物に適した利点が二つある。第一に、あえぐときは口の中などの粘膜の表面だけを使っているが、汗は体の広い範囲でかける。第二に、あえぎは呼吸を妨げるが、発汗は妨げない。激しい運動をしているときには、重大なことがらだ。マクドゥーガルは著書の『ＢＯＲＮ ＴＯ ＲＵＮ　走るために生まれた』で、「数百万もの汗腺を持つ人間は、進化の市場に現れた史上最高の空冷エンジンだ(27)」と述べている。

人間のランニングにはもう一つ特異な点がある。最適な速度、つまり移動コストが最低になる速さがないということだ。たとえば馬はある一定のスピードに達すると、足取りを速足（トロット）からはやがけ（ギャロップ）に、またはその逆に変わる。しかし人間は走る速さを、比較的なめらかに調節できて、どのスピードでも移動コストはだいたい同じだ。それだけでなく、人間は走っているとき、スピードに合わせ、肺に酸素供給する必要性に応じて、（たとえば二歩あるいは三歩で一呼吸というように）呼吸のしかたを変える。

これらの特徴から、キャリアーはあるアイデアを示し、のちにユタ大学のデニス・ブランブルと、ハーバード大学のダニエル・リーバーマンがそれをさらに発展させた。それが持久走仮説である。準備として、ブランブルとリーバーマンは、私たちの近い祖先と現代の人間の間で違っている、歩くのではなく走ることに役立つさまざまな特徴をリストアップした。その中には、すばやく動いている間に頭を安定させる頭蓋骨や首の構造や、安定した土踏まずを含む足骨まで、幅広い性質が並んでいた。人間の頭は肩帯とは別に動く。これは歩いているときはあまり関係ないが、走っているときは体を直立に保つのに役立つ(28)。

私たちと最も近い祖先との間に見られる、こうした筋肉や骨の違いは重要な意味を持つ。人間の脚にある伸縮する腱が、チンパンジーやゴリラにもあるとしよう。その場合、この構造が人間に備わったのは、特に走るのが得意になるよう自然選択が働いたからだと主張するのは難しくなる。すべてのサルと人間の祖先がそのような構造を持っていたという議論ができるからだ。ある種に特有の特徴が、必ずしも特定の機能を備えるために自然選択によって進化した結果とは限らないが、その方向を示す手がかりではある。

賢く走る「耐久ハンティング」

初期人類は走る速さを柔軟に変えられる能力や、持久力をどのように使っていたのだろうか。持久走仮説によれば、その目的は石器時代のマラソンではなく獲物を捕まえることにある。獲物が捕食者に出会ったとき、たいていの動物はスピード勝負でいちもくさんに逃げる。けれども短時間で疲れるため、その間に捕食者を振り切れなければ、追手が近づき始める。さらに追われる側の動物はしばらく走ると熱が上がりすぎて休息を取ろうとする。ハンターが獲物から遅れず、体温もそれほど上がらなければ、追われる側の動物が熱疲労を起こすため、いずれ追いつくことができる。つまり人間が長く走れるよう進化したのは食物を得るためで、すぐれた発汗能力など、他の多くの性質がそれについてきた。ブランブルとリーバーマンは、(多くの人類学者が信じているように)長く走ることによって人間はたんぱく質と脂肪に富んだものが食べられるようになり、それで大きな脳が進化したと結論している。[29]

このプロセスが耐久ハンティングと呼ばれるのは、理論的には納得できるが、現実のこととして考えるとかなり非道なことに思える。キャリアーは、どんな速度で走っても移動コストが同じなのなら、昔の人間は「あるタイプの獲物にとって最も効率の悪いスピードで走っていた可能性がある。獲物をむだに走らせて、早く疲れさせるためだ[30]」と指摘する。動物を追い続け、体温が上がりすぎたときに休ませないことが、追いつくより重要で現実的だ。言い換えると、速く走るだけではじゅうぶんではない。賢く走る必要もあるのだ。

賢く走るのは、単に走る以上のことが含まれる。もし常に獲物のすぐうしろについていけないなら、それを追跡しなければならない。追跡は長年の経験を必要とするスキルだ。荒野を通った動物のしるしをたどるだけでなく、それが行きそうなところを予測し、巣や仲間のいる安全な場所から遠ざけておく必要がある。耐久ハンティングは言うまでもなく、そのような追跡能力も現代人にはほとんど見られないが、南アフリカの科学者で追跡の専門家であるルイス・リーベンバーグは、カラハリ砂漠のブッシュマン（サン人）のその能力を記録している。

リーベンバーグは六年にわたり、中央ボツワナの何人かのハンターたちに同行し、狩りに参加したり、映画製作者の手助けをしたりしていた。彼らがクーズーなどの大きなカモシカなどを追いかけるとき、三人か四人の男たちができるだけたくさん水を飲み、気温が三九℃から四二℃の間に狩りを開始した。そして「動物に走って近づくと、相手は急いで逃げる。その足跡を走るペースで追跡する。やがて獲物は止まって日陰で休息しなければならなくなる。ハンターたちがそれを見つけ、動物はじゅうぶんな休息が取れないうちにまた逃げなければならなくなる。このプロセスが繰り返されるうちに、動物は走り疲れてしまう[31]」。

狩りを始めたハンターすべてが目的を果たせるわけではないが、たとえ足の速さは若者に及ばなくても、狩りの成功には年長者の追跡スキルが不可欠なことがわかった。狩りはだいたい二時間から五時間続き、移動の速さは平均時速六・三キロメートルだが、人によって違う。リーベンバーグが指摘したように、それほど速いと思えないかもしれないが、このプロセスには注意深く動物の動きを観察して、近づく方法を考えることが含まれる。ただやみくもに前に向かえばいいわけではない。

そのような耐久ハンティングについてはほとんど記録がないので、成功率を見積もるのは難しいが、リーベンバーグは八〇パーセントくらいと考えている。こん棒や槍、あるいは犬を使って行なう他の狩猟方法と比べるとかなり高い。後者のテクニックは、単位労力当たりに得る肉の量は最も多かったと思われるが、やはり記録されている数は少ない。こうした狩りの成功率は、ライオンなど他の哺乳動物や猛禽の狩りの成功率よりもかなり高い。それらの動物は実際に獲物を捕まえるより、逃げられることのほうがはるかに多いのだ。ある調査によれば、猛禽が食事にありつけるのは、狩りをした五回に一回だという。

経験を積めば持久走は上達する

追跡とその影響の研究に夢中になって以降、リーベンバーグはサイバートラッカーという、周囲の状況の情報を簡単な操作で記録するのを助けるソフトウェアを開発した。これは手で持てる大きさの装置で、外へ持ち出すことができる。このシステムは絶滅危機にある野生動物の監視に使えるし、リーベンバーグは遠くにいる犯罪者の追跡にも適用できると言っている。二〇〇六年に行なわれたインタビューで、彼はこう述べた。「その動物が何をしたかを見ていなかったら、痕跡と徴候から、その間の因果関係を推測しなければならない。動物が何をしたか想像する必要があるのだ(32)」

年齢と経験を重ねると追跡スキルが向上するというのは、人間の持久走についてのもう一つの観察とも一致する。持久走は一般的に〝ピーク〟年齢である二〇歳から二五歳（水泳選手はピークがもっと早く、だいたい二一歳と言われている）を大幅に過ぎても、年齢とともに上達し、競走に加われるスポーツの一つだ。マクドゥーガルは『ＢＯＲＮ ＴＯ ＲＵＮ』で、ブランブルとの会話を紹介し、男性の場合、フルマラソンのタイムは二七歳でピークを迎えたあと、どのくらい落ちるか計算した。結果は、六四歳で一九歳と同じくらいのタイムで走ることも可能だった[33]。これが厳密に正しいかどうかはともかく、七〇代、八〇代になってもマラソンを走る人は多いし、少数だが九〇歳で走る人もいる。さらに持久走は女性が得意とするところだ。二〇一一年、アンバー・ミラーという女性が、シカゴマラソンを完走した少しあとに出産した。これで少なくともマラソンは身体的弱点のないエリートアスリートだけのものではないということが証明された。また女性の場合、能力が低下する速さが非常にゆるやかだ。こうした現象は持久走仮説を証明するものではないが、たしかに首尾一貫はしている。

有史以前に生きていた私たちの祖先にとって、持久走は狩猟以外の方法で食物を得るのにも役立ったかもしれない。自然死あるいは他の捕食者に殺された動物の死骸の取り合いなどで。初期の人類がどの程度、そのような機会に頼っていたかは、人類学者の間でも議論が分かれるところだが、他のライバル集団や、ハイエナのような動物の集団を出し抜くことができれば、明らかに有利だ。ブランブルとリーバーマンは、ハイエナや野犬は匂いをたどったり、頭上でハゲタカが旋回しているのを頼りに獲物をさがすらしいと指摘している[34]。人間の嗅覚はあまり鋭くないが、ハゲタカを見て遠くにある餌まですばやく到達する能力が、私たちの祖先の武器になっていたかもしれない。

マラソン嫌いが存在する理由

人間が長距離走者になるべく進化したのなら、なぜ私たちの大半は、たかだか二、三キロ歩こうと言われたくらいで文句を言うのだろうか。エクササイズとしてのランニングは人気があり、マラソン参加者は増加の一途をたどっているというのに、一週間にどのくらい走っているか、きちんと記録している人はほとんどいない。もちろん長距離走を楽しんでいる人もいる。マクドゥーガルは『ＢＯＲＮ ＴＯ

RUN』で、長い距離を走ることの喜びと安らぎを熱く語っている。特に靴をはかずに走ることを強調しているのだが、これについてはこの章の後半でとりあげる。

マクドゥーガルが走ることについて話すのは、食通が高級品種のトマトの新たな産地について語り、ワイン愛好家がお気に入りのビンテージワインを絶賛するのに似ている。彼は正式なマラソンのファンというわけではなく「参加費なし、賞なし、文句なし」のトレイルランニングを好む[35]。そんな彼でも、万人が魅力を感じるものではないと認めている。その理由は、人間には長い距離を効率よく走る能力とともに、エネルギーを節約しようという本能も備わっているからだと、ブランブルは述べている。これは決まった量の活動をしなければならないとき、見事な働きを見せる本能だ。レヴィーンのNEAT理論を思わせるが、現代の問題は、そのような本能に屈しやすい環境にあるということだ。私たちはガゼルを追いかけたり、半ば腐りかけた獲物をめぐって他の部族と争ったりする必要はない。

進化によって受け継がれてきた運動は、精神疾患やアルツハイマー病を防ぐ方法まで教えてくれるかもしれない。BDNF（脳由来神経栄養因子）というたんぱく質は、前頭葉皮質の機能には不可欠だ。前頭葉皮質は精神疾患によって損なわれる部位でもある。このたんぱく質は運動している間に増加するため、ティモシー・ノークスとマイケル・スペディングといった科学者は、私たちの祖先が長距離走の耐久力を進化させてきたなら、BDFNのレベルも上昇したはずだと述べている。つまりこのたんぱく質が、複雑な決断、空間マッピング、感情の抑制などの人間の性質にとって重要な脳の部位を進化させるカギとなったはずなのだ[36]。

マラソンは現代の悪習か

持久走仮説が広く受け入れられなくても、驚くにはあたらないだろう。すでに触れたが、パレオ式ライフスタイル支持者は、ランナーの多くがエネルギー源としている炭水化物摂取に批判的である。仮説自体をばかにする人もいる。『プライマル・ブループリント』の著者マーク・シスンは、〝マークス・デイリー・アップル〟というウェブサイトも運営している。その主役はグロックという「性別、ジェンダーを特定しない、私たちの愛する原始時代の祖先すべてを代表する」キャラクターだ。グロックは毎日、「自分自身（のちの発言でわかるが、どうやら〝彼〟のようだ）と家族（小集団）のために、動物を狩ったり、あらゆる根、新芽、種子、果実を集めたりしていた」という[37]。しかしランニングはしていなかったらしい。シスンは「私たちは長距離走者になるべく進化したわけではない」と言う。「初期人類はたしかに全体としてよく環境に適応していて、ときには動物を追って、楽々と長い距離を走ったかもしれない。しかしボストン・マラソンを走るために、現在のような人間の形が自然選択によってつくられたという意見は、私から言わせれば滑稽でしかない[38]」。タレブ（恐怖が運動のモチベーションとなると信じている）は「更新世に、週三日、四二分ジョギングをしたり、毎週火曜と金曜日に、ジム以外では善良なトレーナーに怒鳴り散らされながらウェイトリフティングをしたり、土曜日の朝一一時にテニスをしたりする人はいなかった……マラソンは現代の悪習だ」と言う[39]。

研究者の中で特にこの仮説に批判的なのが、南アフリカのヴィトヴァーテルスラント大学人間進化研究所のヘンリー・バンと、ウィスコンシン大学の人類学者トラヴィス・ピカリングだ。彼ら二人は狩猟能力の向上と肉の獲得が、人間の進化の役に立ったという考えには好意的だが、私たちの祖先が耐久ハンティングをしていた可能性とその重要性については懐疑的だ[40]。耐久ハンティングがうまくいくのは、植物がほとんどない広々とした乾いた土地だが、そのような土地には一般的なヒト属は住んでいなかったと、彼らは指摘する。また目を見張るようなその追跡スキルを、脳が小さくて認知力も限られていた当時の類人が備えていたかどうか疑問だとしている。さらに彼らは、獲物の死骸をめぐって争うにも、走ることが必要と考えてはいない。死んだばかりの動物の元へいち早く駆けつけ、独占する方法としては〝パワー・スカヴェンジング（力による奪取）〟でも効率は同じくらいだろうと言う。つまり人間であろうと他の動物であろうと、ライバルに立ち向かって引き下がらせるのだ。

初期人類は待ち伏せ型

バンとピカリングは狩猟採集で生活しているタンザニアのハッァ族を引き合いに出し、「彼らも死んだ動物を見つけて走ることもあるが、ハッァ族が走るのは、耐久ハンティングや動物の死骸から肉を獲得するためよりも、突然の雨やハチや襲ってくるゾウから逃げるためのほうが多い[41]」と言っている。さらに彼らは遺跡発掘現場で見つかった動物の骨の大きさや年代、そしてその骨についた道具の跡などから、どんな個体が獲物になりやすいのか（高齢か若齢か、大きいか小さいか）、そしてどのように殺されたかを推測した。それで初期人類はチータと同じように待ち伏せ型で、死骸をあさったり耐久ハンティングを行なったりするのではなく、獲物をじっと待ってすばやく捕まえていた可能性が高いと結論した。

生物学者のカレン・ステューデル–ナンバーズとカラ・ウォール–シェフラーは、持久走仮説のもう一つの条件を調べた。人間には走るときの〝最適なスピード〟というものは存在しない。そのため獲物を最も疲れさせる速さで走れるという仮定だ[42]。彼女たちは九人の被験者にさまざまなスピードのトレッドミルに乗ってもらって代謝量を測定し、さらにはリーベンバーグが調べた、耐久ハンティングを行なうカラハリの狩猟民が獲物を追う平均的な距離を走ったとき、どのくらいのカロリーが消費されるかを計算した。するとランナーは仮説が示唆するように、走るスピードの違いによって、柔軟にエネルギーの使い方を変えているわけではないことがわかった。そして消費されるエネルギーはかなりの量にのぼり、その努力をむだにしないためには、相当大きな動物を倒さなければならなかったはずだ。ステューデルーナンバーズとカラ・ウォールーシェフラーは、特に水があまり手に入らないときには、歩きと走りを組み合わせたほうが、より効率的な耐久ハンティングが行なえただろうと示唆している。

ブランブル、リーバーマンと彼らの同僚たちは、こうした異議の多くに反論している。たとえば現代の狩猟民が洗練された認知スキルや大きい脳を持っているというだけで、昔の狩猟採集民も優秀な追跡者だったのだから、それと同じ性質を持っていたはずだとは言えないと指摘している。哺乳類の中には、たとえば大型のネコ科の動物など、人間のような脳を持たなくても獲物を追跡できるものがいる。[43] そしてネアンデルタール人とホモ・サピエンスの踵の骨を比較した、リーバーマンの最新の研究（デイヴィッド・レイクレンの指導のもとに、ハンター・アームストロングの助力を得た）も、人間にとって走ることは適応であるという説を支持している。[44] 大昔のホモ・サピエンスの踵の化石には、現代人と同じように、アキレス腱をぴんと張れるようにする骨があるが、ネアンデルタール人の踵の骨はもっと長く、走るには適していない。踵の骨が短いほうが効率的なのは、被験者がトレッドミルを走っている間の酸素消費量を記録し、そのあとＭＲＩでその人の踵の骨とアキレス腱を撮影することでも示された。その中でも、さらに踵の骨が短い人は、特に効率よく走ることができる。つまり人間でそのような骨が進化したのは、走ることが不可欠になったからだと考えられる。

二〇一一年、グラム・ラクストンとデイヴィッド・ウィルキンソンは数学モデルを使って、初期人類が耐久ハンティングをしているとき、かなりなハイペースを保ちながら、熱をじゅうぶんに放出できていたのかを検証した。[45] 気温と地面の温度、ほとんど無毛の体から失われる熱量、その他いくつかの変数を考慮に入れると、耐久ハンティングを効率よく行なえるようになったのは、人間が進化によってすでに長距離を走る能力を身につけていた場合だけということになった。そうなると持久走仮説は、いわばランナーがゴールラインより前にいることになってしまうかもしれない。ラクストンとウィルキンソンは自分たちの研究結果は、あらゆる理論モデルと同じく仮定条件によって変わること、そして本当に必要なのは、脱水症状が走る能力にどのくらい影響するか（初期の類人が長い狩猟の間、水を隠し持っていたとは思えない）、あるいは背が高くて細い人間の体は、熱の放出とどう関わるかといった問題に関し、さらに多くの情報を集めることだと述べている。

それでは昔の人間は、細身で疲れ知らずのランニングマシンだったのだろうか。あるいは槍をつくるための石をさがすときくらいしか走らなかった、頑健な動物だったのだろうか。私は人間の骨や筋肉のデータから、次のように確信している。人間は歩くより走るのに適した性質を持っている。それは人間に近い動物の祖先には見られない性質だ。人間は決して、動かなくなるよう進化したわけではない。さらに私たちは競技のためにトレーニングするアスリートのように、毎日決まった時間走っていたわけではなかったと考えるのが妥当だろう。しかし人間がグロックのように運動していたかどうかは誰にもわからない。入念な計画を立てて岩を持ち上げたり、ウェイトをつけて歩いたりするのは、パレオファンタジーの領域であり、**意味のないこと**のように思える。

オーストラリアにあるマッコーリー大学の人類学者グレッグ・ダウニーが、説得力のある案を提示している。

持久走はハンティングのためだけではなかったはずだ。植物を集めたり、動物の死骸をさがしたりするためにも、とてつもなく広い範囲を動き回る……持久走はめったにしないが重要な技術だったかもしれない。また長距離走はドロップハンティング（動物を崖まで追う）、自己防衛（追手があきらめるまで走り続ける）、コミュニケーション、動物の死骸をさがす範囲を広げるのにも便利だったと思われる。カウチで過ごすことが多い私たちは、自分たちのランナーとしての優秀さを、あまりにも安易に、あまりにも過小評価していると思う。[46]

ランナーがけがをする理由

人間は短距離走向きか長距離走向きかはともかく、靴を履く前提で進化したわけではないのは確かだ。それが現代のランナーやアスリートの間の大きな論争へとつながる。多くの人にとって、人間の体が〝走るようにできている〟と考えにくいのは、プロ、アマを問わず、多くのランナーが足や脚の痛み、けがに悩まされることが多いからだ。一九九二年のある医学的調査では、毎年ランナーの三七〜五六パーセントがけがをするという。[47]そして一九八九年に、一年間〝習慣的に走っている〟五八三人を対象に調査したところ、およそ半分が、なんらかの医学的治療、薬剤投与、活動の制限を受けるほど深刻なけがをしていた。[48]

靴のメーカーはけがを減らすため、さらに精巧なクッション機能、ひものデザイン、その他、動いている間に足を安定させる形を目指した。そして人々はそうした競争に、嬉々として、少なくとも自らの意志で加わった。二〇〇九年にジョギング用、ランニング用の靴に消費された額は二三億六〇〇〇万ドルだった。一九八八年の九億八七〇〇万ドルからは大幅なアップである。[49]二〇一一年のニューヨークタイムズ紙の記事には、不況にもかかわらず、ランニングシューズの売り上げは〝絶好調〟で、前年度から一八パーセントも増加したとある。[50]

しかし現在、最も売れているシューズは、踵部分が高く、何層ものパッドを重ねた、従来のランニングシューズとは似ても似つかないタイプだ。新しいモデルはミニマリスト型で、ビブラムファイブフィンガーズを含めて、それぞれの指が分かれてソールも薄く、足用のグローブのように見える。このようなシューズは裸足での走りに近づけるべくデザインされている。クリストファー・マクドゥーガルをはじめ多くの支持者は、それがより自然な走り方だとしている。マクドゥーガルのウェブサイトには、はっきりこう記されている。「人間の足にはもともと欠陥があり、何らかの矯正器具が必要だと考えるのはばかげている」[51]

ベアフット（裸足）ランニングは、人間が長い距離を走るよう進化したという考えから導かれる、当然の結果である。もし走ることが不自然なら、特別な道具を身につける必要があるだろう。バレリーナがトウシューズをはくのと同じで、それなしでは求められるパフォーマンスができないからだ。けれども私たちが走るようにできているのなら、手の込んだ道具を使うのは、鳥の翼にヘリウム風船をつけるのと同じく、まったく余計なことだ。

裸足で走るテクニック

マクドゥーガルは自説の証拠として、裸足か底がごく薄いサンダルだけで、岩だらけの地面を一六〇キロも走るメキシコのタラウマラ族をあげる。また彼をはじめとして、靴を履けばけがが防げるという証拠はほとんどないと指摘する人もいる。[52]ある調査では、価格が九〇ドルを超える靴が負傷に関わった例は、廉価なモデルの二倍以上だった。

マクドゥーガルら（リーバーマンも含め）、ベアフットランニングの愛好者がすぐさま指摘したように、本当の違いは靴そのものというより、それを履いているとき（あるいは履いていないとき）に用いているテクニックにある。靴を履いたランナーは踵から先に下ろして地面を強く蹴る傾向があるが、裸足のランナーは足の真ん中から前方で、軽く着地する。この衝撃の少ない走り方が、けがを防ぐ鍵だと思われる。この考えを踏まえて、二〇一一年に女性ランナーたちがミニマリスト型の靴で走ってみたところ、拇指球で着地するフォームに変えなければ、着地のときやはり大きな衝撃を受けることがわかった[53]。

リーバーマンと多数の同僚たちがこの考えの検証に乗り出し、ケニアとアメリカで、靴を履いているランナーと履いていないランナーの走り方を調べた[54]。彼らは毎週少なくとも二〇キロメートルは走る、五つのグループの人たちについて、着地のときの衝撃の強度を計算した。ケニアでは、リフトバレー州のアスリートで成長過程では靴は履かなかったが、現在では履いているグループ。同じ土地の学校へ行っている児童の二つのグループ。片方は靴を履いたことがない。もう一方はだいたいいつも履いている。アメリカでは、以前はふつうの靴を履いていたが、今は裸足かミニマリスト型の靴を履いているグループ。そしていつも靴を履いているグループ。裸足のランナーはだいたい地面を足の前方で蹴り、たまに中足部や踵で蹴る。一方、靴を履いたランナーは基本的に踵で地面を蹴るため、より大きな振動と衝撃が体に伝わる。この強烈な衝突こそがランナーに害をなすと、リーバーマンらは主張する。ランナーが靴を履かなくても、走り方を変えなければ、けがは減らないだろう。

興味深いのは、前足部から中足部で蹴るランナーは、硬い地面でも柔らかく着地していたことだ。裸足か靴を履くかの議論の多くで、どちらの側からも、石器時代には靴を履かなくても問題はなかった。だが、当時はコンクリートなどの硬い地面を走っていたわけではないという指摘が出る。しかしマクドゥーガルは自身のウェブサイトでこう主張する。「柔らかい芝生の地面という幻想はどこから来たのだろうか？　いつか太陽に焼かれたアフリカのサバンナを確かめてみてほしい。セメントのように硬い。あるいはメキシコのコッパー・キャニオンの岩だらけの小道や、古代ギリシャの固められた砂利道はどうなのか[55]」。ガラスの破片やタバコの吸い殻から足を守るものが欲しいだけというランナーもいる。更新世にはこうした危険がなかったことに議論の余地はない。それでもベアフットランニングは大昔の柔らかい土の地面ならよかったが、今はそれが通用しないという論は、やはり幻想である。
二〇一一年の『ジャーナル・オブ・ザ・アメリカン・ポディアトリック・メディカル・アソシエーション』に掲載されたある論文には、ベアフットランニングについて特定の立場はとっていないが「ベアフットランニングの不利益とされることの多くについて、その根拠を示す研究はない[56]」と記されている。たとえば裸足で走るランナーたちの間で、過労性脛部痛や他の負傷が増えているという事実はないという。

ベアフットランニングを始めた人はそれを広めようとする傾向があり、素足で地面を感じる喜びを熱心に語る。ニューヨークタイムズ紙のブログ〝ウェル〟にコメントを寄せたある人は「毎日、規則的に走るのはうまくいかないかもしれないが、裸足で走るのはやめないでほしい……レストランやオペラ（バレエ）のホール、大統領との昼食会の場は別にして[57]」と言う。その一方、ミニマリスト型の〝ベアフットスタイル〟のシューズの二〇一一年の売り上げは、前年から二八三パーセントもアップし、議論はさらにふっとうしている。別の〝ウェル〟読者は「ベアフット派と靴で走る派、両方のうぬぼれと独善のレベルを、科学者に測定してもらいたい」とコメントしている[58]。

しかし生まれつきの足や歩き方の特徴を表現しようとするうえでの本当の問題は、他の体の部位と違って、足はそれ単独で発達するわけではないということだ。幼児の足にかわいらしい靴を履かせれば、その靴が足の成長パターンを変える。靴を履かせなければ、やはり成長パターンが変わる。その子が歩く地面や、どのくらいの時間、違う活動をするかなども影響する。足はあらゆる作業ができるのだと、ダウニーは指摘する。両手が使えない人は、足で絵を描いたりキーボードをたたいたりする。「足で絵を描くとか、道具を使って食事をするとかいったことが珍しいからといって、足が〝それをするようにできていない〟わけではないのです[59]」と彼は言う。遺伝子が同じでも、ある人の足は走るのが得意で、別の人の足は楽器の演奏に秀でることもある。また中国の古い習慣に従って縛りつければ退化する可能性もある。更新世の時代でも、人間の遺伝子にはこうした応答性があったはずだ。そのためにただ一つの〝最も自然な〟運動パターンを特定するのは不可能なのだ。

運動能力を司る遺伝子

最後に、私たちの走りの未来についてはどうだろうか。人間の運動能力そのものも進化が可能なのだろうか。科学者は進化による変化を促すある種の遺伝的変異について、おもしろい手がかりを発見しつつある。もちろんカウチからの誘惑を、私たちが乗り越えられるという前提ではあるが。

運動の能力は、ラクトース耐性のように、明確で広範囲にわたる遺伝的変化を示していない。しかし身体的作業を行なう能力は、人によって明らかに違い、少なくともその能力の一部は遺伝的な根拠がある。そしてこれまで小さな娘がまん丸なエンドウマメを投げるようすを見ながら、女子バスケットボールチームに入れるのを夢見ていた両親は、その夢が実現する可能性があるかどうか、遺伝子を検査して調べられるようになった。より正確には、そのような検査ができたということだ。実際にプロになれるかどうかは別の話だ。

問題の遺伝子はＡＣＴＮ３と呼ばれるもので、すばやく収縮する筋繊維を制御するたんぱく質生成に関与している。筋肉組織は、すばやく、あるいはゆっくりと収縮する分子の鎖として存在する。すばやく収縮できるタイプは力を一気に出すことを求められる活動、たとえば全力疾走などに重要だ。しかし一部の人はすばやく収縮する能力を奪う遺伝子変異を持っていて、その変異のコピーが二つあると、筋力がやや弱くなり、走るのも少し遅くなる。しかしそのような変異は、マラソンランナーのような耐久型アスリートにもよく見られる。この遺伝子変異は筋肉に影響を与え、その筋肉は好気(こうき)代謝がより効率的に行なわれるようになる。好気代謝とは、耐久行動をしているときに用いられる代謝だ。この変異は世界の地域によって発現する頻度が違い、たとえばヨーロッパ系では一八パーセントの人がその遺伝子を持っているが、アフリカ系ではたった一〇パーセントだ[60]。

オーストラリアの研究者、ダニエル・マッカーサーらは、人間とマウスのACTN3を調べ、遺伝子操作によってこのたんぱく質が欠如したマウスをつくった[61]。このたんぱく質が欠如したマウスは、通常の遺伝子構造を持つマウスより三三パーセントも長い距離を走った。これはマラソンのような長距離走が得意なマウスと言えるだろう。この変異を持つマウスは握る力も六〜七パーセント低いが、まだ通常のマウスの能力の範囲内にある。

もしACTN3の変異体のタイプが走る能力に影響し、またその変異体を持つ人の割合が地域によって違うなら、ACTN3が筋力に働いた自然選択によって最近進化したのかどうか判断することができると、科学者は考えた。この仮説を検証するため、彼らはACTN3の周囲の遺伝子について、第四章のラクトース耐性のところで説明したのと同じ分析を行ない、自然選択が起きてACTN3を含むDNAの塊が有利になったとき、隣の遺伝子も一緒に移動したのかどうか調べた。事実、この遺伝子変異は比較的、短期間のうちに、ヨーロッパとアジアの個体群で以前よりはるかによく見られるものになったようだ[62]。

五輪選手向きの遺伝子はあるか

予想されていたかもしれないが、オリンピックの短距離選手は、長距離選手よりもこの変異を持っている確率が低い。ACTN3に関してさえ、ただ一つの遺伝子プロファイルも示されていない。他のいくつかの遺伝子についての調査でも、エリート選手に特に高い頻度で見られることが示唆された。それを受けてスペインの研究者グループが、そうした選手たちにとって最適なプロファイルがあるかどうか考えるようになった。ジョナタン・ルイズとアレハンドロ・ルチア率いるスペインのチームは、長距離走とプロの自転車競技選手を含め〝世界レベルの耐久レースの選手〟四六人（全員がオリンピックの決勝、あるいはツール・ド・フランス参加経験あり）、そして〝アスリートではない（座っていることが多い）対照群〟一二三人を調査した[63]。アスリートたちは運動に向いた遺伝子を持っていることが多いが、完璧な遺伝子プロファイルというのはなかった。「一部の人の耐久運動能力が最高レベルに達する理由として、まだ発見されていない遺伝子変異と、遺伝的な才能とは違ったいくつかの要因があるのかもしれない」と、彼らは示唆している。

運動の大会に向けてトレーニングをしたことのある人や、そうした大会を目指す選手を見てきた人なら、この結論に驚くことはないだろう。ここで再び、娘をオリンピック選手にしたいと望む親が、その望みがかなう可能性があるか確かめるため、遺伝子検査する価値はあるかどうかという問題に戻る。マッカーサーの考えとしては、答えは間違いなくノーだ。ワイアード・コムの記事で、彼はこう語っている。「**これは息子や娘がエリートアスリートになれるかどうか、親に教える検査ではない。**あなたのACTN3の遺伝子型がどうあれ、あなたに向いていると考えられるスポーツはたくさんある」[64]。運動能力には、環境因子は言うまでもなく、あまりにも多くの遺伝子が関わっているので、わずかな違いを調べても重要なことはわからない。

オリンピックに出るレベルでもそうでなくても、将来のランナーについてはどうだろうか。私は次のダウニーの論に賛成だ。「人間の体が何かをするように〝つくられている〟のか……コメントするのは難しい[65]。ノーベル賞を受賞したフランス人の遺伝学者、フランソワ・ジャコブが『自然は修理屋であって技師ではない』と言った話はよく知られている」[66]。自然選択は、手元にあるパーツだけで進むもので、ある問題に最適な解決策を生み出すわけではないということだ。それゆえ更新世の人々は、膝に問題を抱えていたのかもしれない。私たちの膝は四本の足で歩いていた祖先から変化したときにできた、間に合わせの関節だからだ。だからといって、かがむという動作が不自然になるわけではない。そして私たちは手足や体を、さまざまな活動に使う。その活動は時代と場所で違っている。そのため進化によって継承されてきたものを考えれば、最適な運動のタイプを一つだけ決めようとしてもむだだろう。けれどもカウチから起き上がったほうが健康になれるというのは、ほぼ間違いない。

第七章　石器時代の愛とセックス

人類に最も適した男女関係は一夫一妻か、一夫多妻か、フリーセックスか？　霊長類や狩猟採集民の性行動を例に、愛の形の歴史を探る。

私たちの性の本質とは何だろう。人間の子どもは生まれたときは未熟で、とても手がかかる。チンパンジーやゴリラの母親は単独で子どもを育てられるが、人間社会の場合は、たいてい父親の助けがある。このことから、一夫一妻制は当然であると同時に必要だと考えることもできる。けれども世間一般を見ても科学的な文献を見ても、そのような意見は少ない。男と女は相いれないもので、生まれつき浮気をしない女が、ふらつく男をつなぎ止めようと、むなしい努力をし続けているという人もいる。「浮気はするのが当たり前なのか。類人猿に聞いてみろ[1]」というタイトルのネットの記事に対し、次のようなコメントがあった。

男は種を遠くまで広くばらまくようにできている。男はみんなそれを知っている。そのためのホルモンが体中をかけめぐってるんだ。それは否定できないし、否定するのはばかげている。男は理論的でもあり、その感情を抑えることもできる。いつもそうなるわけではないが[2]。

一夫一妻制は誤りか

またベストセラーとなった『性の進化論』の著者、クリストファー・ライアンとカシルダ・ジェタならば、男も女もセックスには貪欲で、複数のパートナーがいるのが正常であり、一夫一妻制は失敗に終わった哀れな試みだと主張するだろう。彼らによれば「人類のセクシュアリティの本質を隠そうとする活動により、欲求不満、愛欲を発散できない退屈、衝動的な裏切り、機能不全、混乱、恥などが渦巻く、止められないうねりのもとに、結婚の半分が崩壊する[3]」という。

Cavemanforum.comの掲示板では、読者がそれに賛同するコメントをしている。

女の子はアルファタイプ（集団の中でトップに立つリーダータイプ）でない男で妥協することが多いけど、浮気するときはもっとマッチョな男とする。人間はそういうふうにできている。それはみんな進化のせいだ[4]。

旧石器時代には、子どもを持てる男は半分に満たなかった。八〇〜九〇パーセントの男が子どもを持つというのは、わりと最近の現象だ（農業よりも新しい）。一生涯一人のパートナーと添い遂げるという制度は、パンやコーンシロップのように人間がつくりあげたものだ[5]。

これらの見解すべてに共通しているのは、進化という視点だ。彼らは人間がどのようにつがい、子どもを持つかがアイデンティティの中心であると認め、現代人の行動を過去から説明しようとする。私たちが祖先や近親の動物と最もよく似ている点は、セックスのように思える。すべての生物が、何らかの方法で生殖を行なっている。私たちの祖先が霊長類の動物で、パートナーを選び、子どもを産み、育て

公表されていなかった原始時代の女性の絵

ていたのは明らかだ。よくわかっていないのは、それらのやり方と、どのような行動と役割を現代の私たちが祖先から受け継いでいるのかということだ。

祖先はフリーセックスだった?

驚くことではないだろうが、パレオ式ライフスタイルの信奉者の多くが「かつてセックスは、誰もが思うよりはるかに平等で相手を選ばなかった[6]」ことを、羨望をこめて指摘する。ある女性は「以前より押しが強く(それでも礼儀正しい)有能な男性に強く惹かれるようになりました。知的で頑丈で、体は大きく、胸毛が濃くて、私を守り多くを与えてくれる男性——経済的なことではなくて、家庭の中でという意味です[7]」。食事を変えると、なぜ体毛の濃い男性を好むようになるのか、正確なところはよくわからない。

私たちは本気で男は火星人で女は金星人と信じているわけではないだろうが、それぞれ何ができて、何を楽しいと感じるのかについては（地図を読むことから、涙を誘う映画を観ることまで）さまざまな意見がある。男女のセクシュアリティは、さらに違いが大きいと思われることが多い。たとえば、どんなパートナーを望むか、性欲がどれくらい強いか、そしてよい結婚とはどのようなものかといったことまで、あらゆる面においてだ。これらの性質すべてを説明するのに、進化が持ち出されている。問題はおそらく映画そのものの好みではなく、こうした性質の中の性差と思われる部分だ。人間関係のニュアンスを読み取ったり他者の苦しみに共感したりする能力から、空間的な推論作業、靴のショッピングを楽しむことまで、人間が狩猟採集をしていた歴史に原因があるとされる。

しかし人間の行動の他の面についての問題と同じように、私たちは祖先のセックスについてどの程度のことを知っているのだろうか。祖先の行動のどのくらいが、お見合いパーティーと精子銀行が存在する今の時代にまで残っているのだろうか。祖先に目を向けて何か得るものがあるのだろうか。それともただ自分たちが見たいものしか見えないのだろうか。

クジャクの性選択

性差における進化論的根拠を理解するためには、ここでしばらくチャールズ・ダーウィンをとりあげる必要がある。彼について最もよく知られているのは、地上の生物種の起源と多様性に適用された自然選択の理論だが、彼はセックスにもおおいに関心を持っていた。むしろそれに悩まされたと言っていいかもしれない。これは必ずしも彼自身の生活のことではない（妻のエマとの関係や、彼のビクトリア時代的な道徳観について憶測した伝記作家もいるが）。動物のセックスにもややこしいことが多かったということだ。

たとえば緑、青、金色に輝く美しい羽を持つクジャクについて考えてみよう。動物園で羽を広げているクジャクを見たことがある人なら、扇のような羽は動くのには邪魔だし、故郷の森の中で忍び寄るトラから逃げるのにも苦労すると思うだろう。クジャクに限らず、メスはこうした厄介な重荷を持たない。美しい羽、カラフルな模様、大きな歌声、どれをとっても相当なエネルギーが必要なうえ、天敵から見つかりやすくなる。これらの性質は持ち主にとって不利に働くように見えるので、自然選択による進化は考えにくいのではないか。

ダーウィンの答えは、自然選択ではない別のプロセスが働いたというものだ。それは性選択（性淘汰）というプロセスだ。自然選択と同じく、性選択によってある生物が他の生物よりも、自らの遺伝的表現を多く残せるようになるが、それは木の幹に溶け込んで、空腹な鳥に気づかれないようにする能力を持っているほうが有利といったものではない。性選択とは、より多くの（あるいはより好ましい）パートナーを見つけることに尽きる。もしメスのクジャクが小さな羽より飾りの多い長い羽を持つオスとつがう確率が高くなれば、美しい羽を授ける遺伝子が、後の世代に多く見られるようになるだろう。このプロセスは生存に不利であっても働くが、交配における利点よりも生存にとっての不利益のほうが大きければ、その性質を拡大しようとする性選択は止まる。

オスとメスの違いの多くは、この性選択のために起こると考えられている。オスのシカの巨大な角、ゴクラクチョウの鮮やかな色合い、夜に鳴くカエル。そして派手に自分を売り込むのがメスではなくオスなのも、それで説明できる。ダーウィンのもともとのアイデアは、内気なメスがマッチョなオスに口説かれる必要があるという、ビクトリア時代の考え方に基づいていたが、のちに後継者によって修正された。

私の意見としては、性選択を理解するのに最適な枠組みは、ラトガーズ大学の進化生物学者ロバート・トリヴァースの現代的な解釈だ。彼は一九七二年に出版された本の中で、雌雄どちらも多大な労力、時間、エネルギーをかけて自分たちの遺伝子を永続させようとしているが、やり方はそれぞれ違っていることが多いと指摘している。[8]進化とは個体群の中に生じる遺伝子の変化を意味する。つまり生産力の高い個体の遺伝子のほうが現れやすい。その生産力の限界はどこにあるのだろうか。メスにとっては産むことができる、そして場合によっては、育てられる子孫の数で決まる。定義によればメスは卵を生産できる性であり、受精したあとはたいてい（常にとは限らない）母親が世話をする。卵、胚、胎児は、つくる代償が大きいうえに時間もかかるため、メスが全力を尽くしても、生産できる数はかなり少ない。

戦うオスとえり好みするメス

たとえば犬や猫のメスが発情したときは必ず交尾するとして、一生涯に最高で何匹の子を産めるか考えてみてほしい。人間の女性が一生涯で産める子どもの数より多いのは間違いないが、少なくとも理論的には、同じ種のオスが一生のうち持てる子の数よりはるかに少ない。それはトリヴァースが言及しているように、時間にしてもエネルギーにしても、オスよりメスのほうが、子を持つためにはるかに多くを求められるからだ。機会さえあれば、オスは群れにいる（すべてとは言わないまでも）多くのメスに受精させることができる。そのため進化という視点からすると、オスとメスの勝負では、オスが大勝である。けれどももちろん、一匹のオスが勝てば他のオスは負ける。そして多くの種では、ほとんどのオスが一匹のメスとも交配できない。そのため性選択では、メスと交配する機会をめぐって戦えるオスのほうが有利になる。なにしろ競争は激しいのだ。

一方、メスは進化という視点からすると、最高レベルのパートナーと交配したほうがよい結果を残せることが多いだろう。なぜなら生き残る力、あるいは子孫を養う（食物を与えて）力を備えた遺伝子を持つオスとつがえば、メス自身の遺伝子も何世代ものちのち存続する可能性が高くなるからだ。進化生物学の多くはこの違いを前提にして、戦うオスとえり好みをするメスという構造を語る。もちろん例外は多く存在し、トリヴァース自身、重要なのは時間や労力をつぎ込むこと（投資）であり、それをする個体の性別ではないと強調している。もしある種の昆虫のように、オスがメスに受け入れてもらうべく、自らの体液でつくった栄養のあるプレゼントを渡すとなると、その個体の投資量はかなり大きくなる。このような〝婚姻贈呈《ナプシャルギフト》〟と呼ばれるものを贈る種では、オスのほうが相手をえり好みする。タツノオトシゴとその親戚のヨウジウオも、通常の雌雄の状態が逆転したよい例だ。オスはメスが産んだ卵を自分の腹部にある袋に入れ、そこで受精し、やがて自らの小さなコピーを出産する。

一部の研究者と有名ライターは、性別によって違った行動が自然選択で有利になるということは、女性がセックスそのものにあまり積極的ではない、あるいは子どもに対する男性の投資を得るためだけにセックスを望むからだと言う。その一方で、男はセックスそのものを楽しむようにできている。おそらくそれはこういうことだ。もし生殖において男が投資できるのは精子だけで（多いほうがいい）ある一方、女性は快楽の結果、妊娠する可能性を重くみなければならないとすれば、自然選択では次々に新しいパートナーをさがす男性が有利になる。『性の進化論』の著者、ライアンとジェタはこの主張に特に明確な態度を示し、そのまやかしを暴こうとした。彼らはダーウィンの〝反エロチック・バイアス〟を引き合いに出し、ずばり「ダーウィンは、あなたの母親は娼婦だと言っているのだ」と書いている。[9]

ライアンとジェタは、進化生物学の原則を人間の精神面や行動上の適応にまで広げる進化心理学者にも批判の矛先を向けている。この分野の研究の多くは、女性の性的衝動は、男性と比べると弱いという前提で進められていることを、彼らは指摘している。私自身の考えとしては、生物学者も自らの偏見を人間のセクシュアリティ（初期の進化でもそうでなくても）の研究に持ち込んでいるのは確かで、子孫への投資が男女で違うからといって、必然的に女性の欲望が減るということにはならない。セックスの結果が男性と女性で違っても、どちらか片方の喜びが小さくなるわけではない。

本当の父親は誰なのか

オスのほうが浮気しやすい理由として、もう一つよく指摘されるのが、オスとメスの生殖のしかたの違いである。まれに例外はあるが、メスは子どもが自分の遺伝子を半分受けついでいるという確信を持てる。そのためその子どもへの投資は、進化理論の用語を使えば、健全なる投資となる。けれどもそれは必ずしもオスには当てはまらない。人類学的に見ると、オスは子どもが自分の子かどうか確信が持てない。受胎から出産までは何日、何週間、何か月もかかることがあるため、その間にメスが他のオスとつがうことも可能だからだ。

このような違いは、特にメスが受胎するまで一回以上の生殖行動を行なう種では、いわゆる父性の確信が低いことを意味する。もしメスの産んだ子の生物学的父親が自分ではないとすれば、そのオスにとっては最初の相手とずっと一緒にいて子育てを手伝うよりは、別のメスを見つけて子どもをつくったほうが好ましい。しかしメスにとっては、遺伝上の父親であろうとなかろうと、オスに子育てを手伝ってもらうほうが大きな利益を得られる。だからメスは一夫一妻制を望み、オスは多くのメスに手を出すということになる。そして実際、あるメスが自分以外のオスとつがうのを防ぐために進化したと思われる行動をとる動物もいる。たとえばルリツグミのオスは、排卵前後の数日間、メスのそばにぴったりはりつき、他のオスを追い払おうとする。

私たち人間も、ルリツグミに負けていないようだ。女性が生物学的父親と違う男性を父親とする、いわゆる父性詐欺は、ワイドショーやテレビの犯罪シリーズの定番となっている。広告が「あなたは本当の父親？」と挑発し、その答えは近所のドラッグストアで手に入ると、自宅でできるＤＮＡ父性鑑定キットの購入を勧める。オーストラリアの父親権利団体の一部は、生まれた子どもすべてに対し、母親の同意なしに、あるいはそもそも母親に知らせることなく、父性鑑定を行なうことを義務づけるよう求めている。

生物学上の父親が違う割合は何パーセント？

そして世間の人々は、こうした用心すべてが必要だと強く思っているようだ。父親が実は違うというケースが、人口全体でどのくらいの割合であるか推定してもらったところ、ほとんどの人が一〇か二〇パーセントと答え、三〇パーセントという人までいた。三〇パーセントというのは、サウスカロライナ大学の生物学教室の学生を相手に、私が数年前に調査を行なった結果である。つまり六〇人強の学生がいるその教室では二〇人近くが、生物学的には父親でない男性をパパと呼んで生きてきたということになる。それを指摘すると、彼らは悪びれることなく、わけ知り顔でうなずいた。科学者でさえ、一〇パーセントと答えることが多い。遺伝学者で男性の性染色体を研究している（そのため本当の答えを知っている）知り合いが、会議の席でまわりの生物学者たちにその質問をして突き止めたことだ。

ところが真実は（私たちが知る限り）それほどセンセーショナルではない。できるだけ偏見を排した調査では、西欧諸国において父親とされている男と子どもの血がつながっていない例は、だいたい一パーセント前後で、調査によっては三パーセントから四パーセントになったケースもいくつかある。高いほうの数字をとっても、世間一般の予想の一〇分の一にすぎない。まったく偏りのない予測が難しいのは、父性鑑定というのはもともと遺伝上の父親であることを疑って行なう人がほとんどだからだ。そのため、鑑定キットを販売している会社のデータを用いると、本当の親子でない確率を実際よりも高く予想することになる。

この問題を避けることのできる研究は、主に医学文献で見つかる。テイ・サックス病や嚢胞性線維症といった、遺伝性疾患を持つ子どもは、欠陥のある遺伝子を双方の親から受け継いでいるはずだ。こうした家族を多数調べると、子どもが受け継いでいるはずの遺伝子を父親が持っていないケースが、ある割合で見つかる。その割合は一～三・七パーセントだ。それより高い数字（たとえば一〇パーセント）については、母集団に偏りがあるか、あるいは携帯電話の電磁波でポップコーンがつくれるといった類の都市伝説と思われる。

おもしろいことに、女性は貞淑というステレオタイプと、この疑念の間にある矛盾には誰も疑問を抱いていないようだ。男が浮気をしたいと思ったら、相手をさがさなくてはならない。浮気はもちろん二人でするものだ。ヘスター・プリンと胸に縫いつけられたAの緋文字が証明するように、恋のゲームに関してはダブルスタンダードがある。責任の有無とは関係なく、なぜ私たちは自らの不義について、誇張された数字を信じてしまうのだろう。おそらく男と女のセクシュアリティに関する既存の思い込みに、私たちの皮肉な考え方が入り込むのだろう。この章の前半で引用した、ネットに投稿されたコメントにそれが表れている。私たちの祖先が父性についてどのくらい確信を持っていたのか、あるいは持っていなかったのかはわからない。けれども現代の調査結果からすると、悲観的な人々が思うほどには、男が多くの女に手を出すわけでもないし、女がパートナーを裏切っているわけでもない。

霊長類のセックス

タツノオトシゴの並はずれた父親力や、華やかな飾りを持つオスのクジャクの重荷は、どのくらい人間に当てはまるだろうか。私たちの祖先のパートナーをさがす行動を理解しようとする人々は、人間の進化の他の面を調べている人と同じ対象を用いる。たとえば他の霊長類、特にチンパンジーとボノボ。

現代の狩猟採集民の社会と、古代文明における結婚のパターンを記録した文書。私たちの体にある、進化の歴史の中で女と男に働いた選択圧を示すもの。これらの資料にはそれぞれ欠点はあるが、どれも貴重なものなので、順番に詳しく見ていく価値はある。

まず霊長類の仲間だ。ゴリラ、チンパンジー、ボノボ、オランウータンといった大型類人猿は、それぞれ配偶パターンがかなり違っている。ゴリラはボスである一頭のオス（年配で毛が白くなっていることからシルバーバックと呼ばれる）と、複数のメスで集団をつくって生活しているが、オランウータンはほぼ一生涯、単独で行動し、チンパンジーとボノボの社会は雌雄混合で数が多く複雑である。チンパンジーの社会はオスの攻撃性が目立ち、暴力も起こるが、ボノボは集団の他の個体と食物を分け合う傾向が強い。どちらの種でも、雌雄両方が複数のパートナーとつがう。私たちの近い親戚であるこれらの種では、長期的な一雌一雄関係は見られない。

チンパンジーとボノボと私たちが共通の祖先から枝分かれしたのは、わりと最近なため、私たちのセックスに関する性癖、たとえば貞節やその欠如、あるいは特定の性的パートナーの好みなどは、これらの動物に由来しているのではないかと、人々はずっと以前から考えていた。そこで共通点が見つかれば、その性質は〝自然〟（それがどういう意味であれ）ということになるのか、まして遺伝的に決められていて変えられないのかどうかは、また別の問題である。とりあえずは人間のセクシュアリティが、親類の動物にどのように映し出されているか見てみよう。

ボノボの研究者ほぼ全員が、その生活の中で性的行動が基本的役割を果たしていることに感心する。ボノボは対立を性的行動で解決する。オス同士、メス同士といった同性間でもそれは変わらない。チンパンジーと同じくボノボも、雌雄どちらもいる、個体数が多くて、やや入れ代わりも多い集団で生活している。チンパンジーと違うところは、ボノボは日常的にはそれほど荒っぽい行動はしない、そしてメスがオスより優位に立ち、少なくともときどきは、食物から追い払うことがあるという点だ。

チンパンジーとボノボ、どちらも初期人類のセクシュアリティを調べるモデルとして、何年も前から調べられているが、ボノボが詳しく研究されるようになったのは一九七〇年代後半からだ。チンパンジーの社会的行動については、その数十年前から記録されている。チンパンジーの攻撃性と、ボノボのオープンなセクシュアリティは、以前から注目されていて〝チンパンジーは火星から、ボノボは金星からやってきた〟とよく言われる。有名な霊長類学者のフランス・ドゥ・ヴァールは、私たち自身のことを理解するのに、ボノボのセックスライフをどう使うか（あるいは使えないか）詳しく書き記し、「チンパンジーから導かれた……〝男性優位〟の進化モデルに代わる、具体的な説を示してくれている」ものの、ボノボの社会は人間社会と大きく違っているし、私たちの大昔の祖先とどの程度まで似ていたのかはわからないと指摘している[10]。

性にオープンなボノボ

ドゥ・ヴァールは続けてこう推測している。「もしボノボがもっと前から知られていたら、人間の進化を再構築する試みにおいて、戦い、狩猟、道具をつくる技術などの男性的な長所よりも、性的関係、雌雄の平等、家族の起源などが強調されたかもしれない[11]」。これは一つの可能性だ。もう一つの可能性として考えられるのは、私たちがもっと前からボノボを知っていたら、ボノボは今考えられているより乱暴で好戦的な性質を持つとみなしていたかもしれない。チンパンジーに比べれば穏やかといっても、ボノボも攻撃性を見せることがあるので、一九六〇年代、七〇年代の人類学者や霊長類学者は、オスの攻撃性を強調しようとしたはずだ。

ライアンとジェタはとてもボノボびいきで、著書ではこの種に見られる、正面からのキスを独特の性

ボノボの群れではメスのほうがオスよりも優位な立場にいることが多い

質として認めるとともに、チンパンジーとは違い、人間と同じように子どもの成長がゆっくりであることを指摘している。[12]また人もボノボも子づくりを目的としないセックスをすることに注目している。たとえば争いを解決するため、あるいは個体間の絆を深めるためのセックスだ。彼らはこの類似性を根拠に、意味のないことはしないチンパンジーより、ボノボのほうが大昔の人間の状況を正確に示していると主張する。彼らはさらに続けて、人間のセクシュアリティはどちらかといえば乱交向きと公言し、一夫一妻という悲哀は、複数の性的パートナーを求めるボノボのような欲望との、勝つ見込みのない苦しい戦いの中から生まれてきたと言っている。数多くの行きずりのセックス、ライアンとジェタに言わせると〝ソシオ・エロティック・エクスチエンジ〟は、当時、社会活動を円滑にする働きをしていたかもしれないが、メスのボノボどうしの間でよくある生殖器と生殖器をこすり合わせる行為が、ブッククラブで流行するとは考えにくい。

一夫一妻制とそれが進化で果たした役割については、この章の後半でまた取り上げるが、ここではボノボや他の霊長類の種が、私たちの祖先の行動の現実的なモデルになるかについて解説をしたい。ボノボとチンパンジーが地上で最も私たちに近い親戚であるのは本当だが、祖先が共通していたのは少なくとも五〇〇万年以上前だ。それだけの時間が経過すれば、自然選択が三つの種それぞれ別に働く。子づくりに関係なく性行為を行なうという性質はボノボと人間とに共通しているかもしれないが、ボノボほど人間に近くはないサバンナモンキーというサルも、メスが妊娠できる期間以外でも性的交渉を持つ。人間のセクシュアリティのある特定の面が、ただ一種の祖先からのみ引き継がれてきたと考える、明確な根拠はない。

動物に人間のパターンを押しつける

そもそも私たちの親戚である霊長類のオスとメスの関係が、なぜ問題なのだろうか。人類学者のクレッグ・スタンフォードは「チンパンジーとボノボの種による違いの核心となる行動（セクシュアリティ、力と支配、攻撃性など）は、人間のジェンダーの問題と、私たちの行動を形成するものの中心にある[13]」と指摘している。彼はさらにフェミニストでもある人類学者、シェリ・オートナーの「自然には文化があるように、女には男がいる[14]」という言葉の意味を広げ、「女に男がいるように、ボノボにはチンパンジーがいるのか」と疑問を呈した[15]。言い換えると、ボノボについてよく知るようになった今でさえ、オスとメスは違うものとして見られ、ジェンダーはいまだステレオタイプ化されている。しかし今では、戦うおもちゃを好む古い男バージョンか、レズビアンセックスと食物分配の新しい女バージョンの、好きなほうを選べるようになったということだ。しかしいずれにせよ、私たちは人間のカリカチュアではない独自の複雑さを持つ動物種に、既存のバイアス（〝自由恋愛こそ自然なもの〟、〝男は荒々しい野獣だという〟）を押しつけているにすぎない。私たちがすべきことは、それらの動物を役割モデルに使うのではなく、実際にどのような動物なのか理解することだろう。

そのうえ、霊長類の社会生活における進化史の役割についての新しい情報によると、私たち人間と類人猿の親戚の間には、重大な隔たりがあるという。二〇一一年、スーザン・シュルツ、クリストファー・オピー、クウェンティン・D・アトキンソンは、社会的行動の進化の歴史をたどり、ある種がどのような形態（雌雄一対、小集団、あるいは大集団）で生活するかは、環境条件より遺伝的関連性に左右されることを突き止めた。[16]

数多くの種で見られる性質（社会集団の構成でも、葉を食べる性癖でも、どんな性質であれ）の進化を理解したいと思ったとき、最初に考えるのは、その性質は同じ祖先から受け継いだのか、あるいは同じ選択圧が働いて、それぞれ違った道筋の進化が何度か起こった結果なのかということだ。霊長類の社会集団構成については、一般通念では、人間のはるか昔の祖先は一対、あるいは家族単位の単純な社会に暮らしていたが、やがてより大きく複雑な集団に進化したと考えられていた。細かい集団構成（たとえば単独で行動する、あるいは単独か複数のオスが率いる集団など）は、食物がある場所をはじめ、生態学上の変数によって変わる。

しかしシュルツらは、現存する二一七の霊長類の種の社会組織について公表されている情報を、遺伝的関連性、さらにその種の進化の歴史の流れに置いてみることができた。彼らは社会組織が遺伝的に近い種の間では、偶然の確率以上に類似性が高くなることを発見した。つまりどのような社会をつくるかについては、環境よりも遺伝子のほうが大きな役割を果たしているということだ。さらに興味深いのは、霊長類が五二〇〇万年前に、単独の生活からゆるい集団での生活へと移行し、やがてそれがより安定した社会になったとわかったことだ。その後、直線的な進化で集団が複雑化するのではなく、一対で生きる社会と、単独のオスがつくる現在のゴリラに見られるようなハーレム社会の両方が、およそ一六〇〇万年前に現れた。

私たちは人間とチンパンジーの最後の共通の祖先が、およそ五〇〇〜七〇〇万年前に生きていたのを知っている。私たちの性生活の進化という流れの中で、社会組織がいつできたかは重要だ。現代のチンパンジーとボノボが複数のオスとメスたちの安定したコミュニティで暮らしていることを考えると、雌雄一対の形態（初期の一夫一婦制）は、人間が現代に近い時代の祖先から枝分かれしたあとで始まったはずだ。それがいつだったのかはまだ謎のままだが、新しいデータからは、人間の交配パターンは枝分かれしたあと、相当な時間をかけて独自に進化したことが示唆される。

一夫一妻制はどこで生まれたのか

私たちの性の本質に関する二つ目の情報源は、現代文化に生きる人間の生活だ。人間が他の動物と違うのは、一夫一妻制が常態であるということだ（全世界同じというわけではないが）。繁殖期につがいをつくる種は多いが、一生、同じパートナーと連れ添うのは、そのうちひと握りだ。だいたいは何度かパートナーを交換する。そして自然選択理論によると、オスは複数のメスとつがうことで利益を得ることが多いので、最も多く見られる配偶システムは〝ポリジニー（一夫多妻制）〟だと思いやすい。これとは逆の、一匹のメスが複数のオスと同時期につがうシステム、ポリアンドリーという形態をとる種もある。しかしこれは限定的な状況で、メスが一匹のオスとつがい、産まれた子をオスに預けて、次のオスとつがう。ポリアンドリーは人間社会でも見られるが、やはり限定的だ。

それでは現代の人間の一夫一妻制はどこで生まれたのだろうか。数えきれないほどの男と女が、罪深き秘密の火遊びに生きることを運命づけられている（ライアンとジェタならそう主張するだろう）のに、文化がそれを否定するのだろうか。それともこれは適応によって変わる部分なのだろうか。多文化的な視点で家族を語ったある本で、ブロン・インゴルズビーは次のように述べている。「一夫一妻制が最も多くみられる婚姻タイプなのは確かだ。世界全体で男女比がほぼ等しいため、そうなるのは必然だ[17]」。しかしこれは底の浅い推論だ。たいていの動物では、オスとメスの数はほぼ同じだ。しかし配偶システムはさまざまで、まったく交配を行なわない個体（たいていはオス）も多い。本当の問題は、人間の進化でいったい何が起こったのか、である。科学史家のエリック・マイケル・ジョンソンのブログの言葉を借りれば「私たちの祖先は一夫多妻だったのか、一夫一妻だったのか、それとものんきな尻軽だったのか[18]」。その問題はあらゆる面から議論されたが、今になってようやく検証できるデータが集まりつつある。

一夫多妻制は歴史的には多くの例があったし、現代の人間集団でも見られる。裕福な男性は何人もの妻をめとれるが、貧しい男たちは一人だけ、あるいは独身を通すしかない。私たちが知っている一夫一妻制という形態が広まったのは、社会が複雑化し、遊牧民が減って農業が根づいたあとだと考えられてきた。ロンドン大学ユニバーシティ・カレッジの人類学者ローラ・フォーチュナートは、ユーラシアの結婚パターンを、文化系統樹を使って分析した。これはたとえばネコ科の動物なら、ライオンとヒョウは、オオヤマネコやピューマとよりも近い関係にあるといった関係を示す、進化系統樹をまねたものだ。フォーチュナートは言語に基づく集団の歴史的関係を組み込んだ。たとえばポルトガル語を話す人とスペイン語を話す人は、それぞれリトアニア人より近い関係にあるとみなされる[19]。

分析の結果は驚くべきものだった。調査を行なった二七の社会のうち、一八（三分の二）が一夫一妻制、残りの三分の一が一夫多妻制だった。この結果自体は予期できたが、もっと興味深いのは、一夫一妻制が、現在の記録に残されているより、はるか前に生まれたらしいことだ。つまり少なくとも狩猟採集民として遊牧生活をおくっていた祖先のあと、初めて現れた定住者の少なくとも一部は、一夫一妻制だったようだ。そうなると、一夫一妻制は工業化された生活によって生じた、最近の現象だという議論は成り立たなくなる。

しかしまた別の証拠から、複数のパートナーを持つ形態、特に男一人が複数の女とつがう形も（ライアンとジェタが主張するように）人間の歴史の一部だったことがわかっている。ただしそこには別の解釈もある。人間のゲノムに関する新たな情報により、遺伝子から過去を調べられるようになった。とりわけ昔の婚姻パターンは、性染色体の遺伝子の多様さを調べ、そのバリエーションを他の染色体の遺伝子の多様さと比較することで推測できる。

一夫多妻は人間の歴史の一部

女性はX染色体を二本持つが、男性は一本しか持たない。すべての子どもが母親からX染色体を引き継ぐが、父親からX染色体を引き継ぐのは娘だけだ。この差が何を意味するかといえば、X染色体の遺伝子の多様化については、男性より女性のほうが寄与するところがはるかに大きくなるということだ。**ではそれが**何を意味するかというと、一夫多妻の社会で少数の男性が複数の妻をめとると、全体的に子どもの遺伝的多様性が減ずるが、X染色体だけは例外になるということだ。男性はX染色体を娘に与えるが、女性は娘だけでなく息子にもX染色体を与える。そのため父親のせいで全体的な染色体の多様性が減じても、母親のおかげで、X染色体の遺伝的多様性は維持される。そのためX染色体と他の染色体で遺伝的変異を比較すれば、前者のほうが高い多様性を示すはずだ。マイケル・ハマーと同僚たちが、世界中から集めたサンプルを分析したところ、まさにそのような結果となった。つまり一夫多妻制は人間の歴史の一部であり、その証拠は私たちの遺伝子に残されていると、彼らは結論した[20]。

別の解釈についてはどうだろうか。男性より女性のほうが、次の世代に多くの遺伝子を伝えるという考えは、これらの新しいデータも支持している。けれどもある個体群の遺伝的多様性に影響を及ぼすのは、何人の男性が女性と子どもをつくるかだけではない。もう一つの重要な要因は、それぞれの性が誕生した場所からどのくらい遠くまで移動するかだ。新たに人が入ってくれば、新たな遺伝子が入る。出入りが少なく、隣人や、特に親戚と結婚する人が多いと（たとえ遠い親戚でも）、全体的な遺伝的多様性が減少する。男が動かず女が夫の住んでいるところに行く社会もあれば、逆の社会もある。

ハマーらの研究によって、一夫多妻制の遺伝子シグネチャーを約一万年前までさかのぼることができた。そのころから穀物を食べ始めるとともに、父方居住の生活パターンが多くなり、女性が生まれた場所を離れるようになったと、人類学者は考えている。そのような社会では複数の女性が同じ男の住居に行くことができるので、一夫多妻制になりやすい。そしてハマーらが発見したような、X染色体の変異のパターンが強化される。けれども一夫多妻の増加はかなり最近の現象で、太古の昔に確立されていたわけではなかっただろう。つまり一夫一妻制が人間社会の原型だった可能性もある。ハマーらのとは違う結果が出た研究もあり、その不一致は分析されたデータのタイムスケールの違いにあるとされている。

少数の男が優位に立ち、女性がおとなしく従うというパレオファンタジーは、誰もが夫婦になって決して浮気しないというのと同じくらい非現実的だ。人間は時代と場所により、さまざまな婚姻システムのもとで、うまく子孫を産み育ててきた。食事や運動をはじめ、他のあらゆる生態について、私たちは唯一の〝自然〟なやり方を決めたがるが、そのようなものは存在しないし、自然なセックスのパターンもただ一つではない。

肉と貞節の性的契約

もう一つの人間の特徴は性別による分業だ。男と女は社会の中で違う仕事を行なうことが多い。この分業は、他の性別による差異（たとえば女性には数学的能力が欠けていると考えられていること）や、核家族の進化や、（またまた）一筋縄ではいかない不貞などに結びつけられることが多い。では私たちの祖先は本当に一九五〇年代のような家族の分業形態で、男が外に出て大きな肉を持ち帰り、女は子どもを育てながら、土を掘って植物の根をさがすという暮らしをしていたのだろうか。それとも事実はもっと複雑だったのだろうか。

この章ではこれまでのところ、セックスと進化において重要な、おそらく最も重要な要素にあえて触れずにきた。その行為の結果、つまり子どものことだ。動物において一夫一妻制はたいてい、子どもの世話があまりにもたいへんで、片親だけでは育てられないときに進化するが、人間もその条件を間違いなく満たしている。サラ・ブラファー・ハーディが著書の『マザー・ネイチャー「母親」はいかにヒトを進化させたか』と『母親と他者』で詳細に語っているように（本書でも第八章でとりあげる）、人間の赤ん坊はとてつもなく手がかかる。離乳したあと、長期間にわたって食べ物を与えなければならないし、自然や天敵の攻撃からも守らなくてはならない。感情を排した客観的な視点からすると、家族に食べ物を与えるという形で、世話されたときの投資を返せるようになるまでには、何年もかかる。

これほど時間もエネルギーも吸い取る小さな生き物が、どうすれば生き残れるだろうか。生物学者の多くは、その答えは家族構成、特に子どもの父親にあると考えていた。ダーウィンをはじめ科学者たちは、有史以前の男たちは狩りをして、家で待つパートナーや子どもたちに食べ物を持ち帰っていたと理論づけていた。女は家で火のそばにとどまり、父性への信頼を確実なものにするため、自分の夫をじっと待っていた。大きな脳の進化もこのシナリオに含まれる。頭のいい男のほうが優秀なハンターとなり、家族に肉を供給できる可能性が高くなって、進化で有利になったと考えられるためだ。この仮説によれば、性別による分業は、知性の進化を促し、どんどん頭がよくなるというフィードバックループを生み出したため、人間のユニークさの本質的要素だということになる。

ハーディはこうした肉と貞節の交換条件を〝性的契約〟と呼んでいるが、そのバリエーションが、過去数十年にわたって私たちの進化の物語の一部に残っている。ハーディの関心は、主に子育てと人間の家族にそれが与える影響に向いている。それについては第八章で掘り下げるが、性的契約はジェンダーの違いや、性の本質を理解するのにも重要な意味を持つ。

男は狩猟、女は採集?

いくつもの理由から、狩猟は華やかで、そのため採集よりも重要な仕事とみなされている。そして二〇世紀にはほとんど、家に肉を持ち帰ることが、木の実を摘むことよりも、人間進化の中心にあると考えられていた。ハンティング、ひいては男性をジェンダーによる役割の進化という考えの前面及び中心に据えるということは、女性の仕事はその集団にとって特に価値があるとみなされていないことを意味する。人類学者のロリ・ヘイガーは、〝男はハンター〟という初期モデルが人気だった理由の一部は、一九四〇年代から六〇年代につくられた西洋の家族像を正当としていたからだと主張している。[21] 現在でも、博物館で見られる有史以前の家族のジオラマやイラストではほとんど、男は槍か捕まえたウサギを持ち、女は子どもを胸に抱き火のそばに座っている。女は家にいて子どもの世話をし、男は外に出てベーコンや巨大な肉を持ち帰るということを、言外に伝えているのだ。

一九七〇年代から、多くの(主に女性)人類学者が、この男性的な視点に疑問を呈するようになった。

特に有名なのがカリフォルニア大学サンタクルーズ校のエイドリアン・ジールマンである。ジールマンと他の数人は、現代に生きる狩猟採集民族では、その集団が摂取する栄養の大半は女性が集める植物が占めていたうえに、オーストラリアのアボリジニなど、女性も狩猟を行なう文化も存在することを発見した。それでも〝男はハンター〟モデルは廃(すた)れていない。ジールマンは「それが男を中心とする生活を支持し、攻撃的な男の行動に進化論上の基盤を与え、銃の使用、政治的攻撃性、男が女を囲い込む関係を、人間の進化史の〝当然〟の結果として正当化する材料になった[22]」と示唆している。

ジールマンらは一九七〇年代から、人間の進化についてそれまでとは違う、子育て以外の女性の寄与と、女性の生活に注目した〝採集者としての女〟説を推し進めている。過去二〜三〇年で、他の説も提唱されている。たとえば親族以外への食物分配は、家族を超えた集団との複雑な社会的取引の準備となるので、初期の人間の進化における重大な要素とみなされることがある。これについてはあとで説明する。さらに加えるなら、私たちの祖先における狩猟と採集の相対的な役割は、いまだに人類学者たちの間で議論されているのである。

スタンフォード大学のレベッカ・ブリージ・バードは、現代の狩猟採集民において、男と女が集める食物の品目は違っていて、女は豊富にとれる小さくてリスクの低い食物、たとえば貝やベリー類を、男は希少で捕まえるのに苦労するもの、ウミガメやシカの肉をとる傾向があると指摘した[23]。この分業はただ誰もが家族を支えるために、自分のできる最善を尽くしているということなのだろうか。おそらくそれは違う。男はリスクの高い食物ばかりを追い、負うべき責任の一端を果たせずにいるかもしれない。バードによれば、男は植物性の食物、たとえばメラネシアでは主食であるヤムイモを得ようとするときでも、「特大のイモを育てようとして、一個の穴を掘るのに何日も費やすことがあるが、女は小さな穴を掘って〝テーブル〟サイズのヤムイモを何十も植える[24]」。その結果、男性がつくった作物は立派ではあったが、大きさを競う品評会向けだったらしく、最後には分けられて、食用ではなくその後の植え付けに用いられた。

バードは女性が子育てのニーズと、狩猟採集の需要をトレードオフした可能性を調べた。大きな動物のハンティングと乳幼児の世話は両立しないからだ。ワークライフバランスの必要性は、南米のアチェ族にとっても、ニューヨークの住民と同じくらい現実的な問題らしい。しかしトレードオフが答えのすべてではない。子を産める年齢を過ぎた女性が、若い女性よりハンティングに時間を割いているようには見えない（少なくとも一部の狩猟採集文化では）ので、子どもの世話以上のことがあるはずだ。

集団で食物を分け合う社会

さらに世界中の多くの社会では、子どもやパートナーだけでなく、他の集団の成員とも食物を分け合っている。そのような寛容さは社会の潤滑剤として重要な役割を果たしているが、男女がそれぞれ提供できるものが釣り合っていなければならない。たとえばもし女性が大きな獲物を持ち帰れないとすると、彼女らがときどき思いがけない大物を仕留めて、みんなに配るということが起こる可能性は低い。全体的な集団と比較して、家族にどのように食物が提供されているかを調べるため、レベッカ・バードとブライアン・コディング、そしてダグラス・バードは、三つの狩猟民族についての、男性と女性による狩猟採集の報告を再検討した。その三つとはアチェ族、オーストラリア北西部のマルトゥ族、トレス海峡諸島東部のメリアム族である。[25] これらの社会における性別による分業の態勢は、大きく違っている。アチェ族では男性が食物の八五パーセント以上を供給しているが、マルトゥ族では集団が摂取するほとんどのカロリーを、女性がまかなっている。採集可能な食物源がハイリスクなときは、女性の寄与がより重要となる。子どもは父親が次にカンガルー肉を持ち帰り、集団より先に分けてくれるのを待ってはくれない。逆に食物がもっと確実に手に入るとなれば、男性のさらなる寄与と分配が重要になる。

三つの非常に違った社会すべてで、研究者たちの予測を支持する結果が出た。狩猟にしても採集にしても、そこでどんな食物が入手可能かによって変わるということが強調されている。たとえばメリアム族では、カメの捕獲はほぼ一年を通して運任せだが、営巣シーズンにはもう少し確実な成果が見込める。そのときだけは、女性も狩りの計画を立てたり、肉をばらしたりするのを手伝う。営巣シーズン以外のリスクの高い時期に狩りをするのは未婚の男性だ。三つの社会すべてで、何がどのくらい収穫できそうかによって、男性も女性もやることが変わる。

肉はコミュニケーションの媒体

狩りで手に入れた食物、特に大きな動物の肉はハンターの家族だけが食べるのではなく、その集団全体で分けられることが多いという事実に加え、安定して供給されるのが難しいという性質から、狩猟の主たる機能は、生きるための最低限の糧を得ることではないという声が、人類学者の間から出ている。ユタ大学の人類学者クリスティン・ホークスは、狩猟は男が将来の伴侶に対して自分の魅力を誇示するための手段であり、狩猟の腕がいい男は社会的集団の中で高い地位を得ると述べている[26]。取ってきた肉を食べない、あるいはその集団の人々が肉に感謝しないということではなく、一人あたりの肉の取り分からすると、他の食物源から得られる食物に比べて、それが自分の子どもの生存可能性を特に高めるわけではないということだ。

そうなると大きな動物の狩りは不確実なので、家族を養う唯一の手段とするにはリスクが高い。妻と子どもを狩猟だけで食べさせるというのは、現在なら、バンドでギターを弾いて家族としての責任を果たすと言うようなものだ。しかし狩りで得た肉は単なる食べ物ではない。それはシグナルだ。それをホークスとバードはこう表現している。「栄養源という価値以上に、肉はハンターが伴侶となりそうな相手、仲間、ライバルに情報を伝える、コミュニケーションの媒体なのだ」[27]。集団に貢献することで、腕のいいハンターは仲間からの尊敬を勝ち取る。彼らはここで〝誇示する〟とは、実際に自慢する行為であるとは限らないという。実際、アチェ族の間では、肉は華々しく歓迎されるわけではなく、そっと持ち帰られる。けれどもそれを持って帰るのが誰か、みんなが知っている。

この〝ステータス・シグナリング〟仮説は、他の人類学者から批判されており、批判派はハンターによる家族への貢献度の最適な計算法や、分けられた肉に対して同等の報酬があるのか、性別による分業には他にどんな要素が働いているのかを、引き続き議論している。しかし現代の狩猟採集社会（おそらく私たちの祖先たちも）に対する見方は、やはり三つの結論に行きつく。第一に、性別による分業はこんにちでも広く見られ、大昔にもそうであった可能性が高い。おそらく男はリスクが高いが利益が少ない作業を担当していた。しかしより重要なのは、次に述べる第二の結論だ。それはほぼどんな時代のどんな社会であれ、男も女もできる作業を柔軟に行なっていたということだ。人類学者のジェーン・ランカスターはさまざまな人間の文化で、女性は男性が行なうほぼすべてのことをしているが、金属細工だけは例外であることが知られていると指摘した。それは脇目もふらずに取り組み、集中力が求められるため、小さな子がいるところではできないからだろうと、彼女は推測している[28]。第三に、こうした男女差が見られる作業（貝を集めようと、ヤムイモを掘ろうと、オオトカゲを罠にかけようと）があるからといって、女が買い物をしている間に男はフットボールを観ることから、道を尋ねる能力（あるいはその欠如）にいたるまで、現代のジェンダーによるステレオタイプを正当化する理由にはならない。原始時代の男は狩りに出かけ、女は子どもと家にいるというパレオファンタジーどおりなら、誰もがじゅうぶんに食べることができないという事態に陥っていただろう。

私たちの行動は固定されたものではなく、違った文化や違った状況では、男と女のふるまいも変わる。そしてネアンデルタール人の出会いの場の記録が保存されていなければ、私たちの祖先のセックスの性癖については推測するしかない。それともそのような記録が残っているのだろうか。行動は化石化されなくても体は化石で残り、そこから驚くほどの量のことが推測できるからだ。たとえば恐竜の卵や子どもが成体の恐竜とくっついている化石が発見され、恐竜の中には子どもを守ろうとするものがいたことがわかったのだ。

オスが大きい動物は一夫多妻

また自然選択や性選択が、性別に対してどのように働いたのかは、オスとメスの体のどこがどのくらい違うかを見て、その違いを種ごとに比較するだけでわかる。ダーウィンはこれらの違いに特に大きな関心を持ち、第一次性徴と第二次性徴という区別をつくった。第一次性徴はオスとメスを定義する性質、いわゆる性器で、人間（そして他の哺乳類）の場合、男は精巣、女は卵巣を持つ。動物はすべて第一次性徴を持つが、それがすぐにわかるものもあれば、わかりづらいものもある。たとえばげっ歯類の多くは、専門家でないと、性器の周辺を見て雌雄を見分けるのは難しい。

第二次性徴はさらに多様で、ダーウィンはそれにも大いに興味を持っていた。それは第一次性徴以外の違いすべてを指す。生殖に直接関わるわけではないが、性別によって違う性質、たとえば前述したクジャクの尾や、オスのカエル、コオロギ、鳥の鳴き声などもそうだ。人間の第二次性徴には、女性の胸のふくらみ、男性のひげ、そして（大昔の婚姻システムを調べるのに最も関わりが深いと思われる）体の大きさの違い（男は女より平均一五センチ背が高い）などが含まれる。

体の大きさの違いは、程度の違いこそあれ、多くの種で見られるが、クジラや昆虫の多くでは、メスのほうが大きい（メスのほうが大きくなったのは、より多くの卵を産めるからとか、子どもに栄養を多く与えられるからと言われている）。オスのほうが大きくなったのは、戦うときに有利になるよう性選択が働いた結果と考えられている。その戦いは一般的に、メスをめぐる争いだ。たとえばゾウアザラシでは、二トンあるオスはメスの二倍以上の大きさで、オス同士が海岸の繁殖場で優位に立とうと何時間も戦う。勝者は海岸にやってきた多くのメスと交尾できるため、進化の視点からは最大のオスが最大の勝者ということになる。つまり一般的には、オス同士の競争が激しく、一夫多妻の形態をとる動物は、雌雄のサイズの違いが大きい。

霊長類の親戚では、ゴリラ（一頭のオスと複数のメスの群れで生活する）が、特に雌雄で体の大きさが違い、オスはメスの約二倍である。オランウータンでも同様のサイズの違いが見られる。対照的に、一夫一妻のテナガザルは、オスとメスがだいたい同じ大きさで、ブラジルに棲むムリキ（ウーリークモザル）も同様だ。ムリキは多婚制で、繁殖期にはオスもメスも複数の性的パートナーを持つ。霊長類の多くは、オスとメスで歯にも違いが見られる。たとえばオスのヒヒには長くて鋭い犬歯があるが、メスにはない。この歯はオス同士の戦いのとき用いられる。

人間の場合（チンパンジーやボノボも同じく）それほど差は大きくはないが、やはり男女で体の大きさに違いがある。そのため人間の場合、進化史上、一夫多妻制はごくわずかか、多少は見られたというレベルでしかなかったと結論づけている研究者が多い。また体格の男女差は、過去数十万年で小さくなっていることが化石証拠で示されているが、そこから何かの結論を引き出すのは難しい。白骨化したヒトの化石はそもそも骨の大きさによって男か女か区別しているからだ。オハイオ州ケント州立大学の人類学者であるオーウェン・ラブジョイは、この考えの延長で、人間の一夫一妻制は少なくとも、人間の祖先で二足歩行していたアルディピテクス・ラミドゥスが生きていた、四五〇万年前には生まれていたと提唱している。さらにそれは二足歩行によって促進されたとも述べている。両手が自由になったおかげで男は道具を持って狩りに行き、女に肉を持って帰る。女は食物を持ってきてくれる伴侶に対し、貞節をもって報いる。ハーディの〝性的契約〟式に、お互い好都合な取引になるというわけだ[29]。

もちろんすでに指摘したとおり、このはっきりした分業は現代の狩猟採集社会では続いていない。さらに人間の男女の体の相対的な大きさが、チンパンジーやボノボとそれほど変わらないことを考えると、もっと情報を集めないと、なぜ人間が一夫一妻なのに、チンパンジーとボノボは数多くのパートナーとつがうのか説明することはできない。ラブジョイはまた、アルディピテクスはボノボに似て、比較的、友好的だったが、ドゥ・ヴァールが指摘したとおり「男女が手をつなぐか、結婚指輪でもしている化石が発掘されない限り、彼らが一夫一妻制によって対立を避けていたという考えはまったくの空論にすぎない」と述べている[30]（たとえそんなものが見つかっても、断定できはしないと文句をつけることはできるが、ドゥ・ヴァールの指摘は正当なものである）。

さらに性的二形性の大きい種は、一夫多妻と考えられるが（〝二形性〟とは大きさや形の違いを指す専門用語）、雄と雌がかなり似ているとき、それが何を意味するか明確ではない。場合によっては、大きいことがそれほど便利でないこともある。ハチドリなど空中戦を繰り広げる種では、身が軽く機敏なほうが勝利を収める。他の変数、たとえばつがう相手を同じ集団内で見つけるか、外で見つけるかも、オスの競争力に働く自然選択の強さに影響を与える。

たとえ性別による大きさの違いについて証拠を見つけても、その違いの程度が、交尾のための競争の結果で生じたとは限らない。現代は文化によって、身長の二形性の程度はさまざまで、南米のマヤ族における男女差は、ほぼ一〇パーセントだが、台湾ではたったの五・五パーセントだ。ロンドン大学ユニバーシティ・カレッジのクレア・ホールデンとルース・メイスは世界の七六の民族で、身長、一夫多妻制の程度、食物を得る手段（狩猟か農業か）、産業化以前の時代の性別による分業などについて調べた[31]。一夫多妻制によって種としての二形性が生まれたのなら、文化的に一夫多妻制が浸透している民族ほど、性的二形性が大きいと考えるのは理にかなっている。

男女の身長差と婚姻形態

あとの二つの変数が興味深いのは、一夫多妻制以外にも、性別による体の大きさの違いに影響を与えるものがあると仮定しているからだ。おそらく男と女の生活のしかたも要因の一つだろう。事実、女性が食物の生産に関わることが多い文化圏では、男女の身長差は小さかった。それはきっと食物の分配についても、女性が大きな発言力を持てたからだろう。その社会が一夫多妻制か、そうでないかで差は見られなかったが、これらのサンプルでは、配偶システムの影響をすくい取れなかった可能性を、彼らは指摘している。フォーチュナートが結婚を分析した研究のように、社会の間の歴史的な関係を考慮に入れる必要があった。そして実際にやってみたところ、少ないサンプルしか残らなかった。

私たちの配偶の歴史について、体から集められる最後の証拠は、身長よりもプライベートな部分だ。哺乳類の多くでは、オスの精巣の大きさが、短期間につがう可能性のあるメスの数と相関している。精巣はもちろん精子をつくるところで、一般的には大きいほど多くの精子をつくることができる。ふつう動物のオスは膨大な量の精細胞をつくるが（人間の場合、射精される量は一・五〜五・〇ミリリットルで、一ミリリットルあたりに二〇〇〇万から一億五〇〇〇万個が含まれている）、射精するには補充しなければならないため、交尾の頻度があまりにも多いと、受精させることが難しくなるかもしれない。それに加えて、メスが短期間に二匹以上のオスとつがう場合、生殖器官の中で精子が競合する可能性があるので、できるだけ多くの競争者を送り込めるオスが有利になる。

霊長類を含めた動物についてのいくつかの研究で、一夫一妻が主流の種より、交配のための競争が激しい種のほうが、オスが大きな精巣を持つという結果が出ている。しかしおもしろいことに、カール・ソールズベリが二〇一〇年に行なった研究では、哺乳類の種で、つがう相手以外との交配（一夫一妻の動物の多くで見られる婚外交尾）の頻度と、精巣の大きさには相関が見られないことから、精子の競争以外の要因も働いていることが示唆されている。[32] ソールズベリはまた、一度に産まれる子の数が多い動物ほど、精巣の相対的サイズが大きいことも発見した。ここでもオス同士の競争だけが、生殖器の進化の裏にあるすべてではないということが示唆される。

人間はこの図式のどこに当てはまるだろうか。人間の（体の大きさに比して）精巣の大きさは、チンパンジーやボノボよりも小さいが、一夫一妻のテナガザル、あるいはゴリラよりは大きい。オスのゴリラはメスよりかなり大きいが、彼らは集団で生活し、その中の一頭のオスのみがメスとつがうため、そのリーダーであるシルバーバックは他のオスと競う必要はあまりない。ほとんどの研究者が、この結果は一夫多妻が減っているという説を裏付けるものだと結論しているが、ライアンとジェタは、これはオスもメスも同時に複数のパートナーを持つポリアモリーを示唆するものと主張している。[33] また彼らは民族的背景が違うと、精巣の相対的サイズも違うことを指摘するが、それぞれの文化の複数交配の程度がどのくらい違うのかわからないため、そのような情報から何らかの結論を引き出すのは難しい。

一夫一妻制に未来はあるか

最近、私たちの親戚のサルにはあるが、現代の人間にはないＤＮＡの鎖を細かく調べたところ、少なくとも女性にとっては喜ばしい欠損が明らかになった。それは〝性殖結節〟、わかりやすく言うとペニスのとげだ。チンパンジーを含め、他の哺乳類の多くでは、ペニスには硬くなったとげがあり、それはパートナーの前の相手の精子をかき出す役割を持つのではないかと考えられている。このような構造が人間にないのは、それを発達させるホルモン信号を出すための遺伝子が欠けているからだ。人のペニスが比較的なめらかなのは、精子の競争が少ないことに関係していると考えられている。

では一夫一妻制は、乱交へと向かう進化の流れにさからっているのだろうか。そうは思えない。一生、単独のパートナーと添い遂げるのは、動物の間ではまれだし、人間でさえ少ないかもしれない（この章の初めで引用したように、コーンシロップに例えるべきかどうかはともかく）。しかし時代も場所もさまざまな人間社会に見られる膨大な数の交配システムがあり、それらすべてが人間の本質を無視しているとは考えにくい。もし進化が単独の結婚、あるいは性的システムにとって有利に働くのなら、なぜそのパターンに収束しないのだろうか。

まだ説明が必要なパズルの断片は、進化の本当の報酬だ。それは〝F〟で始まる単語……と言っても、あのFワードではない。人間のセクシュアリティについてのアイデアの中には、非常に露骨なものがあるのは確かだが、私がここで言おうとしているのは、〝適応（フィットネス）〟――遺伝子をうまく引き継ぐことを表す生物学の用語だ。ある交配システムは、その実践者が他よりうまく子孫を残し、その子孫がさらに子を産んでいく限り続いていく。人間がどうそれを行なっているのかが、次の章のテーマである。

第八章　家族はいつできたのか

人間の赤ん坊は他の動物に較べて成長が遅く、手がかかる。幼児の世話をしてきたのは誰なのか。人類の進化を家族の視点から考える。

人間の赤ん坊は小さくてきわめて特殊な生き物だ。人間の特徴のなかでも、赤ん坊とそれを育てる方法の特殊性は特に際立っている。もちろん性生活も人間にとっては重要であり、そちらのほうが注目されがちではあるが、性生活には他の動物たちとの共通点が多い。私たちは異性に対するはっきりした好みをもち、配偶者候補に自分を誇示し、好みの異性を得るために争う。それにある方角を向いて目を細めれば、マーモセット（キヌザル）と言っても通用するほど外見も似ている。まあ、体毛がないことと屋内トイレを使うことで人間だとばれてしまうだろうが、ともかく私の言いたいことはわかっていただけると思う。前章でも述べたが、人間のように一夫一妻制は動物では少ないものの、まったくないというわけでもない。

人間の子どもはなぜ成長が遅いのか

それに対して、人間の子どもほど不釣り合いに大きくて、世話が焼けて、成長の遅い子どもを持つ動物は、霊長類にもそれ以外の動物にも存在しない。パレオダイエットを紹介するPaleohacks.comというウェブサイトにも、以下のようなコメントが寄せられている。「人間の赤ん坊はひ弱すぎるわ！　おまけに、自立するのに時間がかかりすぎる！　自力で食べられるようになるのに、人間と同じくらい時間がかかる動物なんて、他にはいないわよ。一体どうしてなの？」[1]

実際のところ、一体どうしてなのだろう？　人の子どもはなぜ成長が遅いのか。私たちの育児法には、人間の進化の歴史がどのように反映しているのか。そうしたことを理解すれば、人を人たらしめているもの——性生活などの特性を解明する役に立つ。性行為を行なっても遺伝子がのちの世代に受け継がれず、適応度を高めないのであれば、進化の観点からは何の意味もない。人間にとっての適応度とは子どもの数を意味する。もしある行為によって赤ん坊の出生と生存が可能になるのなら、その行為は進化上有利になる。だがある行為によって気持ちよくなったり、長生きできたりしても、生物界の通貨である子どもの数の増加につながらなければ、進化上は無意味なのだ（外見はともかく、子どもはお金のようなものだ）。

それでは、その例外である人の子どもについて考えてみよう。まずは親戚の霊長類との比較だ。動物園でチンパンジーやゴリラの親子を見たことがある人なら、母親の背中やおなかから、子どもの小さな顔が見え隠れしていて、母親は子どもをしがみつかせたまま無頓着に動き回っているのを知っているだろう。母親は子どもが落ちないように努力する必要もない。サラ・ハーディも記しているが、「産まれたてのか細い子ザルは、産まれて数分後、母親がまだ胎盤を食べているうちから、そのおなかの毛をつかんでしがみつくことができる」[2]。サルや類人猿の赤ん坊は、人間の赤ん坊にとっては夢物語でしかないようなことを産まれながらにしてできるのだ。といっても、サルのように動きたいと夢みるほど、人間の赤ん坊の神経系は発達していない。数多くの専門家が指摘しているように、人間の赤ん坊は例外なく未熟な状態で産まれてくるため、他の類人猿の産まれたての状態にまで到達するには、まず子宮内で九か月間育ったあと、出生後に九か月から一二か月も成長しなければならない。

大きな脳が招いた必然

人間がこれほど未熟に産まれるのは、大きな脳がまねいた必然的な結果だと考えられている。成人女性とチンパンジーのおとなのメスでは、体の大きさはあまり変わらないが、母親の体重に対する赤ん坊の体重は、チンパンジーではたったの三パーセントなのに対して、人間ではおよそ六パーセントにもなる。ボストン大学のジェレミー・デシルバは、類人猿のほか数多くのヒト族の化石で、母親に対する赤ん坊のサイズの比率を計算し、二〇一一年に論文を発表した。それによると、大きな赤ん坊が産まれるように進化したのは、三〇〇万年以上前のアウストラロピテクスの時代だったという。これは他の人類学者たちの意見よりも、かなり早い時代だ[3]。デシルバによれば、ベビーカーもスナグリ（抱っこひも）も持たない初期の祖先たちが、そのように大きい赤ん坊を連れ歩くのは困難だったため、アウストラロピテクスはそれが原因で樹上生活から地上生活へ移行したのではないかという。この変化もまた、人の進化の歴史上もっとあとに生じたと考えられていた。ここで興味深いのが、人類学者ティム・テイラーの説だ。彼によると、初期人類は抱っこひもの一種であるベビースリングを発明していた可能性があるという。その目的は二足歩行しながら両手を自由に使えるようにすることだったが、結果として赤ん坊の脳がそれまで以上に大きくなり、動く能力も低下したのではないかというのだ[4]。しかしスリングを作るのに使用されたであろう繊維は、土器や石器のように現代まで残らないため、この仮説を検証することは難しい。

人間の赤ん坊は幼児期に入っても、他の類人猿に比べると未熟なままだ。授乳期間は人間のほうが短くて、途上国の赤ん坊ですら他の類人猿より離乳が早い。たとえばチンパンジーの子はおよそ四歳半ま

小さなギムリとじゃれあう青年期のオスのチンパンジーのタイタン。母親以外の個体も子どもたちとふれあうことが多い

で母乳を飲むが、人の子どもは多くの国で二歳から三歳の間には離乳する。ところが離乳したことが自立の証である他の類人猿と違って、人の場合は自立したとは言い難い。離乳後は母親を唯一の食物資源として頼ることはなくなるが、性的に成熟するまでにはまだ長い年月を要する。他の類人猿は離乳すると比較的すぐ繁殖に参加して、たとえばゴリラは七年ほどで最初の子を産むようになる。

小児期は長い年月を要する中途半端な段階で、事実上、人間だけに存在する。乳児期ほど母親を絶対的に必要とはしないものの、一人で生きることはできない。対照的にチンパンジーでは、わずかな例外はあるものの、乳離れした子はすぐに親から相手にされなくなることが、野生個体群の観察結果からわかっている。人間の場合は小児期の次に思春期に入るが、これは性的に成熟してから自分の子を持つまでの期間で、これもまた人間以外の哺乳類では見られない発達段階だ。女性は工業国以外でも、初潮を見た直後から子どもを産むわけではない。二〇〇八年の『サイエンス』の記事によると、最初の子どもを産む年齢は世界平均で一九歳だという。(5)

離乳の時期が比較的早いということは、人間の母親がその他の霊長類よりも短い周期で子どもを産めることを意味している。子を産んでから次の子どもを産むまでの間隔のことを、正式には「出産間隔」と呼ぶが、人の出産間隔は平均で三年あまりなのに対して、ゴリラは四年近く、オランウータンにいたっては実に九年にもなる。繁殖の速さは、ヒトという種がここまで繁栄できた理由の一つでもある。個体数が等しい状態からスタートしても、等しい時間が経過する間にオランウータンよりはるかに多くの子を産むことができるのだから。そのうえ産まれた子どもたちは、現代の薬や衛生環境の恩恵を割り引いて考えても、成人するまで生き残る可能性が高い。これはおそらく親に頼って育つ期間が長いためだろう。

それでは、乳離れしてから成人期にいたるまでの長い期間は、いったい何のためにあるのだろう？そして、そこから人の家族の進化とパレオファンタジーについて、何がわかるだろうか？

小児期が長いのはなぜか

人類学者が人の特性を説明しようとするとき、別の際立った特性を利用して説明することが多い。たとえば複雑な情報を伝達する並外れた能力については、複雑な社会構造と関連づけるし、道具を使う能力については、大きな脳と関連づけて説明する。そのため小児期が長い理由についても、土器やカゴの製造、狩猟といった難しい作業を行なうようになったために、自立するまでに長い年月が必要になったからだという説があるのにも納得がいく。子どものうちに訓練できれば、狩猟採集社会で立派な大人として生活できるというわけだ。この考え方によれば、子どもたちは正式な教育制度が生まれるずっと以前から、自らを教育していたということになる。子どもたちは大人の仕事の予行演習のような遊びをすることが多いが、私たちの祖先の子どもたちは、お医者さんごっこ、先生ごっこ、お姫さまごっこのかわりに、「獲物の追跡ごっこ」や「食料になる植物探しごっこ」などをしていたのかもしれない（ここでは、お姫さまごっこをする女の子たちが何をしたいのかという疑問はおいておこう。シンデレラを夢みる女の子たちのほとんどは、王家とは縁もゆかりもないと思うのだが、その話はまた別の機会に）。

小児期が教育のためにあるというこの説は、理にかなっているようではあるが、裏づけとなる証拠が少ないという問題がある。たとえば現代の狩猟採集民であるタンザニアのハツァ族の場合、子どもたちの一部は未開地で暮らすが、寄宿学校に入って読み書きを習う子もいる。そのような子どもたちは弓矢で獲物をしとめる技術を身につける機会はほとんどない。カリフォルニア大学ロサンゼルス校の人類学者ニコラス・ブラートン・ジョーンズとハーバード大学のフランク・マーロウは、ハツァ族のうち未開地で暮らした子どもと寄宿舎で暮らした子ども、それから、大人になったときのために子どものころから塊茎を掘ってきた女性と、そうしてこなかった男性というグループの間で狩猟採集の技術を比較し、その結果を二〇〇二年に発表している[6]。ブラートン・ジョーンズらは、狩猟採集の技術を競うオリンピックのような大会を開いて、ハツァ族の人たちに有償で参加してもらった。

その結果、男性は塊茎を掘った経験がないにもかかわらず、女性と同じくらい穴を掘るのがうまいことがわかった。「重要だが危険な技術」と人類学者が呼ぶ、バオバブの木登りについても、子どものころから登ってきた若者と初心者とで差はなかった。この結果は、狩猟や採集の技術が容易だという意味ではなく、それらの技術を学ぶのに重要な時期が小児期ではないかもしれないことを意味している。ハツァ族で狩人としての腕がピークに達するのは四〇歳近くであり、このことからも、男性は子どものころから遊びを通して訓練するだけでなく、大人になってからも訓練していたと考えられる。

ブラートン・ジョーンズとマーロウは、小児期が予行演習のためにあるという説を完全に否定してはおらず、彼らが測定した技術以外にも、主に成熟の過程で訓練しなければならないスキルがあるのかもしれないと述べている。しかし同時に、「年齢とともに技術の向上する理由が、学習や練習だけにあると考えるのは危険だ。体が大きくなって力が強くなったことが理由かもしれないからだ[7]」と注意を促してもいる。これと同様の調査はオーストラリアのトレス海峡諸島にすむメリアム族でも行なわれており、そこでは釣り糸と槍を用いた漁の腕前を、成人と子どもとの間で比較している。その結果、困難な作業だったにもかかわらず、どちらの道具を用いた場合でも、両者は同等の腕前を持つことがわかっている。

それでは小児期に習得すべき技術とは、もしかすると身体的な能力ではなく社会性なのだろうか。人間関係は複雑で微妙なもので、どんなに小さな社会集団内にも熾烈なかけひきが存在することを思えば、納得のいく説ではある。ところがこの説にも疑問が投げかけられている。コーネル大学の人類学者メレディス・スモールによれば「最近の研究の結果からわかったことだが、子どもは私たちが考える以上に社会的な関係について理解しており、幼いうちからコツを覚えるらしい[8]」という。「人間関係は砂場や校庭から始まっている」などとよく言われるが、よちよち歩きの幼児でさえ、もめごとを自分たちだけで解決できるし、八歳児ともなれば相手の身になって考え、相手の意図を予測するだけの社会性を身につけている。子どもが集団の一員としてうまくやっていくために、長い時間をかけて社会性を訓練する必要があるという説を裏づける証拠は、ほとんどない。

それでは、小児期が子ども自身のためでなく、両親のために進化したのだとすればどうだろう？　人類学者のバリー・ボーギンはこの考えにそって、いくぶん冷酷な分析をしている。ボーギンによれば、小児期は子どもが親に大切にされながら成長するための時期と考えるより、「両親の生殖と給餌の適応という観点から考えたほうがよいかもしれない」[9]という。子どもたちは多くの国で作物や家畜の世話、弟や妹の世話といったさまざまな仕事の重要な担い手となっているが、衣食住以外の報酬はもらわないのがふつうだ（こづかいを与えるという習慣は、ごく最近までなかった）。ボーギンはさらに「子どもを養うのは比較的安あがりだ」と冷酷な指摘をしている。[10] このように、離乳した年齢の子どもたちがそれまで消費した分のコストを労働によって埋め合わせることで、人は特異的な速さで繁殖できるようになったというわけだ。

仲間と赤ん坊をシェアするサル

小児期が異常に長いという以外にも、人間の家族には注目すべき特徴がある。それは母親以外にも育児に参加する者がいるのがふつうだという点だ。人の赤ん坊は、他の霊長類と同じように、ほとんど常に母親にぴったりと抱かれたがる。人類学者たちが狩猟採集民族の母性行動について調査を始めたときにも、彼らが特に強調して報告したのは、女性たちが食物として根を掘ったりベリーを摘んだりしながら、赤ん坊を体に密着させておく様子だった。研究者たちは、母親たちが赤ん坊を背中にぶら下げている様子が、他のサルや類人猿の母親によく似ていることに驚いたのだ。本能のようにも見えるこの親子間のつながりは、どうやらヒトを含む類人猿やサルに共通の行動のようである。このことも一因となって、のちに「母親と赤ん坊との間のきずなは、子どもの成長にとって欠かせない要素である」という、育児における愛着理論が生まれている。

しかし人類学者たちは、もっと大きな意味を秘めているかもしれない特徴を見逃していた。現代の狩猟採集民族の場合、赤ん坊は常に大人に抱かれていて、砂漠や森（彼らにとってはベビーサークルのようなものだが）に赤ん坊だけで置いておかれることはほとんどない。その点はヒヒやゴリラの赤ん坊と変わらない。人とヒヒやゴリラとの決定的な違いは、赤ん坊を抱くのが誰かということだ。ヒト以外のサルや類人猿では、赤ん坊を抱くのはたいてい母親で、群れの他のメンバーが赤ん坊を抱くのは、その子が産まれたときに群れの新参者としてチェックする短い間だけだ。この短時間の行動すら種によって大きく異なり、ラングール（インド原産の旧世界ザル）では、赤ん坊が産まれると、ほとんど時間をおかずにその子のおばやいとこやきょうだいといった、たくさんのメンバーに赤ん坊が渡される。アカコロブスの母親は、子どもが三か月から四か月になるまでは、他のメスに近づくことさえいやがり、許さない。マーモセットとタマリン（小柄な新世界ザル）は例外で、出産のほぼ直後から主に父親が赤ん坊の世話をする。この例外については、この章の後半でもっと詳しく述べるつもりだ。

育児に参加する「アロペアレント」

それとは対照的に、人の狩猟採集民族では、母親以外の者がかなり長い時間赤ん坊を抱いたり世話をしたりする。赤ん坊と母親との間にはしっかりとしたきずなが形成されており、赤ん坊は幼いうちから母親を見分けることもできるのだが、同じ集団内にいる母親の友人や親戚といったさまざまな人に抱かれたり、食事をもらったり（ときには乳をもらったり）、あやしてもらったりする。人間には、このように母親以外にも育児に参加する「アロペアレント」がおり、このことが、乳離れの早い子どもをたくさん産んで育ててこられた要因だったと考えられている。人は母親だけが育児を行なうようには進化しなかったらしい。

さらに人の育児方法をくわしく調べてみると、動物たちの行なう協同繁殖と共通点があるようにも思えてくる。この「協同繁殖」という言葉を生物学者に言うと、相手はすぐに瞳を輝かせるはずだ。だがそれ以外のほとんどの人たちにとっては馴染みのない言葉だと思うので、説明させていただこう。動物の大半は育児をしない。ほぼすべての無脊椎動物、ほとんどの魚類、爬虫類、両生類も、卵や幼虫を無造作に産み落とすだけで、あとはどこかへ泳ぎ去るか歩き去ってしまう。ウミガメのように、卵を守るための巣をていねいにつくっても、子どもが孵化するはるか前に親がその場を去ってしまう種もいる。

それでも卵が孵化してからしばらくの間、子どものそばに誰かが――たいていは母親が――留まる種も多い。鳥の親はヒナに食物を与えて世話をする。これには、コマドリのように巣にいるヒナに親がせっせと虫を運んで与える場合と、ニワトリのように親がヒナを導いて自分で食物をとれるようにしてやる場合がある。哺乳類はその名の通り母親の乳腺から出る乳を子どもに与える動物なので、当然ながら母親による養育は必須だ。鳥類と哺乳類のどちらのグループにおいても、父親は育児を手伝うこともあれば、手伝わないこともある。

鳥類と哺乳類の一部、その他のグループの一種はもっと進んだ育児方法をとっていて、両親以外の個体も育児に参加する。この行動は最初に鳥類で観察されたため、はじめのうちは「巣における手伝い行動」と呼ばれていたが、哺乳類や魚類にも同じように集団で育児をする種がいることがわかってからは、もっと幅広い生物種に使える「協同繁殖」という用語が使われることが多くなった。協同繁殖を行なう種では、たいていは先に産まれたきょうだいたちが、自分の縄張りを持ったり子どもを産んだりするかわりに親元に留まって、ヘルパーとして育児を手伝っているが、血縁関係のない個体がヘルパーになる例も観察されている。

協同繁殖するミーアキャット

アフリカにすむかわいらしい小動物のミーアキャットは、アニメ映画の『ライオン・キング』やドキユメンタリーシリーズの『ミーアキャットの世界』で有名だが、協同繁殖を行なう動物の好例でもある。ミーアキャットは二〇匹から三〇匹の集団で暮らすが、子どもを産むのはそのうちの一つがいだけだ。その他の個体は、獲物の昆虫をつかまえる手伝いをしたり、捕食者から群れ（コロニー）を守ったり、優位メスの子どもの世話をしたりする。なかでも育児の負担はかなり大きく、子どもを産んでいないメスは子守りをするだけでなく、優位メスの子どもに乳を飲ませたりもする。ミーアキャットの暮らすアフリカの砂漠は、ヘビやサソリをはじめとする危険に満ちた厳しい環境なので、世話をする個体が多いほうが、子どもの生き残る確率が高くなるのだ。

　ミーアキャットの協同繁殖システムには興味深い点が多い。たとえば、アルファメス（優位メス）は、自分以外のメスの妊娠をどのように制御しているのかなど、興味はつきない。だが、本章でミーアキャットをとりあげたのは、ヒトとは異なる家族の形の典型例として紹介するためだ。ミーアキャットの場合、母親と父親に子どもを加えて三匹（あるいはミーアキャットが一度に産む子の数から考えて、五匹か六匹）という形ではなく、群れの全個体が協力して、一度に産まれた子どもを育てる。ミーアキャットも含めて協同繁殖を行なう種の大半では、これ以外に生きる道はない。母親と父親だけで育児を行なっても、成功する見込みがほとんどないからだ。

　それでは、ヒトの進化させてきた繁殖形態は、ミーアキャットに似ているのだろうか？　それとも、群れの仲間にさえ赤ん坊を抱かせたがらないアカコロブスに似ているのだろうか？　昔から人類学者や社会学者たちは、人の進化における基本的な構成要素は核家族だと考えてきた。また第七章で述べたように、性行動においてもその考え方は変わらない。そして育児においても、必要な世話はすべて母親が行ない、その他の誰かが狩りに出かけてマンモスを倒していたと考えられてきた。ところが近ごろでは、人の母親は育児を手伝ってもらうことが可能だったばかりでなく、常に手伝ってもらっていた、という

ミーアキャットはお互いに子育てを助け合っている

考え方が有力になりつつある。つまり、人の育児は協同繁殖によく似ていると考えられるようになってきたのだ。

もちろん、協同繁殖を行なう脊椎動物と人間との間には、いくつかの明確な違いがある。最も重要なのは、ミーアキャット、ドングリキツツキ、ヒメヤマセミといった鳥類を含む協同繁殖種の場合、ヘルパーたちが家族のなわばり近くに留まって、自分自身は繁殖を行なわないという点だ。ヘルパーたちは繁殖能力を持っていても、さまざまな理由から繁殖を行なわない。ミーアキャットなどの場合は、アルファメスの分泌する化学物質が、他のメスたちの生理機能に影響をおよぼして性ホルモンを一時的に抑制し、妊娠できなくしているらしい。協同繁殖種の一部では、ヘルパーも自分の巣を持てれば繁殖できるが、利用可能な「不動産」が不足しているために、人間でいえば大学を卒業した子どもが親元に帰るような状況になっている。

ヒトの狩猟採集民族の場合、ヘルパー（あるいはアロペアレント）は動物たちのような制約は受けない。アロペアレントはきょうだいの場合もあれば、祖父母や父親、おば、いとこの場合もあるし、親戚以外の場合もある。人の育児において、アロペアレントはどれほど重要な役割を果たしているのだろうか？　そしてその重要性から、「本来の」核家族の姿について何がわかるだろうか？

サルの子殺し

サラ・ブラファー・ハーディは霊長類の行動の研究で知られる人類学者だ。現在では母性についての学術的著書で知られているが、彼女の本来の研究テーマは、母性や慈悲とはほど遠い「子殺し」だった。これはサルなどに見られる行動で、群れにいる子どもをよそから来た個体が殺すというものだ。ハーディはインドのハヌマンラングールというサルを長年観察していて、よそから来たオスが群れの新たなボスの座におさまったときに、すでに群れにいた子どもを殺そうとすることを発見した。[11] 身の毛のよだつような話ではあるが、これはサルにとっては異常な行動ではなく、新しいボスが自分の利益のためにとる進化的戦略なのだ。というのも、メスは子どもを失うとすぐに発情するので、新しいボスはそのメスと交尾ができるようになって、適応度を増すことができるからだ。

メスは自分の子どもが殺されないように抵抗するものの、いざ殺されてしまうとすぐに発情する。新たに産まれる子どもも自分の遺伝子を受け継いでいるし、発情することで、新しいボスだけではなくて自分も利益を得られるからだ。この「利益になるなら何でもあり」という行動がヒントになって、人間の家族の進化に新たな光が投げかけられた。

人間の赤ん坊はとても世話のやける生き物であり、他の子どもたちが家事を手伝うといっても、離乳が早いうえに小児期がとても長いために、母親業はとても難儀になる。この点にはハーディも同意している。人間の母親は乳飲み子を抱えていても、場合によってはさらに数人の子どもたちの世話をしなければならない。一人ではとても乗り切れない状況だ。母親を手伝っていたのは誰だろう？　ハーディの主張によれば、第七章で述べたような「女は貞節を守り、男はその見返りとして家族のために獲物を持ち帰る」という「性的契約」が進化途上にあったと考えれば、当然ながら父親は常に家族の一員だったはずだ。しかし育児を手伝うのは必ずしも父親でなくてもよかった。[12]子どもの父親でなくても、借りられるなら誰の手でも借りればいいではないか？　別の言い方をすれば、協同繁殖という形で育児をすればいいのではないだろうか？

父以外の誰かが子育てを助ける社会

ハーディによれば、人の母親は場合に応じて他の人をアロペアレントとして使うように進化してきたのだという。[13]育児を手伝ってくれるのは、もちろん子どもの父親でもいい。だが父親が死んだり、いなくなったり、ただ単に狩りから帰ってこなかったりするときには、他の人に手伝ってもらっても何の問題もない。実際、世界各地の母親たちはそうやって人の手を借りている。子どもがごく幼いうちは母親の乳が主要な、あるいは唯一の食物だが、それ以外の食物なら他の人が与えることもできる。狩猟採集社会であろうと近代的な先進工業国であろうと、父親が常にそばにいるとは限らないし、手伝うだけの能力がない場合もある。悩める母親が誰でもいいから手伝ってくれる人に助けを求めるのは珍しいことではないし、二一世紀だけの話でもない。ハーディによると「母親が手抜きをしたり育児を分担してもらったりするのは、進化的にみて異常なことではない」という。[14]彼女は「アロペアレントがいなければ、ヒトという種自体が存在できなかっただろう」と指摘している。[15]さらにはもっと包括的に、「育児に必要な手間は、手伝おうとする父親の意志と能力を越えているため、母親は父親の手伝いをあてにすることができずに、他の人に助けを求めるのだ」とも述べている[16]。

それでも父親が重要な役割を果たすこともあり、それについてはこの章の後半で説明する。ハーディは、われわれの祖先があたかも「旧石器時代のキブツ（イスラエルの農業共同体）」のように、社会集団が子どもを**まとめて**育ててきたと言っているわけではないし、育児の責任を他人に押しつけるような、無秩序な環境で進化してきたと言っているわけでもない。赤ん坊と母親の間には、まぎれもなく固いきずなが形成されているが、そのきずなが赤ん坊のニーズを満たす唯一のものではないし、また、唯一であってはいけないのかもしれない。人類学者のアン・ケイル・クルーガーとメルヴィン・コナーは、「泣いている赤ん坊をあやすのに村人全員であたる必要はないが、母親だけでは間に合わないことも多い。人の進化を理解するうえで、この事実は次第に重要視されるようになってきた」と述べている[17]。

子どもの世話は複数の人がするのがよい

複数の人によって育てられた子どもを対象に行なわれた調査でも、これを裏づける結果が出ている。複数といっても、ベビーシッターが入れかわり立ちかわりやってくるというような意味ではなく、両親と祖母、あるいは母親とおば二人と年長の子ども、などの組み合わせで育てられたという意味だ。ケニアに住む農耕民族のグシイ族では、子どもたちは親の他に少なくとも一人の人間に強い愛着を持って育つと、順応性が高く、共感力が高く、自立心の強い子どもになるという。ハーバード大学の人類学者カレン・クレーマーは、直接的な子どもの世話を、授乳する、食事を与える、抱いて歩く、座ったまま抱く、身づくろいをすること（風呂に入れたり服を着せたりすることで、ファッションやメイクのアドバイスをすることではない）と定義し、九つの伝統的社会において、それらの世話を母親、父親、それ以外の人のうち誰が行なったか、それぞれの割合を計算した。その結果、平均するとすべての世話のうちおよそ半分を母親が、残りの半分を集団内の親戚やそれ以外の大勢の人たちがしていた。[18]またハーディは、イスラエルとオランダの子どもたちのうち、主に母親のみに育てられた子どもと、母親だけでなく複数の大人に育てられた子どもとを調べた一連の研究結果をまとめ「子どもたちは三人の人との間に安定した関係を築いているとき、もっと正確に言えば、『たとえ何があっても、あなたの面倒はみるよ』という明確なメッセージをくれる関係を三つ持っているときに、最もよく育つようだ」と述べている。[19]一つではなく、二つでもなく、三つの関係を持つのが望ましいというのだ。さらに言えば、重要なのは関係を築く相手が誰かということではなく、それらの関係が安心感を与えてくれるということだという。

子どもの世話を行なう者が複数いれば、当然ながら、母親たちも子どもの生存率の増加という形で利益を得ることが多い。ルース・メイスとレベッカ・シアーが合計八つの伝統的社会と近代社会で行なった調査では、祖母が育児を手伝ったときには、子どもが生きて成人になれる確率が上昇することが示されている。[20]同様にクレーマーの研究によると、少なくとも一二の伝統的社会では、アロペアレントが存在する場合には、母親たちはより多くの子どもを産み、子どもたちはより高い生存率と、よりよい成長ぶりを示している。[21]だが社会的集団の中では、子どもの世話だけでなく食物や仕事についても分配や分担が行なわれるため、アロペアレントの影響は複雑なものになっているとクレーマーは警告している。当然ながらミーアキャットとは違って、ヒトの集団内には一組しか子育て中の親が存在しないわけではないし、社会から孤立して育児をしているわけでもないため、社会集団における暮らしの全般的な利益からアロペアレントの影響を切り離すことはいっそう難しい。

マリ共和国のドゴン族を二五年以上研究してきたミシガン大学のベバリー・ストラスマンは、アロペアレントの効果に対してやや懐疑的な見方をしている。ドゴン族は親戚同士で密接な集団をつくり、断崖のそばの村でトウジンビエを栽培して暮らしている。ほとんどの男性には一人しか妻がいないが、複数の妻をもつことも許されており、それぞれの女性は平均一〇人の子どもを育てている。子どもの世話をするのはほとんどが女性か少女たちで、五歳から九歳の女の子がきょうだいの世話をすることも多い。

ストラスマンはクレーマーと同様に子どもの死亡率を調べたが、まったく違った結果を報告している。ドゴン族の場合には、核家族を越えた血縁集団で暮らすと、子どもの生存率は上がるのではなく下がる傾向があるというのだ。ストラスマンは、この原因を食料やその他の資源に対する競争が激しくなることだとしている。[22] 妻が複数いる家庭では、妻が一人しかいない家庭に比べて子どもの成長が遅く、死亡率が高いのだ。メイスとシアーの研究では役に立つとされた祖母は、ドゴン族の場合、実際には年寄りの男性よりよく働くにもかかわらず社会の負担だとみなされていた。

ストラスマンは、子どもたちの死亡率が上がるのは、両親や親戚の者たちが子どもたちに働くことを強制するためであり、その結果、子どもたちは家事に協力しているように見えても実際には強制労働をさせられているからではないかと述べている。それに加えて、前述したように、限られた食物に対するきょうだい間の競争があるために、家族の人数が増えれば、小さく弱い者にとっては厳しい環境になるという。最後に、もしも男性がほぼすべての政治的権力を握ったら、自分たちの利益のために家庭生活を操り、協力しようという企てはすべて回避してしまうだろうとも述べている。

狩りに幼児を連れていく父親

ドゴン族におけるアロペアレントの効果は、その他の伝統的民族とも異なるし、おそらく私たちの祖先とも異なっている。その理由を理解するためには、アロペアレントが正確には誰なのかを考える必要がある。まず育児において母親の補助をして当然と考えられるのは父親だ。どの文化においても、父親たちは直接的な形では子どもの世話をあまり行なわない傾向があるが、例外もある。そのもっとも顕著な例が、中央アフリカにすむ狩猟採集民のアカ族だ。ハーディによると、アカ族の父親は、一日のうち半分以上の時間を、「一か月から四か月の赤ん坊に手の届く範囲で過ごす」[23]。そして、狩りに出かけるときには、子どもや幼児まで連れていくことが多い。狩猟採集民の父親が赤ん坊と過ごす時間は、農耕民族の父親より有意に長いという。そして西洋社会の父親は、両者の中間くらいに位置する。ドゴン族は農耕民族なので、その他の民族と違って赤ん坊を協同で育てる習慣がなく、父親の協力が得られないのかもしれない。

こと育児に関しては、父親は大して頼りにならないと思われがちだが、最近行なわれた調査では、もう少し評価を上げてもいいかもしれないという結果が得られている。一般的に男性は長い時間をともにする配偶者としては当てにならず、女性の貞節と交換条件でなければつなぎとめておくこともできないと考えられている。なぜなら、男性にとっては育児よりも配偶競争のほうが重要だからだ。したがって育児を手伝うよりも、多くの女性とつき合うほうが有利だと考えられている。だが父親として過ごすことで、新たな交際相手を求める衝動が抑えられるとしたらどうだろう?

父親の性欲と子育ての関連

これは人類学者のリー・ゲトラーとその同僚たちが、フィリピンで六〇〇人以上の男性を対象にした長期的な研究で発見したこととだいたい一致している[24]。彼らは（彼らが言うところの）「配偶者兼父親」になる前と、なったあととでテストステロンのレベルを調べたのだ。テストステロンは性ホルモンで、男性の典型的な行動の多くと生理的プロセスに関わる。また、彼らは性ホルモンのレベル以外に、被験者たちが自分の子どもと過ごした時間の長さも測定した。

その結果、調査開始時にテストステロンのレベルが高かった男性たちは、四年半後に追跡調査を行なったときには「配偶者兼父親」になっている傾向が高く、これはゲトラーらの予想通りだった。ところがここで興味深い現象が生じていた。父親になった男性たちは、独身時代の本人に比べても、独身のままだったその他の男性たちに比べても、テストステロンのレベルが大幅に低かったのだ。そのうえ、テストステロンのレベルが最も低かったのは、自分の息子や娘の世話を一日あたり最低でも三時間以上行なった男性たちだった。この結果は、睡眠時間の減少やその他の変数の影響を考慮しても変わらなかった。

この研究結果は、いくつかの点で啓蒙的だ。一つ目は、長期的にデータを集め、同じ男性のホルモンレベルを再度測定しているため、同一人物のデータを比較することができる点だ。このように同一人物のデータを比較する方法は、父親のグループと独身の男性のグループを比較する方法よりも優れている。なぜならホルモンレベルの差異は、たとえば独身の男性はある種の薬を使用する傾向が高いとか、父親になった男性は異なる社会経済的階級に属しているというような、いくつもの交絡因子によって生じる可能性もあるからだ。二つ目は、人の生理が行動と見事に調和して揺れ動くことが示された点だ。母親だけでなく父親のホルモンレベルも、環境から与えられる刺激によって影響を受けることがあるのだ。ゲトラーらによれば、交際相手を求めるためには、よい父親でいるのと正反対の性質が必要だが、実際にはそれらを両立させることは可能で、テストステロンがその調整役として働いているのだろうという。三つ目は、人類学者のピーター・グレイがゲトラーらの論文に対して寄せた論評で述べているように、この研究が「人の日常生活と進化の関連性を示す事例研究として役立つ[25]」という点だ。配偶行動と育児との間にトレードオフが存在することは、進化論によって予測されていたことであり、新しいパートナーを強く求める気持ちは、先祖から受けついだ伝統ではないのかもしれない。

父親の存在と子どもの生存率

ゲトラーも認めていることだが、父親がどれほど子どもの世話を行なうかといったことは、昔から現在にいたるまで、地理的な状況や生計の手段、社会的地位といった多くの事柄に影響されてきた。ゲトラーをはじめ多くの人類学者たちの間で意見が一致しているのが、父親たちは子どもを抱いたり直接的な世話をしたりしない場合でも、家族に食料をもたらす重要な働き手であることが多いという点だ。けれどもゲトラーは、父親の役割をパン（あるいは肉）を獲得することだけに限定しようとはしない。彼は二〇一〇年に発表した論文の中で、初期人類の社会では男女間の分業がはっきりしていたというイメージは、間違っているかもしれないと述べている。「男性と女性と子どもが同じ場所へ一緒に出かけて、狩猟や採集を行なったり、死肉を探したりすることが多かったのではないか」というのだ。[26]たしかにこのような行動は、現代の狩猟採集民の間ではあまり見られないが、もし家族で連れだって出かけていたとするなら、「誰が赤ん坊を抱いていたのか」という、もう一つの疑問も解決できる。

これまでにも述べてきたが、二足歩行をする体毛のない動物が、無力な赤ん坊を抱えて生きるのは本当に骨が折れる。とくに食料を得るために歩き回る必要があるのならなおさらだ。その解決法として第一に考えられるのが、前述したように、当時の技術を駆使して赤ん坊を連れ歩くベビースリングなどの道具をつくることだ。だがそれよりももっと簡単なのが、父親に赤ん坊を抱いてもらうという方法だ。この方法なら、母親は両手を使えるだけでなくて体を休めることもできる。ゲトラーは数種の初期人類の化石から、体のサイズと歩くときの一時間当たりの消費カロリーを男女別に計算し、六・八キログラムの赤ん坊を抱いて歩いたときに消費する（あるいは節約できる）カロリー量を推定した。[27]彼によると、一日のうち数時間、母親のかわりに父親が赤ん坊を抱いて歩けば、母親はエネルギーを節約できて、より早く次の子どもを妊娠出産できるようになるため、両親ともに適応度を高めることができるという。

このように楽観的な筋書きこそあるものの（スリングやおんぶひもで赤ん坊を抱いているニューエイジ派の父親たちは、実は少々古風なのかもしれない）、ヒトの進化の途上で育児を手伝っていたのは、おそらく父親だけではないだろう。その理由の一つは、前にも述べたように、父親は育児の手伝いをするかどうかも、子どもが産まれたあとに家族のもとに留まるかどうかも確かではないということだ。ジェフリー・ウィンキングとマイケル・ガーベンは、父親が子どもを捨てて新しい（おまけに若い）妻と結婚し、新たな子どもをもうけることが、もとの子どもたちの生存率と父親の適応度におよぼす影響を調査した[28]。ウィンキングらは、四つの狩猟採集民族と一つの農耕民族について、それぞれの出生率と生存率のデータを用いてモデルを構築した。その結果、父親が去っても、子どもたちの生存率はそれほど低下せず、父親はもとの妻よりほんの二、三歳若い妻と再婚すれば、生涯の繁殖成功度が高まることがわかった。ウィンキングらのモデルは、たとえば新たに結婚する女性がすぐ見つかるはずだという、多くの仮定の上になりたったものではあるが、肝心なのは、単に子の生存を保証するために育児を手伝う父親が、自然選択において有利だったわけではなかったかもしれないということだ。

祖母の役割と閉経

育児を主に手伝っていたのが父親ではないとすれば、いったいだれだったのだろう？　その答えは、一般的には祖母だとされてきた。現在でも多くの国で祖母はよく孫の子守りをしているが、このことは都合がいいだけではなくて、進化的にも意味があることがわかっている。人類学者のクリステン・ホークスが一九九〇年代に提唱した説によると、初期人類の間では母方の祖母がきわめて重要な役割を果たしていたという。なぜなら、生殖年齢をすぎた祖母は、自分の娘が若く未熟な母親となったときには必要に応じて手伝うことができたと考えられるからだ。ホークスやその他の研究者たちによれば、祖母にそのような役割があったと考えれば、進化上のある謎も解けるという。その謎とは、閉経という奇妙な特性がなぜヒトにあるのかということだ。子どもの数を増やすことが進化的な成功への道筋なら、生殖ができなくなった生物がその後も長いあいだ生き続けるのはなぜだろう？

この疑問に対して、初期の人類は現在よりはるかに平均寿命が短かったのだから、閉経など問題にもならなかっただろうと異論を唱える者も多い。だが平均寿命が本当に短かったとしても、序文で説明したように、平均値はあまりあてにはならない。たとえば二〇歳まで生き残った者がかなりの確率で六五歳まで生きられるような場合でも、赤ん坊の死亡率が高ければ平均死亡年齢は低下してしまうからだ。実際に現代の狩猟採集民族でも、閉経を過ぎた女性の多くが現代医学の力を借りずに六〇歳を超えても元気に過ごしている。

いわゆる「おばあさん仮説」によれば、この閉経後の女性たちがアロペアレントチームの一員として活躍したおかげで、ヒトは短い出産間隔を維持できて、父親の助けに頼らなくてもすんだのだという。この説では、自分自身の子を持たない者がアロペアレントとして存在することが自然選択で有利に働き、それが閉経という性質の進化につながったとしている。この場合、男性は産まれた子どもと遺伝的につながっている確証はないため、アロペアレントとして働いていた可能性が特に高いのは、父方ではなく母方の祖母だ。子どもの世話に費やした労力が進化上の利益につながるのは、その子どもが自分の遺伝子を受け継いでいる場合に限られる。子どもの父親が他の男性である頻度は実際には比較的低いのだが、それでも父親とその母親（つまり父方の祖母）からすれば、子どもとの遺伝的な関係には不確実性がある。したがって、母方の祖母は育児を手伝うことで自分の遺伝子を受け継ぐ子孫の繁栄にまちがいなく貢献できるが、父方の祖母はそうとは限らないわけだ。

育児を主に手伝っていたのが母方の祖母だったとするもう一つの根拠は、常に身近にいたという点だ。

結婚すると女性が男性のいる村や部族へ移動する場合もあるが、反対に男性が移動して女性が自分の親類のもとに留まる場合もある。母方の祖母がアロペアレントとして活躍する可能性は、明らかに後者のほうが高いが、工業化以前は後者の制度をとる社会のほうがより一般的だったのだろうとハーディは主張している。[29]

協同繁殖の要となっていたのは本当に祖母だったのか、また、祖母たちが協力することによって閉経が進化したのかについては、いまだに論争が続いている。メイスとシアーの研究によると、彼らが調査した社会では、母方の祖母は明らかに孫たちの生存の助けになっていたし、[30]現代のオランダの家族を対象に行なわれた調査でも、祖父母が子どもの世話を手伝う場合には、両親はより多くの子どもを持つ傾向があるとわかっている。[31]だがもちろんドゴン族の例のように、祖父母が必ずしも育児に役立つわけではないという証拠もある。閉経が進化した要因について、マイケル・カントとルーファス・ジョンストンらは意見を異にしていて、祖母が育児に協力したことではなく、生殖に必要な資源をめぐる世代間の競争が決定的な要因となったのではないかという説を提唱している。[32]エドワード・ヘーゲンとクラーク・バレットによれば、エクアドルの農耕民族シュアル族（料理用バナナであるプランテーンとキャッサバを主食とする）の場合は、赤ん坊の姉や祖母よりも青年期の兄たちが育児を手伝っているという。[33]また、南米の二つの狩猟採集民族では、女性より男性のほうが、よく子どもの世話をする。もっともこの場合は、子どもを抱いたりするのではなく、食べ物を与えるという世話の仕方だ。[34]

協同育児や祖母による育児参加の普遍性については、人類学者たちの間で今後もまちがいなく議論が続けられるだろう。しかしそれよりも重要なのは、「一人の母親と一人の父親が、主に両親だけで育児をしていた」という更新世の家族のイメージは誤りであり、したがって、われわれに最も適している家族制度は核家族だという考え方も誤りだということだ。

赤ん坊にとって適した環境とは

ここまでは、両親からみた子どもの進化に的をしぼり、どんな母親（あるいはアロペアレント）でも赤ん坊を目の前にすれば世話の仕方がわかるという仮定のもとに話を進めてきた。それでは赤ん坊の視点からみた場合はどうだろう？「アタッチメント育児（愛着育児）」や「ベビーウェアリング（スリングや布などを使って赤ん坊を抱っこやおんぶすること）」、「添い寝」、「出生直後のカンガルーケア」などの新しい育児法の提唱者たちは、それらが子どもにとってより自然な育児法だと主張している。ここで言う「より自然な」とはおそらく、子どもの（それから親の）進化の過程で行なわれてきた可能性が高いという意味だろう。

この考え方をいくらか論理的にし、育児に進化的な概念を取り入れて、進化小児科学という研究分野を提唱した人類学者もいる。進化医学あるいはダーウィン医学では、私たち人間の間で糖尿病や高血圧といった「文明病」の患者が増えているのは、旧石器時代の環境と現在の環境の差が大きすぎるためだとされているが、進化小児科学ではそれと同様に、赤ん坊の必要とするものは何十万年前や何百万年前と変わらないため、現代の工業化社会でもそれらの必要を満たす方法を考えなければいけないとしている。この分野の第一人者であるノートルダム大学のジェームズ・マッケナは、「現代の赤ん坊は（もちろん母親も）この環境に無理に適応しなければならないため、短期生存率が低下し、長期的に見れば健康にも悪影響が生じている」とずばりと指摘している[35]。

赤ん坊にとって、進化的に適合していないとは何を意味するのだろうか。赤ん坊はコーンシロップ（異性化糖）のたっぷり入ったクッキーと、もっと健康的なおやつのどちらを食べるか自分で選ぶことすらできない。赤ん坊のすることといえば、食べて、寝て、排泄することくらいなので、この生活を変化させる要因など、ほとんどないようにも思える。新生児の親たちは、子どもの示す原始的とも思える欲求に昔から驚かされてきた。人の生活のなかで石器時代から変わらないものがあるとすれば、それは赤ん坊の生活にちがいない。

だがこの考え方は間違っている可能性がある。その根拠の一つが、おなじみの調査の結果、つまり狩猟採集民族と農耕民族といった異なる文化同士で、赤ん坊の生活など育児に関するデータを比較した結果だ。すべての赤ん坊が同じように行動するわけではないことは、子どもの親ならすぐにわかると思うが、同じ文化のなかで育った赤ん坊が、その文化的背景から生じたと思われる特有な行動を示すことが多いのには気づかない人もいる。たとえば、赤ん坊がいつ、どこで、どうやって寝るかには、文化的な風習が影響する。私たちは、赤ん坊が赤ん坊自身の生活周期に合わせて行動している、あるいはわれわれの祖先も、現在の私たちと同じように赤ん坊に接していたはずだと考えがちだ。だがその考えは正しくないことがわかる。なにしろ現代でも、国や文化が違えば赤ん坊の生活はごく基本的な部分から大きく異なっているのだから。

一人寝は是か非か

まずは赤ん坊の睡眠について考えよう。『とっととおやすみ』[36]という大人向け絵本が大人気なことからもわかるように、寝かしつけは多くの親にとって一種の戦いだ。赤ん坊は寝かしつけてもすぐに起きてしまうし、寝てほしいときには寝てくれない。おまけに激しい夜泣きを繰り返す。これは自然なことなのだろうか？

おそらくそうではない。西洋では赤ん坊を西洋独自の方法で——つまり部屋にひとりぼっちで——寝かせることが推奨されている。人類学者のメレディス・スモールは、『赤ん坊にも理由がある』という魅力的な著書のなかで、西洋ではごく初期のうちから赤ん坊に自立心を強く求めるが、そのようなことは、その他のほとんどの文化では聞いたことすらない、と述べている。[37] ほぼすべての狩猟採集民族では、赤ん坊は母親かアロペアレントと常に身体的に接触しているし、いつでも好きなときに乳をもらえる。「要求に応じて」授乳する、あるいは赤ん坊が欲しそうにしていたら授乳するという方法は、決まった時間にミルクを与える方式と対比されるが、これらの民族の親たちにはこの概念すら無縁だとスモールは記している。なぜなら、赤ん坊が何かをわざわざ要求することもなければ、親がそれに応じることもないからだ。スモールとマッケナの考えでは、離れた場所にいる赤ん坊が泣いたりぐずったりしたときに、親にその音を伝えるベビーモニターという道具も不可解な発明品だ。マッケナによれば、赤ん坊は社会的な環境の中で眠るように進化してきたので、赤ん坊の声を親に伝えるのではなくて、反対に親の声や動いている音を赤ん坊に伝えたほうが、赤ん坊は安心して満足するはずだというのだ。ラテンアメリカのマヤ族の間でも育児に関する調査が行なわれたが、そこでは母親が自分と離れたところに赤ん坊を寝かせると、児童虐待や育児放棄をしたとみなされるという。[38]

西洋の親たちのなかには、夜に何回も起きたりする赤ん坊よりも、寝つきがよくて朝までぐっすり眠ってくれる赤ん坊のことを「いい子」と考える者が多い。そのようなことができるのは、粉ミルクを与えられ、うつぶせに寝かされている赤ん坊だけかもしれない。うつぶせ寝は乳幼児突然死症候群（ＳＩＤＳ）との関連性が指摘されているため、現在では赤ん坊を仰向けに寝かせるように助言される。それでも、赤ん坊のうちから一人で静かに寝てほしいという願う親はいまだに多い。西洋の親たちはその他にも、赤ん坊が頻繁に起きて親の気をひくようなときにも、屈してはいけないなどと助言されている。

添い寝が与える安心感

西洋の人々が赤ん坊を一人で寝かせるようになったのは、フロイト派の学説と、中世の母親たちがわざと赤ん坊を窒息させていたのではないかという懸念、それに親たちからの助言といったものが複雑に混ざり合ったことが原因だと考えられる。西洋では赤ん坊を両親と同じベッドに寝かせて添い寝をしたり、両親のベッドの脇にゆりかごなどを置いて寝かせたりするとＳＩＤＳの危険性があると広く信じられているのだが、マッケナと同僚たちがこの噂の真偽を調べたところ、裏づけとなる事実は発見できなかった。[39] マッケナらはむしろ、親子のきずなを深めると同時に赤ん坊の呼吸を楽にし、授乳を適切に行なえる方法として、添い寝を推奨している。彼らによれば、添い寝をすることで赤ん坊も母親も互いの存在を感じられ、寝る位置や寝返りの仕方などを常に調節できるという。

赤ん坊時代に両親と離れた部屋で寝ることと、のちの子ども時代における行動との関係を調べた研究は複数あるが、興味深いことにマッケナによれば、赤ん坊のときに親と添い寝をしていた子は、子ども時代になってから遊びながら親の気をひくことが増えるどころか減るという結果が出た研究が、少なくとも一つあるという。[40] また以前にも登場したリー・ゲトラーとマッケナは共著で論文を発表し、別々の部屋で眠る親子のグループと、同じベッドで添い寝をする、もしくは同じ部屋で眠る親子のグループとの間で眠りのパターンを比較した。[41] 彼らはその後、各グループの親子に睡眠検査室で三晩寝てもらい、その様子を観察した。その結果、添い寝に慣れている母親は、より授乳回数が多く、より短い間隔で授乳を行なっていた。これらは赤ん坊にとって望ましい体重増加につながる。

欧米の赤ん坊はすぐ泣く

両親を悩ませる赤ん坊のもう一つの特性が、泣くことだ。これについてはどのような育児論でも、赤ん坊を泣かせておくのがいいのか、あるいは抱き上げるのがいいのか、どちらかを中心に議論を組み立てているようだ。さらに抱き上げるならどれくらい時間がたってから抱けばいいのか、それが結果として子どもを甘やかせたり、情緒不安定にさせたりしないか、といったことが論じられている。このことに関してスモールは、「西洋で広く受け入れられている育児法は、赤ん坊と大人との間の意思疎通に役立つべく進化してきた〝泣く〟という適応システムを繰り返し、おそらく危険なまでに妨げている」と断言している。[42]スモールやその他の人類学者と心理学者によれば、西洋以外の文化で育つ赤ん坊は、西洋の赤ん坊より泣くことがはるかに少ないという。これはただ単に西洋の赤ん坊が不幸せだからというわけではない。赤ん坊がぐずる回数は、日中でも夜でも万国共通のようなのだ。またスモールらは、赤ん坊の泣く時間の総量を曲線で表したいわゆる「クライングカーブ」を発表しているが、それによれば、赤ん坊の泣く時間は、どの国においても生後およそ二か月まで増加し、それ以降は頭打ちになるらしい。それなのに西洋の赤ん坊は、それ以外の文化の赤ん坊に比べると泣きつづける時間が長く、ぐずりからエスカレートして大泣きになる頻度も高い。

クルーガーとコナーは、アフリカのサン人を対象に、赤ん坊が泣いたとき誰が応じるかを詳しく調べた。[43]サン人の赤ん坊が泣く時間は、一時間あたり最長でもわずか一分間で（通常はそれよりはるかに短い）、泣いた回数の八八パーセントは誰かが——必ずではないが、たいていは母親が——応じていた。クルーガーらは、サン人の社会は赤ん坊に対して「理解があって寛大な」社会だと評している。彼らによれば、この部族の場合、赤ん坊は泣くたびにこまめに応じてもらえるために、西洋社会の赤ん坊のように泣き方をエスカレートさせることが少ないのかもしれないという。

研究者たちはなにも西洋の親たちは悪い親で、西洋以外の子どもたちはすばらしい方法で育てられており、必ずまねしなければならないとか（そもそも「西洋以外」の社会は単一ではない）、一分以上泣いた赤ん坊は心に一生消えないほどの傷を負うとか、そのせいで何か異常が出るとか、そんなことを言っているわけではない。研究者たちがおしなべて強調しているのは、人の行動には柔軟性があり、赤ん坊もその親たちも多様なため、万人に同一の育児法を押しつけるのは危険だということだ。とはいえ、赤ん坊たちが進化してきた環境は、泣くたびに即座に対応してもらえ、複数の人によってこまめな世話を受けられるような環境だったと思われる。それと大きく異なる育児環境は現代の赤ん坊にとってつらいものかもしれない。

赤ん坊がそのような環境で進化してきたということは、ベビースリングや類似の道具で赤ん坊を抱くベビーウェアリングを推奨する人たちも、それほど的外れなことをしているわけではないのだろう。もちろん人は、何かを勧められても常に自分の好きなように物事を解釈してしまうものだ。スリングについてのウェブサイトには、ベビーウェアリングを勧める熱心なコメントが多数寄せられているが、その中に教会でスリングを使った人の感想があった。[44]「スリングを使えば大切な赤ちゃんをばい菌から守れるし、他の人から『ちょっと抱かせて』と言われないのがうれしいわ。とにかく誰にもさわられないですむの」というのが彼女の感想だ。言うまでもなく、彼女のしていることは狩猟採集民族の育児のまねではない。私が思うに、他の人に何かを勧めて変化を促すことは可能だが、相手にその効能を完全に理解してもらうことは不可能なのだ。

赤ん坊は泣けばすぐに応じてもらえる環境で進化してきたのだから、赤ん坊にはそのような細やかなケアが必要だというのが結論だとしても、「現在の赤ん坊が今のような性質を持っているのは、更新世にそのように進化してきたからだ」とか、「更新世のころと違う生活をするのは、赤ん坊にも大人にもよくない」という主張を認めるべきだということにはならないし、私の意見ではこれらの主張には不備がある。マッケナをはじめとする進化小児科学の研究者たちは、狩猟採集民の赤ん坊は比較的自然の状態に近くて、祖先の赤ん坊の姿を比較的正しく伝えていると決めてかかったりはせず、現代の環境で生身の赤ん坊を相手にデータをとって、自分たちの考えを検証した。そのおかげで、たとえば、母親と添い寝する赤ん坊は、一人で寝る赤ん坊よりも授乳間隔が短いなどの結果が得られたのだ。現在の育児法は、世界中でさまざまな形に変化しているのは明らかだが、たいていの子どもはそれで問題なく育っている。だからパレオ式の育児法に固執するよりも、現在のさまざまな育児法の中で極端すぎるものはどれか、取り入れられるものはどれかと考えたほうがよい。そのような判断をするには、データに頼るしかない。祖先の赤ん坊がどのように進化してきたか推測しても、それは「ベビーウェアリングを実践すれば、赤ん坊が夜泣きをしなくなるか？」などの疑問について考える基準点になるだけで、決して万人にとっての正解ではないのだ。

第九章　病気と健康の進化論

遺伝子によって、病気になる運命かどうかは決まっているのか。AIDS、結核、癌。人類と病気の関わりを病原体の進化から読み解く。

これだけは、はっきりしておこう。原始人の食事をまねたり、裸足で運動したりしようとする人たちは、それがかっこいいから（あるいはおいしいから、気持ちいいから）しているわけではない。健康で、もしかしたら長く生きられるからだ。たとえば〝マークス・デイリー・アップル〟のブログで、ある人が「免疫機能を高める食事――動物性脂肪が多く、低糖質のパレオ式、あるいは伝統的な自然食品など――は体を強くするから、すべての癌を防いでくれる」と楽観的な書き込みをしていた[1]。さらに大胆なコメントもあるが、なぜか結末はしんみりとしている。「健康は自分で完全にコントロールするものだと認識する必要がある。そうでなければ、自分の遺伝子で病気になる運命が決まるなんて、どんな人生なんだ[2]」

本当に、どんな人生なのだろう。私たちの遺伝子と現代のライフスタイルが重なると、必ず病気になるというのだろうか。それとも病気にかかりやすくする可能性がある遺伝子も、進化にともなって変わり、常にまわりを取り巻いている病気と闘えるようになったのだろうか。医学研究によって、人間の進化についての理解に心躍る進歩が実現した。それは試験管の中の細胞や、実験室にいるマウスを使った研究ではなく、私たちの遺伝子が自然選択にどう反応してきたかを、病原体によって調べる研究だ。

　さらに最近の進化の徴候を検知するのに最適なのが、かかった病気を調べるという方法だ。それは主に勝者と敗者の違いを見るのが容易だからだ。一気に広がる疫病ほど、自然選択について語ってくれるものはない。しかし伝染病の破壊的影響についてはよく知られているものの、それにともなって人間の個体群に起きる進化上の変化（過去数百世代以内に起こったものもある）については知られていない。

　病気への抵抗力がどのように進化したのか、そしてそれを可能にする遺伝的変化が正確にはどのような性質なのかを理解することには、実際的な意味もある。進化生物学の視点からは、遺伝子プールが何世紀もの間にどのくらい変化するか知るのはとてもよいことだが、患者が生きているうちに治療法を見つけたいと思う医学研究者にとっては、それほど役に立つわけではない。けれども抵抗力を持つ個人の最近のＤＮＡ変化を調べることで、病気に耐える仕組みがわかるなら、ただ自然選択によって病気にかかりやすい遺伝子と、そのキャリアーが集団から一掃されるのを待つのではなく、治療法を開発するためその変化をまねてみてもいいかもしれない。そしてあとでまた詳しく述べるが、ごく最近、人類に広まった伝染病の一つであるＡＩＤＳの治療については、科学者がまさにそれを行なっている。

家畜が寄生虫を進化させた

　まず農業の開始が、私たちの生活のさまざまな面に影響したように、病気にどのような影響を与えたかを考えてみよう。農業開始以降の人類の病気のパターンの変化については多くの記録があるが、そのほとんどは気が重くなるようなことだ。第二章で述べたように、動かなくなること、土を耕すこと、家畜を飼うこと、これらの行為には、バクテリアやウイルス、寄生虫の発生と蔓延を助長する機会がたっぷりある。人間の集団は定住すると大きくなる傾向があるので、病原体が周囲に広がりやすい。そして牛、山羊、豚などを飼うと、必然的にその糞にも近づくことになる。家畜動物の間で病気が広がりやすいだけでなく、その寄生虫が人間にも移りやすくなる状況だ。

それだけでなく寄生虫の進化に農業が与えた影響は、一時的なものではなかった。家畜動物は今でも病原体とともに進化を続けている。最近、アデレ・メネラが率いるノルウェー人とスイス人の科学者集団が、集約農業（人間による厳重な管理のもと、狭い面積で多くの動物を育てることと定義される）が寄生虫の伝播に与えた影響についてモデルをつくった。[3] 現代の農業は（飼育するのが牛であれ鳥であれサケであれ）、裏庭で何頭かの動物を飼うこととはまったく違う。多くの動物が小さな群れではなく、場合によっては文字通り鼻を突き合わせるようにして飼われている。そのような密接した状態は、宿主を生かし、できれば健康を取り戻させるおとなしいものよりも、宿主に深刻な害を与える危険な寄生虫にとって有利な環境だ。

そのような危険な寄生虫がなぜ進化するのかといえば、一個の宿主を長く生かしておかなくても、納屋や魚の孵化場のような密集した環境なら、すぐ近くに他の宿主がいるからだ。同様に、そのような密集した状況では、すばやく成長し、新しい宿主にすぐ移動できる寄生虫のほうが有利になる。宿主の群れが広範囲に生息し、個体同士の距離が離れていると、すぐに成長する寄生虫は、小さかったり弱かったりして、新しい宿主まで移動できない可能性がある。鳥インフルエンザの毒性がひどくなったのは、密集した環境のせいだと考えられている。ウイルス発生の場だったアジアの一部でふつうに見られた、何千羽もの鳥を飼育する施設では、一羽のニワトリやアヒルから別の個体に容易にウイルスが移る。衛生状態の悪さや、第一次世界大戦中の塹壕に近かったことも、一九一八年に大流行した型のインフルエンザが選択される可能性を高めた要因かもしれない。人口密度が高まり、誰もが同じ場所で飲み物を買ったり、劇場での催しに参加したりする都市化された環境も、少なくとも病気の広がりやすさに関しては、大規模農業や人が集まる戦場と同じである。

メネラらは、魚類の養殖場が特に被害を受けやすくなる可能性について警告し、生死にかかわる病気の進化を避けるべく、農場の管理者は進化生物学者と協力することを提言している[4]。たとえば魚は一つの巨大な水槽で養殖するのではなく、いくつかにわけてそれぞれで飼育する魚の数を減らすなどして、寄生虫による害が広がらないようにするといったことだ。

農業はより危険な病気を助長してしまう可能性を持つのに加え、不健康な食物を生産して、もっと直接的に病気を引き起こすとみなされることもある。穀物は悪だと考える人々を信じるなら、私たちが狩猟採集を止めると栄養状態が悪くなり、伝染性ではない糖尿病や肥満といった、健康をさらに害する病気が増加するという。スペンサー・ウェルズは著書の『パンドラの種 農耕文明が開け放った災いの箱』で「農業は人間の健康に悪い影響を与えるにもかかわらず、ウイルスのように広がっている」と嘆いている[5]。

私はここまでで、人間の遺伝子と生活が、農業が始まってからの一万年でいかに変化し、旧石器時代の祖先と私たちが多くの面で違っていることを強調してきた。そうした変化のうち、どのくらいが健康に関わっているのだろうか。そして不吉な預言者たちが言うように、すべてが本当に有害な変化だったのだろうか。さらに新しい病気が発生したとき、私たちの遺伝子はその困難を乗り切ることができるのだろうか。

誰もが何かで死んでいく

私たちより以前に生きていた人すべてが死んだと考えるのはしごくまっとうであるし、多くの場合、何歳のときに死んだのかを推定することも可能だ。それはたとえば遺骨や、もっと最近のことなら、過去二〜三〇〇年以上、保管されている記録からもわかる。しかし死因については、そこまで明確にはわからない。大昔の人々が死んだ原因を判断するのは厄介であり、そこには少なくとも二つの問題がある。第一に、体が腐敗すると病気の証拠はたいてい消えてしまう。古代エジプトのミイラや、永久凍土や泥炭に保存されていた〝ボグパーソン〟は、骨よりも多くの情報を提供してくれるが、完全な標本は少ない。またコレラやインフルエンザといった伝染病の証拠は体に留まらない。これらの病気にかかると短時間で死ぬため、遺骨に存在していたしるしが残らないのだ。

第二に、死因についての文書による記録には注意が必要だ。病気の診断は時間がたつにつれて進歩するからだ。〝熱病〟で死んだとされていても、それはマラリアや肺炎、敗血症にかかっていたのかもしれないし、まったく違う病気だったかもしれない。子どもは発疹や、乳歯が生えて死ぬことがあると言われていた。発疹はそれ自体が命に関わることは少ないが、さまざまな病気で見られる症状だ。後者の場合、ふくれた歯茎を不衛生な器具で突いたり、その結果、感染症にかかったり、離乳して病原菌で汚染された水分を飲んだりしたことが原因だったかもしれない。

人類学者のティモシー・ゲージは、これらの注意を念頭に、さまざまな情報源を使って、違う時代、違う土地での人の死亡率と死因を計算した。[6] 過去一五〇年を集中的に調べたが、有史以前のデータもいくらか計算に入れた。死亡率については、明らかに現在より有史以前のほうが高かった。これは人間が定住して生活を始めた悪影響を嘆くウェルズらの見解とは対照的で、農業が定着して以降は、幼いうちに死ぬことは減ったようだ。もう一つ気をつけなければならないのは、序章でも述べたように、平均寿命はあくまで平均値であるということだ。大昔は下痢のような伝染病による子どもの死亡率が高かったために、誰もが三五歳でいきなり死んでしまったように見えても、実際は七歳か八歳まで生きていられれば、六〇歳を過ぎるまで生きる確率はかなり高くなる。

他の調査で、農業を行なう人々のほうが寿命が短いという結果が出るのは、農業人口はそれ以外の集団よりも急速に増加するためだと、ゲージは示唆している。つまり子どもがたくさん生まれるということだ。赤ん坊が増えれば、前述のような病気にかかって死ぬ可能性も高まる。子どもの死亡率が高くなれば、実際よりも平均寿命が短く見える。私たちはいわゆる金持ち病の存在を嘆くが、ゲージは世界のほとんどの場所で、過去三〇〇年で死亡率はかなり低下していると指摘している。

死亡率が低下したのは、単に伝染性の病気が減ったためだろうか。その一方で心臓血管疾患のような病気が増加し続けているのは、農業と体を動かさない生活の代償の一部なのだろうか。ゲージはそうは考えてはいない。それには二つの理由がある。第一に、感染や事故など他に原因があるのに、誤って変性疾患が原因とされているかもしれない。第二に、そう、私たちは誰でも、何かで死ぬのは決まっているのだ。伝染病が減った分は、他の死因が取って代わる。ゲージは現代の狩猟採集民族の間で、変性疾患は少ないという報告にも疑問を呈している。人類学者が調査を行なった集団は人口が少ないので、現地調査をしている間の総死亡数も少なくなり、その原因について何らかの結論を引き出すのは危険がともなう。

こうした議論への答えが、近いうちにわかるかもしれない。ヨーロピアン・グローバル・ヒストリー・オブ・ヘルス・プロジェクトの結果が、まもなく明らかになると思われるからだ。この大がかりなプロジェクトは、何千年も前の白骨化した人体のデータを世界中から集め、負傷、骨関節炎による関節の損傷、歯の状態（食事のよい指標となる）、その他、健康に関する証拠を評価している。[7] 七二人の研究者の成果を集約すれば、隔絶された土地の小さなサンプルという問題は克服できるだろう。調査初期段階の結果を見ると、早い時期から都市部に定住した人々の健康状態は、狩猟採集民である祖先よりも悪かった。しかし商業的ネットワークの発達で、食物と物資の交換ができるようになると、健康状態は向上した。新たな農業社会は苦労したかもしれないが、確実な食糧供給源を確保したことと、その土地にはない食物が取引で手に入るようになったことが、のちのち功を奏したようだ。

病気をもたらす遺伝子

動物が原因であると断定できる病気もあるが、より大きな意味では、私たちの遺伝子にも責任がある。病気はいくつかのカテゴリーに分けられ、遺伝（そして進化）は、そのすべてに影響を与える可能性がある。性質によって直接的な効果もあれば、目に見えない部分での効果もある。第一に、最もわかりやすいのが伝染病で、生物によって引き起こされる。ウイルス、バクテリア、もっと大きな蠕虫などの寄生虫だ。ここでは遺伝子の働きで感染しやすさが変わる。免疫系はその効果がそれぞれ違い、あるタイプの伝染病にかかりやすい性質を受け継ぐことがある。

第二に、遺伝子自体の異常や脆弱性が原因の病気もある。たとえばハンチントン病は、染色体の一つにある異常によって起きる。この病気の患者には何度も繰り返すＤＮＡ配列があり、不可避的に体を衰弱させるさまざまな症状が現れる。遺伝に起因する病気であっても、当然ながら環境も一定の役割を果たす。糖尿病は遺伝的要素があるが、病気の発現には遺伝的素因とともに、その人の生活習慣が大きく影響する。

そして最後に、癌や心臓血管系の不調は、遺伝と生活習慣の要素が複雑に混ざり合って起きることがある。以前は体の組織の劣化だけが原因と考えられていた心臓病などの病気でも、病原菌（特にウイルス）が何らかの役割を果たしている可能性を示唆する科学者もいる。この考えが正しい答えにつながるかどうかはともかく、病気に関わる遺伝子が重要であると同時に、数多く存在するのは明らかだ。実際に病気を引き起こす遺伝子から、免疫系の働きに影響する遺伝子、組織の強さに影響して故障しやすさを左右する遺伝子まで、私たちのゲノムの大半は、健康を保つためにせっせと働いている。そのためそのような遺伝子は、最近の進化の跡をさがすのに特に都合がいい。

病気になるのはもちろん人間だけではない。おふざけの詩にあるように、大きなノミには小さなノミがついているだけでなく、動物、植物、バクテリアでさえ、さまざまな病気になる。それらの病気から身を守ることに関わる遺伝子は、新しい種が進化するときに受け継がれる。それなら健康に関わる遺伝子がどう進化するかを理解するには、それらが進化史上、どこで生じたのかを調べなければならない。現代のゲノム技術により、違う生物のＤＮＡ配列を比較して、二つの種（あるいは鳥類、爬虫類といった上部カテゴリー）のさまざまな遺伝子がいつ枝分かれしたのか計算できるようになった。たとえば私たちのＤＮＡ配列のうち、魚との共通の祖先から受け継いでいるのはどれか、親戚の霊長類とともに、祖先から受け継いでいるものがいくつあるのか、そういうことがわかるようになったのだ。

進化遺伝学者のトミスラブ・ドマゼットｰロショとディタード・タウツは病気に関わるヒトの遺伝子を分類した膨大なデータベースを用いて、その研究を行なった。[8] そのデータベースには、ある遺伝病に関わる四〇〇〇以上の染色体領域が含まれている。つまりその病気の患者は、人口全体から見て、染色体に特定の遺伝子変異を持っている確率が高いということだ。疑問の余地がある配列や、他のエラーと考えられるものは除いて、データを〝クリーンアップ〟すると、モービッド・マップに基づく病気遺伝子は一七六〇個となった。モービッド・マップとはジョンズ・ホプキンス大学で開発された、遺伝病の原因となる染色体上の位置を知るための手引きである。その後、彼らはその遺伝子を、他の地上の生物（バクテリアから霊長類まで）と比較した。

病気に関わる遺伝子は古い

すると驚いたことに、人間の病気に関わる遺伝子はとても古く、生命の起源までさかのぼった。これは多くの遺伝子自体が古いというだけではない。私たちの全遺伝子の四〇パーセントはバクテリアに由来する。ところが病気に関わる遺伝子の六〇パーセントが、バクテリアと共通の祖先を持つのだ。病気に関わる遺伝子のうち、初期哺乳類だけと共通している最近のもの（およそ二億四〇〇〇万年前に生じた）は、〇・五パーセントに満たない。このマップで特定の病気の遺伝子が染色体上のどこにあるかわかるわけではない。しかし、他のタイプの遺伝子より病気に関わる遺伝子と結びつきやすいプロセスを示す証拠となることがある。たとえば食物を分解して細胞内で使える成分に変えるといったプロセスだ。

この研究についていくつかのメディアでは、人間と動物に共通の病気を実際に応用する可能性を大きくとりあげ、ドマゼット＝ロショとタウツのように、蠕虫、昆虫、バクテリアなどの単純な生物にその遺伝子があるならば、現在よく用いられているラットやマウスより、実験的操作が容易な動物を使って、病気の研究ができると述べている。しかしドマゼット＝ロショとタウツはそっけなく「遺伝病は人生で免れることができない要素だ」と述べている[9]。彼らの結論は、病気自体に深く根ざした本質を示している。理想の世界では、自然選択によって病気に抵抗できないものは排除されるが、私たちにとって唯一の世界は理想の世界ではない。私たちにはその世界しかないのだ。

私たちが病気にかかりやすい性質は、遺伝子に組み込まれていて、それは祖先が木から降り、サバンナを出て、槍や赤ん坊を抱えるようになるずっと以前、虫やカメから枝分かれするときも手放すことができなかった。同時に自然選択では常に、人をより健康にする遺伝子、特に新しい病気という試練に対抗できるものが有利になる。大昔から現代までこれが続いているという事実もまた、中身は旧石器時代のままの現代人が、いきなり新しい環境に放り込まれたため、適応できないでいるという主張への反論となる。人間は昔も今も常に新しい環境と向かい合い、常に過去の遺伝子によって束縛されている。旧石器時代に生きていた祖先たちは、まだハムスターやバクテリアと共通の遺伝子を持ち歩いていたのだ。

AIDSに強い遺伝子

私たちが大昔からある、病気の原因となる遺伝子をいまだ持っているというのは、この話のほんの一部でしかない。人は生まれながらに病気への脆弱性を持っていて、これを切り捨てることはできない。しかし自然選択がまったく働かなかったわけではない。古い遺伝子の他に、新しい遺伝子も数多くあり、その一部は農業が始まったあとに生じた。そしてそれらの変化を理解することが、ごく最近の伝染病であるAIDSの治療につながろうとしている。

ＣＣＲ５という印象的な名がつけられた遺伝子は、Ｔ細胞として知られる白血球の表面のたんぱく質をコードしている。Ｔ細胞はウイルスなど外部からの侵入者を認識し、防御する機能にとって重要な成分である。一部の人はＣＣＲ５－デルタと呼ばれる変異体の遺伝子を持っている（〝デルタ〟はふつうギリシャ文字のΔで表される）。この変異体のコピーを一つ持っている人は、ＡＩＤＳの原因であるヒト免疫不全ウイルス（ＨＩＶ）に免疫がある。そのような人もＨＩＶ陽性になるが、実際に病気が発症する時期が、通常のＣＣＲ５を持つ人より二年から三年遅い。ＣＣＲ５－Δのコピーを二個持っている人も、基本的にはこのウイルスに免疫がある。ＨＩＶ感染がふつう体を弱らせることを考えると、これは注目にあたいする性質だ。通常の形のＣＣＲ５遺伝子だと、ウイルスが細胞の外膜を通過してしまうが、ＣＣＲ５－Δ遺伝子を持っている人は、ＨＩＶが入り込もうとするのを阻む。

一九九八年、国立がん研究所のＪ・クレイボーン・スティーヴンスとマイケル・ディーンが率いる科学者グループが、ユーラシア、アフリカ、東アジアの他、先住アメリカ人など、三八の民族の四一六六人を対象に、ＣＣＲ５－Δ遺伝子の存在を調べた[10]。それぞれの個体群での割合は、東アジア、先住アメリカ人、中東ではゼロ、スウェーデン、ロシア、ポーランドでは一三パーセントを超える。ギリシャ人ではこの遺伝子を持つ人が比較的少ないが、東ヨーロッパではもっと多い。一般的に、この遺伝子が生じる頻度は、南より北の国のほうが高い。

数学的モデルの技術を使って、ＣＣＲ５－Δが発生した時期について、推測できる。彼らは遺伝子変異体が生じたのは、およそ七〇〇年前と計算したが、最も新しくて二七五年前、最も古くて一八七五年前という可能性もある。この変異体を持つ人々の割合が、なぜ集団ごとに違うのだろうか。その遺伝子が大量に発生したのは、おそらく自然選択が有利に働いたからだ。およそ七〇〇年前を出発点として、さまざまな違った土地で、その遺伝子が現在の割合にまで増えるには、どの程度、自然選択がその遺伝子に有利に働かなくてはならないかを計算した。するとかなり強い選択が働いたはずだという結果になった。つまりＣＣＲ５－Δを持つ人々は、一般的な遺伝子を持つ人より、多く生き残り、子孫を増やしていたということだ。

伝染病という自然淘汰

けれどもその人たちには、どんな利点があったのだろうか。ＨＩＶが出現したのはたった数十年前だが、ＣＣＲ５と免疫系の関係から、選択のプロセスで病気が重要な役割を果たしたことが示唆される。ではどんな病気かといえば、まず考えられるのが腺ペスト（黒死病）という、感染したノミが潜むネズミによって広がる細菌性疾患だ。中世には腺ペストによってヨーロッパの人口の二五パーセントから四〇パーセントが命を落とし、何度かの大流行が、ご存じのとおり、七〇〇年前にあった。その後にも流行があって大きな被害が出たが、死者の人口に占める割合は以前よりは小さかった。一六六五年から一六六六年に〝大疫病〟と呼ばれる流行が起きたあと、ヨーロッパでは下火になった。そして一七五〇年には、この伝染病はほぼ消滅していた。腺ペストの抵抗力を高める選択が働いた結果、比較的短期間のうちに、その遺伝子が高い頻度で現れるようになったと考えれば納得がいく。

この考えはスティーヴンスらが発表したあと、少なくとも数年間は確信を持てないながらも受け入れられていたが、著者であるスティーヴンスら自身は、腺ペストを悪者や英雄（個人の視点によって変わる）にすることには慎重だった。彼らは赤痢菌、サルモネラ菌、ヒト結核菌などのバクテリア（すべて人間の病気を引き起こす）も候補として考えられると示唆していた。しかし二〇〇三年、カリフォルニア大学バークリー校のアリソン・ガルヴァーニとモンティ・スラトキンが、腺ペスト仮説に疑義を唱える論文を発表した。(11) 彼らはその代わりとして天然痘をあげた。天然痘もまた恐ろしい病気だが、バクテリアではなくウイルスが原因で、ノミなどを媒介せず、人から人へと直接うつる。

腺ペストと天然痘は多くの面で違っているが、ガルヴァーニとスラトキンの議論の手がかりとなるのは、これらの病気が集団を移動するということだ。腺ペストは野火のように荒れ狂い、あらゆる年齢の人を巻き込み、そして（少なくともしばらくの間は）消える。天然痘はもっと控えめだ。人から人への直接感染であるということは、低い頻度で子どもや若者の間で継続的に起こり、狭い範囲でうつるということだ。感染者は死ぬこともあるが、生き残った場合は免疫ができてその後にかかることはない。そのため天然痘から生じる自然選択は、周期的に猛威をふるう伝染病によるものより継続的だ。

ガルヴァーニとスラトキンはＣＣＲ５－Δが現在のような頻度で現れるようになったのは、天然痘、あるいは腺ペストのような病気のためかどうか、数学的にモデル化した。(12) 彼らはいくつかの仮定条件も計算にいれた。それはどちらの病気についても、死亡率が最高レベルに達したことが何度あるか、その遺伝子が病気への耐性をどのくらい持っているか、そしておそらく最も重要なのが、集団の年齢構成、つまりある集団に若者と老人がどのくらいいるかということだ。この最後の条件が重要なのは、その集団にすでに子を産んでいる個体がどのくらいいるかによって、自然選択の働きが違ってくるからだ。子ども時代の病気耐性のための自然選択の効果は、発揮されるまで時間がかかる。それは耐性の恩恵――具体的には子どもが産めるようになるまで生き延びること――が、その子が性的に成熟するまで目に見えないからだ。同時に、病気のほうが〝生殖能〟(このモデルをつくった研究者が使った用語で、個人が子どもを持てる見込み)をそいで、集団により大きな影響を与える可能性もある。対照的に、すべての年齢を無差別に襲う伝染病にかかった人は、その個体群から選択によって排除される前に、伝染病にかかりやすい遺伝子を遺伝子プールに与えてしまっている可能性がある。

彼らの計算によると、CCR5-Δの保持者を一三世紀から現在のレベルにまで押し上げたのは、腺ペストであるとは考えにくいという結果になった。一方、天然痘はいまだ候補として残っている。天然痘は腺ペストのように一気に大量の死者は出さなかったが、過去七〇〇年間で見ると、天然痘で死んだ人の数は腺ペストで死んだ人の数より多く、CCR5-Δを増やす他の条件にもうまく合致する。ゆっくり着実なものが競争には勝つということだ。ただしここでの勝利の意味は、より多くの人を幼いうちに墓場におくるということになるが。

バイキングが広めた遺伝子変異

CCR5-Δの変異は、どのようにしてヨーロッパ全土と西アジアに広がったのだろうか。この遺伝子の動きを理解すると、その背後にある自然選択の解明にも役立つ。ジョン・ノヴェンバーとともに、ガルヴァーニとスラトキンは、この遺伝子が拡散した経路と考えられる道筋を、いくつか特定しようとした。[13] まずCCR5-Δがヨーロッパ北部で発生し、南へと運ばれた場合、ふつうに比較的ゆっくりと移動したか、大陸の各地へと進出したバイキングによって一気に運ばれたことが考えられる。もう一つは、この遺伝子変異が中央ヨーロッパで生まれ、北へ移ってから自然選択が強く働いてそこで増えた可能性もある。さらにもう一つ考えられるのは、ＣＣＲ５－Δの保持者は腺ペストの耐性は持っていても、他の病気にかかりやすいというコストを払い、そのコストが南の地域のほうが高く、その結果、北の地域のほうに偏ってこの遺伝子変異が広がったという説だ。

ふたたび一連の高度な数学モデルを使って（またすてきな専門用語を出すと、彼らは〝ファットテイルド・ダブル・エクスポネンシャル（ファットテイル二重指数）〟分布というものを試みたのだが、私からすると、数学用語というより珍しいタイプの鳥の名前のように聞こえる）検証したところ、研究者たちは〝バイキング仮説〟（バイキングがその遺伝子とともにヨーロッパ中に広がった）が、データと一致しているという結論にいたった。おそらくその遺伝子変異はスペインかドイツ北部で発生して外へと広がり、その後、バイキングとともに移動した。彼らはまた、この遺伝子にかなり強い自然選択が働いたに違いないという当初のアイデアを確認した。つまりＣＣＲ５－Δが急増したのは、そこに大きな利点があったということだ。じゅうぶんな時間があれば、現在、見られる集団以外の個体群でも、ＣＣＲ５－Δは増加していただろう。

ＣＣＲ５－Δについての黒死病仮説を否定する決定打は、中世の四〇〇年間、ノルマン人の支配下にあった小さな島国であるマルタにあった。一四世紀以降、マルタ島では腺ペストの大規模な流行が三回、そして小規模な流行も何度かあった。バイキングなりヨーロッパ人なりが、その遺伝子を持ち込む時間はじゅうぶんにあり、その持ち主は病気が発生したとき非常に有利になったはずだ。しかしその自然選択を受けた最有力候補と思われるマルタ島の住人の間では、ＣＣＲ５－Δの存在を示す証拠が事実上ゼロであることが、マルタ大学のバイロン・バロンとピエール・シェンブリ－ウィスメイヤーによる、三〇〇人の献血者を対象とした調査でわかった。[14]

借金を借金で返す

この時点でCCR5－Δ変異遺伝子を持っているのはいいことで、病気への耐性が人の個体群にそれほど速く広がったなら、農業が新たな病気をもたらしたとしても、その脅威から逃れるよう適応することができると考えたくなるかもしれない。しかしそれほど速くことは進まない。進化ではよく、一つの有利な状況が、どこか別のところでは不利になるという、まるで借金で借金を返しているようなことが起こる。これはもちろん何らかの意図が働いたわけではない。母なる自然が、天然痘の免疫を持つ人にその罰として、いぼをできやすくするというようなことではないのだ。ゲノムのある部分の変化によって、結果が違ってくる可能性があるということだ。ここで私が〝予期しなかった結果〟とか、〝意図せぬ結果〟とは言っていないことに注意してほしい。前にも述べたとおり、進化に関することはすべて無作為だ。

CCR5－Δの場合、そのような結果の一つとして考えられているのが、他の病気のかかりやすさだ。それは西ナイルウイルスという蚊が媒介するウイルスによる病気で、アフリカに由来するが、一九九九年にアメリカで初めて発見された。このウイルスには多くの人が知らないうちに感染しているのだが、免疫不全の状態にある人は（たとえばＨＩＶに感染していて）、重篤な症状が表われる傾向がある。中枢神経の合併症、特に脳炎は、場合によっては死につながることさえある。二〇一一年には六九〇人の西ナイルウイルス感染と、それによる四三人の死が、米疾病対策予防センターに報告された。[15]

CCR5－ΔがＡＩＤＳに対する免疫となるため、医学研究者たちはこの遺伝子変異の効果をまねて、ＡＩＤＳの治療法を開発しようとしている。もしCCR5－Δが起こした免疫細胞の変化を再現できれば、耐性を再現することもできるはずだ。しかし二〇〇六年、フィリップ・マーフィーと国立アレルギー・感染症研究所の職員たちは障害にぶつかった。[16] CCR5-Δを持つよう遺伝子操作したマウスは、ふつう以上に西ナイルウイルスに感染しやすかったのだ。さらに厄介なのが、CCR5-Δ変異（エイズを防ぐ）を持つ人々の血液サンプルを調査したところ、西ナイルウイルスが偶然よりはるかに多く見られたことだ。なぜ西ナイルウイルスに感染しやすくなるのか、そのメカニズムはわからないが、西ナイルウイルス感染のリスクを高めるという副作用を持つ可能性がある以上、AIDSや他の病気の治療法としてCCR5を操作しようとするのは、よい考えとは言えないかもしれない。

世の中そんなに甘くないという事実を突きつけられるような結果だが、これは病気への適応、あるいは自然の他の脅威への適応について、それまでにわかっていたことと一致する。すべての遺伝子が自らに課せられた不可欠な作業をきっちり行なっていて、自然選択が干渉しようとすればDNAを破壊するというわけではないのだ。ゲノムには機能の重複が含まれていることや、〝ジャンクDNA〟とも呼ばれる、染色体の中で何もしていないらしい遺伝物質が存在することについては、何年も前から科学者の間で知られていた。現在では、わずかな脱線ですべてがばらばらになるほど、遺伝子のシステムがきっちり組織化されていると思っている研究者はいない。

ゲノムのある領域で新たに起きた突然変異が特定の病気への耐性を示す一方で、他の部分にも影響することがあるのは、まさにその機能の重複のためだ。

染色体上の個々の遺伝子に、製造ラインのように誰かが一つずつ仕事を与えたわけではない。これはたとえば、緑色の道具をつくる担当者が、たまたまトイレ掃除と受付を兼務しているようなものだ。その人が製造を担当する道具の色を緑から紫に変えれば、その道具の売り上げが大幅に増加して、会社の経営に貢献するかもしれない。しかしその一方で、かかってくる電話応答ができず、トイレがあふれることになるかもしれない。

同じような〝勝つこともあれば負けることもある〟というシナリオは、現代の病気への遺伝的なかかりやすさにも当てはまる。たとえば囊胞性線維症は命に関わることもある病気だが、ヨーロッパ系の人々に高頻度で起こる。この病気の患者は呼吸器官、消化器官の粘液の粘度が高くなり、さまざまな合併症を引き起こす。しかし囊胞性線維症の遺伝子一個ならば病気は発症しない。そして最近の調査では、その遺伝子が人間の中で生き残っているのは、ある程度、コレラへの耐性ができているからではないかと示唆された。コレラもバクテリアが原因の深刻な病気で、汚染された水を通して広がる。

こうしたトレードオフはすべて、更新世であろうと別の時代であろうと、私たちが環境と完璧に調和するべく進化したわけではないことを示している。私たちは勝つこともあれば(ＡＩＤＳへの免疫が高まる、あるいは脱水症状に耐える能力など)、負けることもある(西ナイルウイルスや深刻な肺病に感染しやすくなる)。さらにこれは昔からずっと同じなので、旧石器時代の祖先たちも、私たちと同様、何かを得るため何かを捨てるという状況から逃れられなかったはずだ。

結核は近代化の災いか

ある病気は長い間、農業の悲惨な結果の広告塔にされてきた。それは結核だ。他の多くの感染症と違って、結核は骨に痕跡が残るので、大昔の人骨で診断できる。それが近年、人間の健康状態は悪化しているという理論の材料とされている。脊柱湾曲と骨の破壊、それに続く新たな骨の形成といったさまざまな異常は、慢性の結核感染と関わっていて、また、大昔の人間の集団におけるこの病気の発症率を推測するのに用いられることもある。古代エジプトのもののようなミイラ化した遺体では、肺や他の器官にこの病気の徴候が見られることがある。

結核はヒト結核菌というバクテリアによって引き起こされるが、同じようなタイプのウシ結核菌がウシに見られることから、この病気は動物の家畜化が一般的になって以降、ウシからヒトへと広がったと考えられていた。また人が定住を始める以前の遺骸には、結核感染がほとんど見られないことも、この説を支持する根拠となっていた。

しかしさらに最近の研究結果は、このシナリオに異議を挟むものだった。今では大昔の骨を調べるだけでなく、標本についたバクテリアそのものを検知できるようになった。それがヒト結核菌かウシ結核菌のどちらでも、正確な系統を見極めることさえ可能なので、たとえば一つの家族全体が同じ系統に感染していたのか（つまり家庭内で病気をうつしたりうつされたりしていたのか）、違う系統の菌を持っていたのか（それぞれ別の経路から感染したのか）までわかる。この技術によって、見た目ではわからない結核の証拠が骨で検知できるようになり、結核がそれまで考えられていたよりずっと前の時代にも、一般的に見られる病気だった可能性が示唆された。

またヒト結核菌とウシ結核菌の違いについての新しい詳細な研究も、ウシの菌が人間の病気の起源だという考えに疑問を投げかける。これら二つのタイプのバクテリアのＤＮＡは大きく違っているので、それほど短期間の間に一方から別の形に進化したとは想像しにくい。さらにウシ結核菌が初期人類にうつったとすれば、ウシ結核菌が当時の人の間に多く存在していたはずだ。しかしウシ結核菌による病気の痕跡が発見されたのは、鉄器時代にシベリア南部にいた遊牧民の、小さな標本一つだけだった。最新の推定では、ヒト結核菌が進化したのは、少なくとも初期のヒト族がいた二六〇万年から二八〇万年前とされているが、この推定についてもまだ科学者の間で議論がある。

ロンドン大学ユニバーシティ・カレッジの感染病・国際保健センターのヘレン・ドノヒューも、大昔の人も結核にかかっていたという説を支持し、人間がまだ小さな集団で、狩猟採集によって生計を立てていたころから、結核菌は初期人類と共存していたかもしれないと述べている。[17] 感染したのが健康な大人ならダメージは小さく、深刻な症状になるのは保菌者が年をとって免疫不全の状態になったり、他のストレス要因と病気が重なったりしたときだけと考えられる。結核は慢性的になることがあるが、免疫システムがきちんと働いている限り重くはならないという考えは、HIV感染者における結核の発症についての懸念とも関わってくる。HIV感染によっても免疫が弱まるからだ。

けれども結核は近代化の災いという考えも、完全に消滅していない。そして最近では、病気とともに進む、あるいは病気に対抗する進化の継続性が、前面に打ち出されている。人間の集団がどんどん大きくなり、すばやく広がって宿主に大きな害を与える系統の結核菌に有利な自然選択が働いたのだろうと、ドノヒューは述べている。[18] 家畜動物(あるいは都市)と同じように、新しい宿主が今の宿主と同じ家、あるいは同じ地域にいるのなら、宿主をできるだけ長く生かしておいても、病原菌にとってはあまり利益がない。新鮮な個体がすぐそばにいるのだから。そのため容赦なく宿主を利用する結核菌の系統は、混雑した環境でより多くの遺伝子を子孫に伝える。一方、それほど密集していない環境では、他の条件がすべて同じなら、もっとおとなしい系統のほうが有利になるだろう。事実、最新のヒト結核菌の系統は、急速に進化して病気として完成される。

しかし最後に笑うのは結核ではない。イアン・バーンズ率いるイギリスとスウェーデンの科学者グループが、それぞれ違った期間、人が多い都会的環境で生活していた一七の集団のDNAサンプルで、結核耐性に関わる遺伝子変異の出現頻度を調べた。[19] たとえばトルコのアナトリア人は、紀元前六〇〇〇年から定住生活をしていたが、あるスーダンの民族が都会化したのは一九一九年以降だ。バーンズらは、近接して定住していた期間が長い集団ほど、耐性遺伝子が一般的に見られると予測した。それは正しかった。都会化した集団ほど抵抗力が高く、ほんの数世代で進化した反応が現れた。

なぜ誰もが（少なくとも都市において）同じ耐性を示さないのだろうか。ここでもやはり、そうそうおいしい話（フリーランチ）はないということだ。結核耐性の遺伝子型を持つ人は、免疫系が敏感すぎて、自分自身を攻撃して傷つけてしまう〝自己免疫疾患〟になりやすいらしい。それでもこの場合（そしておそらく他の多くの場合も）、私たちの祖先の遺伝子に執着する、あるいは昔の遺伝子のほうが環境に適応していたとするのは、よい考えではなかったのだろう。

癌は宿敵か、新手の敵か

癌は恐ろしい病気である。自分が経験している、あるいは親しい友人や親戚に癌と診断された人も多いだろう。米国癌協会によると、癌はアメリカにおける死因の第二位であり、アメリカの全男性の半分、全女性の三分の一が、一生の間に癌になるという[20]。癌の発見と治療にはあらゆる高度な技術が関わっているためか、癌が多くなったのは最近の現象であり、昔は今ほど癌に苦しむ人はいなかったと思われがちだ。二〇〇七年にやはり米国癌協会が行なった調査では、七〇パーセント近くのアメリカ人が、アメリカでは癌で死ぬリスクが高まっていると信じているという[21]。このような研究が始まったころ、狩猟採集民と生活をともにした人類学者が、狩猟や採集で生活している人々がとても健康で、癌という病気はないように見えることについて、意見を述べていた。

少なくともパレオ式の食事や生活習慣の熱心な実践者の一部は、予想通り、農業開始以降の環境と、穀物や他の加工食品を食べるようになったことに原因があると主張している。これは目新しい意見ではない。一八四三年にフランス人医師のスタニスロー・タンチューがパリ医療協会でプレゼンテーションを行ない、穀物の摂取が癌発症の強力な予測材料となると述べた[22]。彼はまた、狩猟採集民族に癌が発生することはないだろうと述べている。NewTreatments.org というウェブサイトによると「布教に訪れた医師や探検家には知られていた狩猟採集民族がいて、その民族を調査した結果からこの結論に至った。この調査は第二次世界大戦まで続いたが、その後、北極やオーストラリアの最後の野生の人々が〝文明化〟してしまった。そうした民族の間で癌は見つからなかったが、文明化した世界の食事をとり入れたところ、癌が一般的な病気になった[23]」

タンチューの実際の調査データは入手できないし、「著者と発行者は何事にも責任を負えない[24]」という文が掲載されたウェブサイトが、どのくらい信用できるか判断は難しい。それでも提示された疑問は正当だ。癌は私たちが最も適合している環境から逸脱したことの表れなのだろうか。それとも以前からずっと私たちとともにあったのだろうか。この疑問については科学者の間でも意見が分かれていて、ある種の癌は近代的環境、たとえば汚染物質などの影響を受けているという声もあれば、診断技術が向上したため、以前より癌が増えたように思えるとの意見もある。

二〇一〇年にエジプト学者のロザリー・デイヴィッドとマイケル・ジマーマンが、有史以前に生きていた人々の癌に関する本の論評を発表したとき、癌を文明（少なくとも近代的な都市の生活）がもたらした災いとする考えへの関心が復活した。彼らがとりあげた本の中には、ミイラ化した人体の調査や、古代の文書なども含まれていた[25]。それらに癌と思われる事例がほとんど見られなかったため、彼らは「昔は癌がほとんどなかった」という結論に至った。その論文でデイヴィッドとジマーマンは、近代における癌の増加と食事を結びつけてはいないが「現代社会に発癌性物質が増えていることと関わりがあるかもしれない」とは推測している。デイヴィッドはさらに「自然の環境には癌の原因となるものはない。大気汚染から食生活、生活習慣の変化まで、癌は人間がつくりだした病気なのだ[26]」と述べたと伝えられている。

この主張は大きな注目を集め、メディアには『ミイラは嘘をつかない：癌は人間がつくった現代病[27]』、

『現代人が引き起こした癌』[28]など、刺激的な見出しが現れた。人間が農業を始め、都市に定住するようになったのが間違いだったという、最悪の恐怖を確認するかのようだった。パレオダイエットの愛好者は、発癌性のない食事に慰めを見いだし、他の人々は人間だけでなくペットまで癌にかかることを嘆いた（その一方で、国立がん研究所の発表によると、二〇〇三年から二〇〇七年までの期間で、新たな癌の診断数と、癌による死者の数はわずかに減少している。この期間に文明社会のプレッシャーや有害物質が減少したとは考えられないのだが[29]）。

他の科学者や癌関連の組織の多くにとって、デイヴィッドとジマーマンの調査結果、そして癌は現代の生活習慣によって引き起こされるという結論は、簡単に受け入れられるものではなかった。第一の問題は、デイヴィッドとジマーマンが調査した標本に癌の痕跡が見られなかったからといって、本当に癌がほとんどなかったと言えるのかということだ。人骨は不完全なものが多く、また当然のことながら、軟組織に発生した癌が、常に骨まで広がるわけではない。そこまでの転移が起きる前に、患者が死ぬこともある。それだけでなく、ほとんどの癌は年配の人に発症する。そのため多くの癌を発見するためには、五〇歳を超える人の標本が多く必要になる。デイヴィッドとジマーマンが調査したミイラや骸骨は、もっと若い人のものが多かったため、最初からそれほど多くの癌が見つかるとは考えられなかったはずだ。

一九九六年に発表されたすばらしい論文で、ロンドン大学ユニバーシティ・カレッジのトニー・ウォルドロンは、ある人間の遺骸の標本にどのくらい癌が見つかるか予想した[30]。彼はその推測を昔のデータに当てはめ、自分の予想が正しいかどうか確かめた。予想のために、ウォルドロンは医学文献を使って、特定の臓器や組織に生じる癌による死と、その部位から骨に転移する割合に基づき、癌のかかりやすさを調べる単純な公式を編み出した。この計算から、彼はすべての癌患者のうち、骨に癌の証拠が見つかると考えられるのはどの程度かと考えた。そこで一九〇一年から一九〇五年の癌による死を記録で調べ、これを一七二九年から一八五七年に使われていた、ロンドンのクライスト・チャーチ・スピタルフィールズの地下に埋葬された遺骸のデータと比較した。一九〇一年から一九〇五年という期間を選んだのは、記録に信頼性があったことと、タバコが肺癌の発生率を高めるほど普及していなかったからだ。

ウォルドロンの公式は、癌の痕跡が見つかる数を、驚くほど正確に予測していた。さらにミュンヘンのアンドレア・ネルリッヒとベアトリス・バックメイヤーはウォルドロンのテクニックを使って、もっと古い二つの標本を調べた（紀元前一五〇〇～五〇〇年のエジプトと、一四〇〇～一八〇〇年のヨーロッパのもの）。すると公式が弾き出したとおり、癌の痕跡が見られたのは、九〇五体のエジプトの骸骨のうちたった五体、二五四七体のヨーロッパの遺骸のうち一三体だけだった[31]。この数字を見ると少ないと思うかもしれないが、骨に痕跡が残るのは癌全体のごくわずかな割合だけなので、これは現在の癌発生率とほぼ一致している。つまり癌は近代化の災いではなく、昔の遺骸や現代の狩猟採集民にほとんど癌の証拠が見つからないのは、単純に統計上の問題なのだ。

また〝自然な環境の中に〟癌の原因はないというデイヴィッドの発言も、癌関連の機関から批判を浴びた。太陽放射、岩石中のラドン、多数のウイルス。これらは発癌性があるとして知られている。現在、癌研究で特に注目を浴びているのが、癌と感染性病原菌との関連だ。現代の生活の一面が癌の原因になっているのは確かである（特に有名なのは喫煙で、世界中のすべての癌の四分の一の原因となっている）。『ニューサイエンティスト』誌のアンディ・コグランはこう言っている。「そのほとんどは生活習慣の選択のまずさが原因で、それは当人がなんとかできるはずだ。逃れることのできない発癌物質の海に溺れているため癌になるのではない[32]」

長寿になったから癌になる

癌が昔からあるならば、私たちが癌になる素因は、呼吸をしたり、直立したり、色を見たりする能力とともに祖先から引き継いだのだろうか。もしそうなら、癌になりやすくなったのはいつごろからだろうか。そして最後に、他の生物種の癌についての情報は、種による癌のなりやすさの違いだけでなく、（とても大きな問題ではあるが）何が種の寿命を決めるのかを、理解する助けになるだろうか。

ショウジョウバエから人間まで、動物の加齢と老化を研究している著名な生物学者であるケイレブ・フィンチは、癌の発症しやすさと長生きは関連しているかもしれないと提言している。[33] 種による寿命の違いについては、ある程度のことがわかっているが、他の種における正確な癌発生率を知るのは、少なくとも人間の骸骨などからそれを知るのと同じくらい難しい。動物も癌になるが、その頻度はさまざまだ（サメが癌にならないというのは俗説だが、サメが属する魚類のグループは、独特の免疫系の性質があって、それが異常な細胞の発生に対抗している可能性はある）。おもしろいことに、少なくともチンパンジーは人間に比べて、はるかに癌の発生率が低い。比較的、寿命が長くてもだ。しかしたとえ近代の医療や公衆衛生がなくても、人間は他のどの霊長類の親戚より、はるかに長く生きる。

フィンチによれば、チンパンジーや他の大型類人猿は、人間のアルツハイマーに見られるような、神経変性に苦しむことはないらしい。寿命の短さを考慮してもだ。言い換えると、四〇歳のチンパンジーは、人間で考えるとその二倍の年齢に当たるのだが、その年代の老人にとって一般的な病気にかかることはあまりないということだ。フィンチはさらに、自然選択によって寿命は延びたが、その代償もあったと述べている。私たちの免疫系は、何十年もの間、ウイルスやバクテリアの攻撃を退けて、私たちを生かしてくれている。しかし同時に、炎症、心臓や神経の病気、そして癌になりやすいことも、その働きが原因の一端にある。この諸刃（もろは）の剣（つるぎ）ともいうべき状態が生じた理由は、一つには免疫細胞が成長や炎症といった多くの違った細胞プロセスを調整していて、自分と異物を区別し後者を排除しているからだ。けれどもそのような高度な能力が不調に陥ると、細胞が無秩序に成長して癌化したり、他のさまざまな病気を発症したりする。

世の中においしい話はない

このような文字通り、生きるためのコスト（少なくとも長く生きるためのコスト）は、進化生物学の最も基本的な問題に根ざしている。私たちはなぜもっと長い期間、生き続けて子どもを産み続けることができないのだろうか。自然選択では自らのコピーをたくさんつくれる個体が有利になる。だから「私たちは他者が自分に取って代わるべく進化した」といった答えでは説明できない。

この問題への解答は、やはり〝おいしい話はない〟の類で、ここでは〝負の多面発現〟と呼ばれる。多面発現とは、一つの遺伝子が、一生の違う時期に違う臓器系に働く、いくつかの効果を持つことだ。一つ架空の例をあげると、成長を早める遺伝子が、骨を強化したり、動脈を弱めたりする効果を持つとする。若いときに生殖機能を強化する遺伝子は、たとえ生殖年齢を過ぎたあとは有害な効果を持つとしても、自然選択ではやはり有利である。〝負〟と言われるのは、この「今よくてあとが悪い」作用のせいだ。早い時期に働く遺伝子が自然選択で有利なのは、子孫に引き継がれて、その持ち主はマイナスの効果が出る前に、競争相手よりも多く子孫を産むことができるからだ。子孫を多く産むのを促す遺伝子の持ち主が、後年、アルツハイマーを発症しやすくなっても（これもあくまで仮定の話だ）、もう止めることはできない。脳の退化は起こりにくいが子孫をあまり増やせない人よりも、すでに多くのコピーを残している。

フィンチや他の生物学者は、自然選択の結果として人間が他の霊長類より長生きになったのは、親に依存する期間が長い子どもを育てられるからだろうと言う。しかしその一方で、癌や年齢に関わる病気を背負い込むことになった。ロンドンの癌研究所のメル・グリーヴスは、人間は進化によって「一定数の人が癌というくじに当たるようになった……進化プロセスの特徴である〝設計〟の限界、妥協、トレードオフの結果だ」[34]と述べている。これを念頭に、進化生物学者のバーニー・クレスピは、幼年期の生存と成長を助ける遺伝子はどれも、たとえのちに病気を増やすとしても、自然選択で非常に有利なはずだと推測した。[35]子どものとき死なずに成長するのは、それほど大きなことではないと思うかもしれないが、かつて感染症と栄養不良によって数多くの子どもが命を落とし、今でも一部の発展途上国では同じことが起きていると、クレスピは強調している。彼の推測に従うと、出生時体重を増やす（幼少期の脅威から子どもを守る性質の）遺伝子には、自己免疫疾患や他の病気を引き起こしやすくする性質もある。クレスピは次のように述べている。「人間の病気リスクの進化は、現生人類の進化と必然的に結びつく」[36]

病気は常に私たちとともにあった。私たちが人間に進化したとき、それらの病気の一部が一緒に伝わったというだけで、農業や都市生活を始めたこととは関係ない。私たちは誰もがもっと健康になりたいと願っている。ビッグマックや道路や家を手に入れる前は、今より健康だったに違いないと考えたくなる。しかし進化というのは、そのように進むものではない。ある期間が過ぎたあとに、完全な健康や完全な適応が実現するわけではないのだ。むしろ病気は人生が果てのない抑制と均衡（チェック&バランス）の連続であり、ハッピーエンドの保証はないことをじゅうぶんに示している。「自分自身の遺伝子で病気になる運命が決まるなんて、どんな人生なんだ？」と聞きたくなるかもしれない。その答えはどうやら、今の私たちがおくっている人生ということになるようだ。

第一〇章　私たちは今でも進化しているのか

チベット人が高地に住めるようになったのも、耳あかに二つのタイプが存在することも、すべて人類が「進化している」ことの証なのだ。

二〇〇九年はチャールズ・ダーウィン生誕二〇〇年で、彼の代名詞ともいえる著書『種の起源』も、発表から一五〇年を迎えた。それを祝うために会議が開かれ、識者が集められ、本が何冊も出版された。きりのいい数字の記念に、人は何かもっともらしいコメントを言いたくなるものらしい。ダーウィンの考えが今でも通用するか検討するさまは、〝あの人は今〟のような番組で、ロバート・デ・ニーロが今でも映画界の重鎮であるか否かを議論しているようだった。

議論のテーマの多くは、少なくとも有力メディアが扱ったものでは、人間にまつわるものがほとんどで、いちばんよくとりあげられた疑問は、人間は今でも進化しているかどうかだった（『進化のなぜを解明する』の著者で生物学者のジェリー・コインが、講演会で必ず訊かれる質問でもある）。この問題について、強い気持ちを持っている人もいるようだ。科学ライターのカール・ジマーの〝ザ・ルーム〟というブログにある人が、人間がさらに進化するのは避けられないが、それを残念に思うとコメントしていた。「なぜ遺伝子は、ぼくらがもう変わりたくないとわかってくれないんだろう。これまでやってきてくれたことでじゅうぶん満足してるのに……こんなすばらしい知性を持った種の、はかない至福のときをなぜ進化でぶち壊さなければならないのか」[1]。Cavemanforum.comでは、さらに悲観的なコメントが見られる。「人は急に変わっていると思う。でも正直になろう。それはいいことではないんだ」[2]。また別の人はにべもなくこう言う。「私たちは苦労して進化してきたのに、いまだ穀物を生のまま食べられないとは残念すぎる」[3]。希望を前面に押し出したものとしては、〝スポーツアボード〟というブログのコメント欄にこうある。「私たちの進化は終わったと思うけど、次の大きな変化は翼だと思う。翼は使えるよね」[4]

ワニが菜食主義者になる日

これらのコメントから読み取れるのは、進化は人間に必要以上に起こった何かであるという気持ちだ。それがどんな活動をするかはともかく、何らかの形で存在しているはずのものを損なったり、改善したりするということだ。もちろんそれは間違っている。人間が進化の産物なのだ。そして他のすべての生物も進化の産物なのだ。しかしナマケモノは自分たちが地面を歩けないことを批判しているのか、あるいはワニがいつか菜食主義になる日がくるのかといったことは、誰も気にしていないようだ。

人間の進化の継続についての興味は、私たちが他の動物と違うという思いから生じているのだろう。言ってみれば、ヒト例外論の一形態だ。それは人間の起源に対する姿勢とは必ずしも関係ない。ヒトという種が進化したことを受け入れている人でも、私たちはすでにそのすべてを通過し、しばらく前に、大きな〝やるべきことリスト〟の項目をすべてチェックして、進化を終えてしまったと信じているのかもしれない。iPadと臓器移植の世界は、ダーウィンの考えの基盤となった、〝牙と爪を赤く染めた自然〟[5]とはかけ離れているように思える。

現代に生きる人間が進化しているかどうかについて、再び関心が集まっているのはダーウィンの生誕二〇〇年がきっかけだったかもしれないが、この疑問そのものは本が出版されたほぼ直後からあった。イギリスのバーミンガムに住んでいた婦人科医であり外科医のローソン・テイトは、チャールズ・ダーウィンと同時代に生きた人物で、一八五九年に『種の起源』が発表されたときは学生だったが、発行されたすぐあとにそれを読み、ダーウィンの考えを熱心に宣伝していた。そのほんの一〇年後、テイトは『ダブリン・クォータリー・ジャーナル・オブ・メディカル・サイエンス』に、「適者生存による自然選択の法則は、人間ではあてはまらないのか?」という気になるタイトルの論文を発表した。

テイトはウィリアム・グレッグが『フレイザーズ・マガジン』に書いた「人間の〝自然選択〟の失敗について」という、同じようなタイトルの記事にも言及している。二人とも医療技術の発達で、病気による死がなくなり、自然選択の間引き作用が弱まることを恐れていた。グレッグに言わせると「(医学によって)夭折を免れた人々が、わびしく不完全な人生を子孫に伝える」。そのため「もし人が病気を根絶すれば、生死の確率が等しくなり、あらゆる面で質が等しい存在が生まれるだろう[6]」と。テイトはさらに、医者は仕事をやめ、成り行きを自然に任せて、元気な人だけが社会で生き残るようにするべきだとしている。しかし次のように考えて、自分をなだめていた。「一つの流行病を克服しても、すぐに別のもっと手ごわいものが現れる[7]」。そのため自然選択は続くが、病気が生じるごとに基準が違ってくる。テイトは医者という職業(彼自身もその一人だ)は存在し続けるべきだとしながらも、その労働には終わりがないということを認識しておくべきだという結論に至った。

限定的とはいえ、一九世紀の医者が病気をなくせると考えていたテイトの楽観的な見方は、当時の医療の不備を考えると、説得力に欠けると私には思える。当時の薬の大半は効果がないどころか、危険なものもあったし、病気治療のために血液を抜く瀉血(しゃけつ)もまだ行なわれていた。それはともかく、近代技術によって、私たちは他の種については選択を推進する自然の力から守られているという彼の主張については、ダーウィン自身も賛同していて、一八七一年に発表した『人間の進化と性淘汰』ではテイトとグレッグの著書から引用している。「予防接種のおかげで、以前なら天然痘で死んでいたはずの身体虚弱な何千人という人々が生き続けていると信じるべき理由はじゅうぶんにある。そのため文明社会の虚弱な成員が、その種を広めている[8]」

それでもテイトと同じく、ダーウィンも人間は進化できると信じていた。二人はその後も交流を続け、互いに興味を持っていたモウセンゴケなどの食虫植物の研究などを行なっていた。テイトはダーウィンの熱心なファン、そして支持者となった。やがて二人の科学者は実際に会うことになるが、J・A・シェパードが書いたテイトの伝記では、彼のふるまいはストーカーすれすれ（一八七〇年代にそのような表現はなかったかもしれないが）で、しだいに手紙や招待の回数が増えていった。ダーウィンのほうはそっけない返事をするか、すぐさま断るかのどちらかだった[9]。しかしトマス・ハックスリーとともに、テイトはダーウィンの考えをビクトリア時代のイギリス知識人階級に定着させるのを助けた。そのため初期の進化理論の歴史の中で、彼の役割はいまだに重視されている。

弱肉強食の掟に反する？

もっと現代に近い時代に、進化が止まると提唱したのが、ロンドン大学ユニバーシティ・カレッジのスティーヴ・ジョーンズである。少なくとも西洋において進化は実際に止まったので「私たちはまわりをよく見るべきだ。これが最終的な姿だ。私たちの種については、もうよくなることも悪くなることもない[10]」と、この一〇年の間に何度か述べているのは有名である。彼の意見はテイトの見解とよく似ている。近視やはしかにかかりやすい性質は、数百年前には不利だっただろうが、今はそうした性質を持っていても、ほとんどの子どもたちが生き残っている。避妊法によって産む子どもの数を決められるようになったことも、自然選択による進化にもともと備わっている、遺伝子を永続させるための能力に影響している。さらにＤＮＡのエラーは時間とともに蓄積されるため、遺伝子プールの変化を促す突然変異は年長の父親に多いこと、今はこれまでになく若い男性が多く子を持っていることを指摘している。そして最後の主張は、現在、多くの人々が移動しているため、遺伝子の混合が進み、世界中の人が均質化して、一つの大きな集団になろうとしているというものだ。つまり小さな集団の人々は、自然選択の局在的な力に、これまでのようにすばやく反応できないというのである。そしてテイトや当時の学者と同じように、人の遺伝子が捕食者や破壊的な病気などの環境圧力の横暴から解放されたのは、人間が技術を通じてそれらを取り除いたからだと、ジョーンズも感じていた。

その理論は直感に訴える力があるように思えるが、多くの進化生物学者（私を含めて）は、この結論に反対している。最もわかりやすい反論は、この議論を支持する科学者の多くが先進国に住んでいるが、世界的に見ればそれは少数派だということだ。先進国以外では、たとえトラに食べられるリスクがなくても、いまだに多くの土地で子どもが栄養不良やさまざまな病気で死んでいる。そのような土地の人々は、そうした危険を生き延びるための自然選択にさらされている。そして人々は今でも新たに苛酷な環境に移動していて、そこでも進化が起こっている。本章の後半で、そのような例を一つ検討する。高地での生活に適応するチベット人のケースだ。これから先、そのような移動があったとき、同様の適応が起きないと考える理由はない。

工業化された社会でも、病気はいまだに大きな脅威だ。二〇世紀には医学が並はずれて進化したにもかかわらず、最近でもＳＡＲＳ、Ｈ１Ｎ１インフルエンザ、西ナイルウイルス、そしてもちろんＨＩＶなど、伝染病によって大きな被害が出ている。第九章で見たように、ＨＩＶに関しては、すでにＣＣＲ５－Δ遺伝子変異の持ち主のほうが有利になり、将来はそれが一般的になると予想されている。テイトは正しかったのだ。病原体自体は私たちが築いた防衛手段を回避するべく新たな進化を続けているので、伝染病との戦いは終わることがないだろう。パレオ式のライフスタイルは人間の進化の中心を食生活に置くことが多いが、病気のほうが遺伝子に大きな足跡を残しているのはほぼ間違いない。

医療も農業も、家や道具や衣服をつくるのと同じく、文化と呼ばれる人間の特性の一部である。これらの技術や物質のおかげで、人間は他の生命体にとっては生息しにくい北極などの苛酷な土地に住めるようになった。ケンブリッジ大学のリーヴァーヒューム人類進化研究センターのジェイ・ストックは「もし文化によって環境ストレスがなくなるなら、自然選択はもう起こらないだろう」と言っている。[11]

文化も自然選択の一つ

では文化は私たちを環境から切り離してくれるのだろうか。多少は可能かもしれないが、完全に切り離してはくれないだろう。むしろ密集しているところで広がる病気のように、はっきりとした環境ストレスが表に出てくるかもしれない。テクノロジーによって社会が大きくなると、無防備な人が増えて、結核やはしかのような病気が広がる可能性は高くなる。そしてそれらの病気によって、自然選択が効率的に起きる。それに加えて、文化はまわりの環境と少し違うものとして軽視するべきではない。メレディス・スミスが指摘したように「文化は〝自然〟の力とは思えないかもしれないが、環境の一部である以上、病気や天気や食物源と同じように、自然なのだ……人間は自然選択のルールを変えてはいない」[12]。それだけでなく、文化そのものが自然選択の動因となることもある。自然選択による進化が起こるには、生き残る子孫の数に差が生じなければならない。また家族の数に最も大きな影響を与えるのは、その人々が住んでいる社会である。

前の章で触れたウィスコンシン大学の人類学者ジョン・ホークスは、若い父親には進化を促す突然変異が不足しているという、ジョーンズの主張を支持していた。彼はかつて年長の男性が生殖プールで有利だった理由の一部は、ジョーンズの主張どおり年長者のほうが結婚して子どもをつくる余裕があったからだと述べている。[13] 年配の男性はＤＮＡに変異が多く、それが子どもに引き継がれる可能性が高い。そのような変異が新たな遺伝的多様性を生じさせる。現在では、子どもをつくる人の年齢にそれほど差はない。しかしそれよりはるかに顕著な変化は、人口の爆発的増加だ。人が多いということは、突然変異の機会も多くなるということだ。これについてはグレゴリー・コクランとヘンリー・ハーペンディングが『一万年の進化爆発』で詳しく解説している。ホークスが言ったように「年配の父親の割合は、一七〇〇年当時と比べると小さいが、年配の父親の絶対数はずっとずっと多い[14]」のだ。人口が多いほど、新しい遺伝子変異が豊富になり、進化の余地が大きくなる。

進化が起きるメカニズム

私たちがいまだに進化しているかどうかという問いに、満足な答えを出すためには、ときとして（誤って）互換性があるとして使われている二つの概念を、きちんと区別しておくことが重要だ。その二つとは、進化と自然選択だ。進化はある遺伝子の頻度、あるいは個体群における頻度が変化することだ。たとえば一〇匹のハムスターのうち三匹が、ひげを動かせる遺伝子を持っていたのが、数年後には六匹になっていたとする。ひげを動かす遺伝子を持つ個体の割合が三〇パーセントから六〇パーセントに増えたので、この群れは進化したということになる。

問題は**なぜ**ひげを動かす遺伝子が増えたのかということだ。ここに自然選択と進化の違いがある。生物学者は一般的に、進化が起きるための四つのメカニズムをあげている。遺伝子浮動、遺伝子流動、突然変異、そして自然選択だ。遺伝子浮動は偶然の出来事で起こる遺伝子頻度の変化である。たとえばハムスターの群れが断崖の下に散歩に行くと想像してみよう。そこに大きな岩が落ちてくるという悲劇が襲い、五匹のハムスターが死んでしまった。本当に偶然で、不運なその五匹はどれも、ひげを動かす遺伝子を持っていなかった。残ったハムスターが子どもを産むと、ひげを動かせる個体の数が増える。

学生を教えるときこのたとえを使うと、遺伝子浮動とは何かという試験の問いに「群れの一部の個体が落ちてきた岩で死ぬ」話を持ち出す学生がいるが、この話で最も大事なのは、ひげを動かすことと、岩が落ちてきて死ぬ可能性の間には、何の関連もないことだ。偶然の出来事だけでも、ある遺伝子の頻度を高めることがある。人間の場合、過去の数百万年で、遺伝子浮動により顔の形が、原始人風のごつごつした形から、現在のようなほっそりした形になったと考えられている。遺伝子浮動は、特に小さな個体群で働きやすい。それは（岩が落ちてくるような）偶然の出来事が群れに与える影響が相対的に大きく、その分、遺伝子頻度が大きく変わるからだ。

遺伝子流動は、個人とその遺伝子があちこちに移動することだ。その活動そのものが遺伝子頻度を変えるため進化が促される。不運なハムスターの一群に岩が落ちてくるのではなく、どこか他の土地から来た、ひげを動かせるハムスターがその群れに入ってくるかもしれない。この問題にもう少し関連深い例をあげると、ＣＣＲ５-Δ遺伝子は、バイキングがヨーロッパを南へ移動する間に広まったという。自然選択とはまったく別のところで、その変異の頻度を高めた可能性がある。今の国際的な世界で遺伝子流動が増えると進化が遅くなる、あるいは止まることさえあると、ジョーンズは示唆しているが[15]、ホークスは人口が多ければより多くの父親から突然変異が受け継がれるので、それが移動する人々とともにさらに広がり、多様性が高まって進化が起きやすくなると指摘している[16]。

自然選択は今も起きているのか

最後にもう一つ、自然選択なしに起きる進化といえば、突然変異を通じて起こるものだ。つまり環境や体内での不調の結果により遺伝子が変化し、それが子孫に引き継がれる。そのような遺伝的変異は、テイ=サックス病や他の遺伝病の原因となり、だいたいは有害だ。複雑な組織にでたらめな変化が起きて質が向上することはまれで、そのような変異の持ち主は子どもをつくる機会を奪われる。しかしごくわずかに無害な変異もある。それでも遺伝風景は改変されて、遺伝子頻度に変化を起こす。

人間が進化していないという考えは、進化はある目的に向かって起こるという誤解から生じたのかもしれない。それと関連するもう一つの誤りは、すべての生命が、進化の頂点である人間の誕生を目指していたというものだ。人間を進化の終着点と見れば、もうこれ以上の変更は必要ない。さらに進化を続けるのは蛇足(だそく)でしかなくなる。そのような考えは、当然、科学的には擁護できない。自然は人間を特別扱いなどしていないし、人間が地球上で最も新しく進化した種でもない。その栄誉(とみなすことができるなら)を担うのは、おそらくウイルス、バクテリア、その他の微生物だろう。それらの生物は一世代が短いので、文字通り、あっというまに進化する。人間は進化の終着点ではないし、最も新しい生物でもない。

個体群における遺伝子頻度の変化という条件に照らせば、現代の人間の進化は簡単に実証することができる。人間のゲノムについての数多くの調査と、昔のDNAや私たちに最も近い大型類人猿との遺伝子の比較から、多くの遺伝子の頻度が変化していることが示されている。それだけでなく、私たちの遺伝子は(他の種と同じように)無作為の力に翻弄される。その意味で人間が特別であると考えるべきではないのは当然だ。しかし多くの人々にとって、この答え(私たちの遺伝子は、だいたい無作為の力によって進化しているという)は満足のいくものではない。そういう人たちが本当に知りたいのは、自然選択（進化のメカニズムの最後の一つ）が、今でも働いているかどうかということだ。この問いに対する答えはイエスだ。

身近で起きている進化

よく考えれば、私たちのすぐそばで、今も自然選択が起こっていると聞いても驚くことはないだろう。二〇〇五年に書かれた記事で、カナダのカルガリー大学の霊長類学者であるメアリー・パヴェルカが「〝人間はいまだ進化しているか？〟という問いは、〝すべての人が同じ数の子どもを持っているか？〟と言い換えるべきだ[17]」と提唱したことは役に立つかもしれない。答えはもちろんノー、つまり生殖に格差が生じているということだ。個人によって繁殖能力が遺伝的に違うとすれば、そこに自然選択が働く可能性がある。避妊法の広がりで問題がやや複雑になるが、可能性は消滅しない。

私はすでに、人間における最もよく記録されている最近の進化の例について論じた。それはラクトース（乳糖）を消化する能力だ。しかし継続中の進化のもう一つの実例は、時間的にも空間的にも、もっと近いところにある。さらにその証拠集めには、二一世紀の華々しいゲノム技術より、はるか以前からあった平凡なテクニックが用いられている。

フレーミングハム心臓研究は、マサチューセッツ州フレーミングハムの住人約一万四〇〇〇人を対象とした調査で、一九四八年に始まり現在も続いている。ボストン大学の米国立心臓肺血液研究所が主催するこの調査は数世代にわたり、この種のものでは最長のものだ。もともとはフレーミングハムの住人たちの生死を追跡して、心臓血管疾患の危険因子を突き止めることが目的だった。調査に参加した人は二年から四年ごとに健康診断を受け、身長、体重、子どもの数など基礎的な統計データとともに、血圧、コレステロール値などの健康指標がきちんと記録される。過去五〇年で、これらのデータから重大な発見がいくつもなされた。その中にはアルツハイマー病に関わる遺伝子や、睡眠時無呼吸症と脳卒中との関連も含まれる。

フレーミングハム研究を始めた科学者たちは、特に進化に興味があったわけではないが、この研究によって集められた情報は、人間であれ他の生物であれ、ある個体群の自然選択の証拠をさがしていた生物学者が求めてやまないものだった。調査に参加した第一世代と第二世代の女性は、現在、閉経後の年代なので、もう子どもは産まない。第三世代はまだ出産可能な年代だ。フレーミングハムの住人から集められたデータは、ミバエやマウスを使って進化による変化を研究している科学者たちが集めた情報とそれほど大きな違いはない。彼らはそれぞれの個体が持つ子どもの数と、個体自体の性質、たとえば体の大きさ（フレーミングハムの調査では身長、体重）や健康状態との関連を調べた。ある性質を持った女性（メス）がより多くの子どもを産めるなら、そしてその性質が次の世代に引き継がれるものなら、そこに自然選択が起きる。

グランツと同僚たちがガラパゴス島のフィンチを研究したのと同じように（第三章参照）、イエール大学のスティーヴン・スターンズ率いる研究者たちは、どの性質が、多くの子どもを持つことと関連しているかを調べた[18]。このタイプの研究で、鳥ではなく人間を使うことには長所と短所がある。長所としては同じ個体を間違いなく特定し、何度も調査ができることがあげられる。同じフィンチを調査のたびに捕まえるのは難しい作業だ。短所といえば、人間はタバコを吸ったり、薬を摂取したり、健康について学んだりする。これらはすべて人間という存在の一部であり、当然、鳥の世界には見られないことだが、結論を推定する妨げとなる可能性がある。たとえば、もしタバコを吸う人のほうが裕福なので多くの子どもを持つ、あるいは高い教育を受けた人のほうが背が高いという傾向が出たら、どう考えればいいのだろう。幸運にも後者の問題は、データを統計的に分析することで対処できる。生殖年齢に達する前の早期死亡で標本に偏りが生じるのを防ぐためにも、同様の分析方法が用いられる。

太り気味だが低血圧

スターンズらは複雑な計算を行なって、その研究に参加した女性たちに起こった自然選択の証拠を発見した（自分の血を引く子どもの数がはっきりわかるという意味で、女性だけを対象にしたのは理にかなっている。男性では不確定なことがあるので）。フレーミングハムの女性たちはしだいに身長が低く小太りになる一方で、コレステロール値と血圧は低下しているようだった。最初の子を産む年齢も下がっていたが、閉経の年齢は上がっていたために、一生のうち生殖可能な期間は長くなった。このような変化が起こった理由については推測するしかないが、すぐにわかるのは、以前よりもこのような新しい性質を持つ女性のほうが、元気な子どもをより多く産める可能性が高いということだ。コレステロール値や血圧の低下は、全体的な健康状態と関連しているが、身長と体重の変化は説明するのが難しい。

彼らはそのとき自分たちの調査から得られた結果を使って、将来を予測した。もう少し慎重な言い方をすれば、女性たちの生殖能力と、健康に関するさまざまな要素とのつながりが、それまでと同じという前提で、一〇世代後にフレーミングハムの女性が、どのような姿になっているのか計算することができた。たとえば平均体重は一・八キロ増加し、血中コレステロール値は一〇〇ミリリットルあたり二・三五ミリグラム、三・六パーセント減少すると予想される。他に数字に表れた変化もごく小さかったため、調査を行なった研究者たちは「自然選択は時間をかけて段階的な進化上の変化を起こす[19]」と結論している。もちろん彼らは、環境が一〇世代にわたって同じである保証はないことも、その環境の変化によって予想とはまったく違う方向に向かう可能性があることも承知している。

彼らは他にも、人間の集団の自然選択を調べるのに使える、いくつものデータソースを特定した。また二〇一〇年に発表したレビューペーパーで、フレーミングハムは最も初期の調査の一つではあるが、同様に長期的な調査が、デンマーク、ガンビア、イギリス、フィンランド、そしてアメリカのいくつかの州でも行なわれていると指摘した。[20] 健康に関する一般的なデータ収集から、アフリカ系アメリカ人の心臓疾患についての理解まで、調査にはさまざまな目的があるが、進化生物学者にとっては、参加者が何人の子を産んだかのデータが含まれていれば、すべての情報が宝の山である。

いくつかの調査で結果が一致する性質もかなりあった。女性も男性も、若いうちに子どもを持った人のほうが自然選択では有利になる。つまりあとの世代に遺伝子が引き継がれる可能性が高い。工業化以前に存在した集団の少なくとも一つ（一七世紀から一九世紀のフィンランド）、そして工業化以降の集団二つ（二一世紀のオーストラリアとアメリカ）では、最後の子を持つのが遅かった女性、あるいは閉経年齢が遅かった女性のほうが、選択で有利だった。

低下した出産年齢

この調査結果とも一致するが、二〇一一年にカナダ人研究者が発表した論文では、ケベック州北部、セントローレンス川の中洲にある小さな島、クードル島に住んでいる女性たちが、最初の子を産む年齢が低下していることが指摘されている。[21] ケベック大学のエマニュエル・ミロが率いる研究チームは、一七九九年から一九四〇年までに結婚した女性について、教会の記録を調べた。その島の住民は他の地域と隔絶されていたので、うまい具合に独立した標本ができた。一四〇年以上にわたる期間で、最初の子の出産年齢は二六歳から二二歳に低下した。この変化に遺伝的要素があるのは、おそらく出産の能力（成長速度や初潮の年齢）自体が遺伝性だからだろう。それに加えて、同じ期間の女性一人あたりが持つ子どもの数の平均は、三人から四人に増加した。

これらの発見から、スターンズらが言うところの〝生殖機会の時間窓[22]〟が大きくなり、子どもを産める期間が長くなっていることがうかがえる。もちろん、その窓が生かされないこともあるだろう。そんなとき、先ほども述べたように、文化が長期的に自然選択の効果を高めて、活用しやすくする場合もあるのだ。

ミロと同僚たちの調査結果によって、現代医療と公衆衛生（たとえば下水処理など）の向上で人間の進化が止まったという考えにも終止符が打たれた。パヴェルカの問いを思い出してみよう。すべての人が同じ数の子どもを持っているだろうか。生存率の上昇とは関係なく、問題となるのは個人が持つ子どもの数の差である。避妊や生殖補助といった形の文化によって複雑化するかもしれないが、突きつめれば文化も、進化が起こる環境的背景の一部でしかない。環境によって自然選択の強度は変わる。バンパスが研究していたスズメの例のように一度の嵐で群れの半数が死んだら強力な自然選択が起きるが、種子の大きさが変化して、一部の鳥が産む卵の数がふつうより一個少なくなれば、自然選択の働きは弱くなる。文化は自然選択の強さを変えたり、その効果が最もよく表れる性質を変えたりするが、完全にその性質を消滅させることはない。人間の進化は文化による影響を受けやすいと簡単に片づけずに、きちんと考えたことで、そこに新しい研究分野が現れたということだ。たとえば他人の精子や卵子を使った体外授精が、どのくらい進化の速さを変えるか。代理母の利用の影響はあるのか。これらの疑問は、生物学の新しい開拓領域だ。

これに関連することだが、自然選択が現代の人間の集団でも働いているとはいえ、どこでも同じ強さ、同じ方向に進むわけではないと認識することが重要だ。たとえば身長に関する選択を調査した研究によれば、ガンビアでは女性の平均身長が伸びていた。一方、ポーランドやアメリカのいくつかの地域では低くなっていた。さらにまた別の土地では、自然選択は安定していた。つまり平均身長はほとんど変わらなかった。[23] このような結果は、異質なものが多数集まる生物個体群に特有のものだ。ある環境では背が高いほうが有利だが、別のところでは低いほうが有利になる。そして同じ環境でも、時代が違えばどちらの現象も起こりうる。調査を行なった研究者たち（スターンズら）は、工業化以前の社会では背が高くなる選択が働き、工業化された土地では、背が低い女性のほうが多くの子どもを持つという現象が起きていたと示唆している。[24] なぜそのような違いが生じるのかはわからないが、おそらくテクノロジーへの依存度が低い社会では、背が高い女性のほうが身体的にきつい作業をうまくできるからではないだろうか。とにかく環境が時と場合によって変わることが、選択圧の違いを助長する。もっと一般化すれば、人間にとってただ一つの最適な状況はないということが、このことからもわかる。個人がどんな異なった状況にいるかによって、背が高いことが低いことよりよい場合もあれば、その逆もある。

最速の進化をとげたチベット人

スターンズの研究はスマートだが、遺伝的変化を直接、調べたわけではない。それは調査の目的ではなかった。DNA自体を調べるのではなく、昔ながらの間接的な方法で個体群の特徴の変化を調べ、遺伝的変化を予測したのだ。私たちはすでに、身長と血圧については親から受け継ぐ部分もあることがわかっているので、それらの性質の平均が自然選択によって変わるという推測は、飛躍がすぎるとは言えない。しかし最近の別の調査はさらに一歩進み、遺伝子そのものを調べることで、現在も進行中の人の進化が、正確にはどのようなものかを明らかにしている。

二〇一〇年にニューヨークタイムズ紙に「ヒトの最速の進化」という見出しの、ニコラス・ウェイドの記事が掲載された。レースの勝者は誰からも愛される。そしてこのレースの勝者は、チベットの高地に住む先住民だった。標高三九六二メートルで生活する人々の間では、高山病（酸素不足に体が対抗する試みがうまくいかないことから起きる）の症状が発症しない。山地の住人以外の場合、体は酸素不足を補うために赤血球の生産を増やす。その赤血球がヘモグロビンを運ぶ。ヘモグロビンは酸素と結びついてそれを臓器や組織に運ぶ分子である。赤血球の増加で血液が濃くなると、頭痛や不眠から呼吸困難、脳腫脹まで多くの健康問題が生じ、長期的には生殖能力が低下したり、小さな赤ん坊が産まれやすくなったりする。

しかしチベット人はこれらの問題を乗り越えたらしいのだ。血中ヘモグロビンの増加は見られないが、安静時の呼吸が速くなった。それによる有害な影響は出ていない。それとは対照的に、中国で大多数を占める漢族がチベット人と同じ高度の土地に住むと、慢性的な高山病の症状を示す。そのような環境なら西洋人の大半も同じ症状に見舞われるだろう。チベット人にはなぜ症状が出ないのだろうか。そして、なぜ二つの集団で違いが生じるのだろうか。

人間はだいたい海面と同じくらいの高さの土地で進化していて、高地のような厳しい環境に人が住むようになったのは、かなり最近のことだ。アンデスでは一万一〇〇〇年前、そしてチベット平原では三〇〇〇～六〇〇〇年前からと推測されている。おもしろいことに、アンデス山系先住民はチベット人のような呼吸数の増加がなく、逆に血中ヘモグロビン濃度が上昇している。どちらの民族も高地で無事に暮らしているが、同じ問題に違う解決法を見つけたようだ。

高地に順応した遺伝子

アンデス山系先住民の遺伝子はあまり研究されていないが、最近、いくつかの研究者グループが別個に、チベット人には高地に住むための独特な遺伝子適応が見られることを発見した。最初の例は、中国とアメリカの科学者グループが行なった研究で、親戚関係にはないチベット人五〇人の遺伝子を調べ、それを四〇人の漢族の血を引く人々のゲノムと比較した。[25] ユタ大学のテイタム・サイモンソンと中国の清海大学のリリ・ジが率いるチームは、違う手法で、低酸素レベルに対処する能力についての自然選択を受けたと思われるチベット人、中国人、日本人の遺伝子を調べた。[26] 低酸素症反応因子2α、略してHIF2αという名の遺伝子変異と、その効果を変更する二つの遺伝子が、チベット高地に住む人々の血中ヘモグロビン濃度の低さと関連していた。ヘモグロビン濃度が低いということは、チベット人は赤血球の増加で生じる問題が起こらないということだ。

赤血球の過剰生産を抑えることが有利になるなら、なぜ体が自然にそうならず、無駄にヘモグロビンのレベルが上昇するのだろうか。問題が解決するどころか、さらに問題が増えるだけではないか。その答えは、私が第六章で説明した、遺伝子の修理屋的性質を実証している。ネブラスカ大学のジェイ・シュトルツによると、酸素レベルの低下にともなうヘモグロビン濃度の上昇は、貧血に対処するために進化した性質が、同時に体内で使える酸素量の減少を引き起こしたのかもしれない。[27] しかし高山病と貧血はある重大な点で違っている。後者は血液そのものが酸素を運ぶ力が落ちて起きるので、ヘモグロビン濃度を高めるといくらか改善できる。高山病では、そもそも空気中の酸素が少ないため血中の酸素も不足し、そのためヘモグロビン濃度が高くなると、実際に酸素が組織に届きにくくなる。

なぜ血中の酸素濃度が低下したのか、それはもちろん進化の理論ではわからない。大昔の標高の低い土地の環境では、〝酸素レベルが低ければヘモグロビンは増える〟という経験則が完全にあてはまっただろう。しかしチベットでは、酸素レベルが低いときに、そのような反応を起こさない遺伝子を持つ個人が生き残り、もっと一般的な変異を持つ人より多く子孫をつくった。実際、このようなことが起こったと思われる。アンデスではそのような突然変異が起こらなかったのかもしれない。二つの高地の住人

チベット人が数千メートルの高地に順応できるようになったのはわずか数千年以内のことと考えられている

が違っているのは、単に自然選択が働きかける材料が違っていたからと考えられる。

メディアでは〝これまでで最速の進化〟と繰り返し報道され、正確にはいつごろからチベット平原に人が住むようになったのかという議論が目立った。もし七五〇〇年以上前なら、最速の称号はラクターゼ活性持続に与えられるが、遺伝学者が主張するように三〇〇〇年くらいならチベット人の高地適応が明らかな勝者である。保存された手型や足型、道具の破片、解体された動物の骨などの証拠に頼る考古学者は、定住の歴史を長く考えたがるが、この問題はまだ解決されていない。遺伝学者の世界では、二〇〇〇〜三〇〇〇年、長かったり短かったりするのは予想の範囲内なので、どちらに転んでもあまり問題ではない。

自然選択の実例

最速進化のレースの勝者は誰になるかは

ともかく、人のゲノムにおける最近の進化と自然選択の実例は増えている。ラクターゼ活性持続、アミラーゼでんぷん消化酵素、マラリア耐性、高地への適応。この数はさらに増えるだろうし、実際に増えつつある（耳あかまでたどりつくまで、もう少し待って）が、ヒトゲノム配列が解明され、DNAの大きな切片を一度に分析できるようになったため、多くの科学者が違う手法をとっている。ひとまとまりで受け継がれたと思われる配列を調べることで、最近の自然選択を受けた遺伝子を検知することができる。

それだけでなく、いわゆる正の選択と負の選択を区別することもできる。自然選択によって、より環境に適した遺伝子を持つ個体が勝者となるが、そのプロセスは二つの道筋で起こる。負の選択では、有害な突然変異がゲノムから取り除かれ、個体群の中での遺伝子頻度が変化する（そして進化が起こる）。つまり足し算ではなく引き算だ。たんぱく質生成に関わる遺伝子の領域が、違う種の間でもよく似ているのは、負の選択が働くためだ。たんぱく質の生成はたいへんな作業で、わずかな逸脱が悲惨な結果を招く可能性があるので、祖先から続く形を変える突然変異は、なかなか生き残れない。負の選択は進化における大鎌を持つ死神で、最近の研究によれば、生じた突然変異の四分の三まで、容赦なく取り除いているという。ただしそのような現象は、生命発生のごく初期に起こる。受精卵が子宮に着床する前ということさえある。

正の選択はもっと創造的で明るく、以前はなかった新しい遺伝子や数が少なかった遺伝子を増やし、その持ち主がより生き残りやすく、子孫を多くつくれるようにする。コーネル大学とコペンハーゲン大学の遺伝学者が二〇〇七年に発表した論文では、正の選択が科学者から大きな注目を浴びているのは「それが分子レベルでの進化的適応の痕跡を残しているからだ」と述べている。[28]

自然選択を検知する方法

自然選択を検知するには、ゲノムの中でいくつかのDNAがまとめて受け継がれたと思われる領域、いわゆるセレクティブ・スイープを見つけることだ。この基本的な考えについては第五章で論じた。違った食物の消化に関わる遺伝子は、世界中のさまざまな土地の人に見られるかどうか調べられると指摘した部分に示されている。ある遺伝子が自然選択で有利になると、その近くの遺伝子もヒッチハイクしてついていくため、ひとかたまりのDNAは思った以上に均質になる。そのようなセレクティブ・スイープが起きた遺伝子の働きを調べることによって、どの遺伝子が急速な進化に関わっていたかわかる。287ページの図では、各人が違った遺伝子セットを持っている。それらはふつうなら次の世代で組み合わせが変わる。けれども言語遺伝子5が有利になったため、自然選択を経て、近くの遺伝子も同じになる。

セレクティブ・スイープをさがすことで、自然選択がわりと最近（この数万年から数十万年の間に）起こったと思われるゲノム領域がいくつも見つかった。そのように急速に進化した遺伝子の多くは、第九章で説明したように、病気の耐性に関わるものだった。病原菌の遺伝子が、宿主の防御をすり抜けるため新たな方向に進化し、宿主がさらに強力な防御策を講じて起きる〝軍拡競争〟は、有利な遺伝子変異にとってすぐれた実験場となる。

前述のレビューペーパーを書いた多くの研究者によって行なわれた、アフリカ系アメリカ人、ヨーロッパ系アメリカ人、そして中国人の遺伝子サンプルの調査で、ゲノムの中の働きがわかっている遺伝子の近くの一〇〇の領域で、セレクティブ・スイープの証拠が見つかった[29]。皮膚の色素沈着、においの検知、神経系の発達、および免疫システムの遺伝子には、最近の進化の特徴のほとんどが見られた。さらにアフリカ系アメリカ人より、中国人とヨーロッパ系アメリカ人のほうが、多くのセレクティブ・スイープが見られた。この結果は、もしアフリカを出た人々が、気候、食物、病気など故国とはまったく違った土地に定住したとき、新しい選択圧を受けたと考えれば予想がつく。新しい環境では強い選択が起きるので、スイープも検知しやすいはずだ。全体として、人のゲノムの一〇パーセントに、そのようなセレクティブ・スイープの影響が見られると、研究者たちは結論している。

この数年、セレクティブ・スイープをさがす研究が盛んに行なわれているが、一部の科学者は警鐘を鳴らしている。ジョナサン・プリチャードとアナ・ディ・リエンゾは二〇一〇年に『適応――スイープ以外の要因による』と題された論文で、自然選択を検知する昔ながらの方法（フレーミングハム研究で用いられた手法）が、新しい華やかなゲノム技術にかき消されて、軽視されているのではないかと論じている。彼らはラッダイト流の反合理化的方法を勧めているわけではなく、進化上の変化はゲノム全体のさまざまな場所にある多くの遺伝子の相互作用によって起きることを指摘しているのだ。そのため遺伝子がまとまって一緒に引き継がれる部分だけを見ていては気づきにくいが、同じくらい速く進化しているものを、見逃す危険がある。

さまざまな反論

さらにシカゴ、イスラエル、イギリスの科学者グループが、四つの民族グループの一七九人のＤＮＡ配列を再分析した。この目的は、選択された遺伝子のまわりの遺伝的多様性が低いことが、本当にセレクティブ・スイープの指標なのかを判断することだ[30]。ＤＮＡがひとまとまりで受け継がれた部分をゲノムにさがす理由は、前に説明したとおり、選択された遺伝子とともに近くの遺伝子も運ばれるため、予測より変異が少ない部分が生まれるからだ。けれどもそもそも、どのくらいの変異が予測されるのだろうか。そして他のメカニズムが、ゲノムのある部位の多様性の低さの原因となっている可能性はあるだ

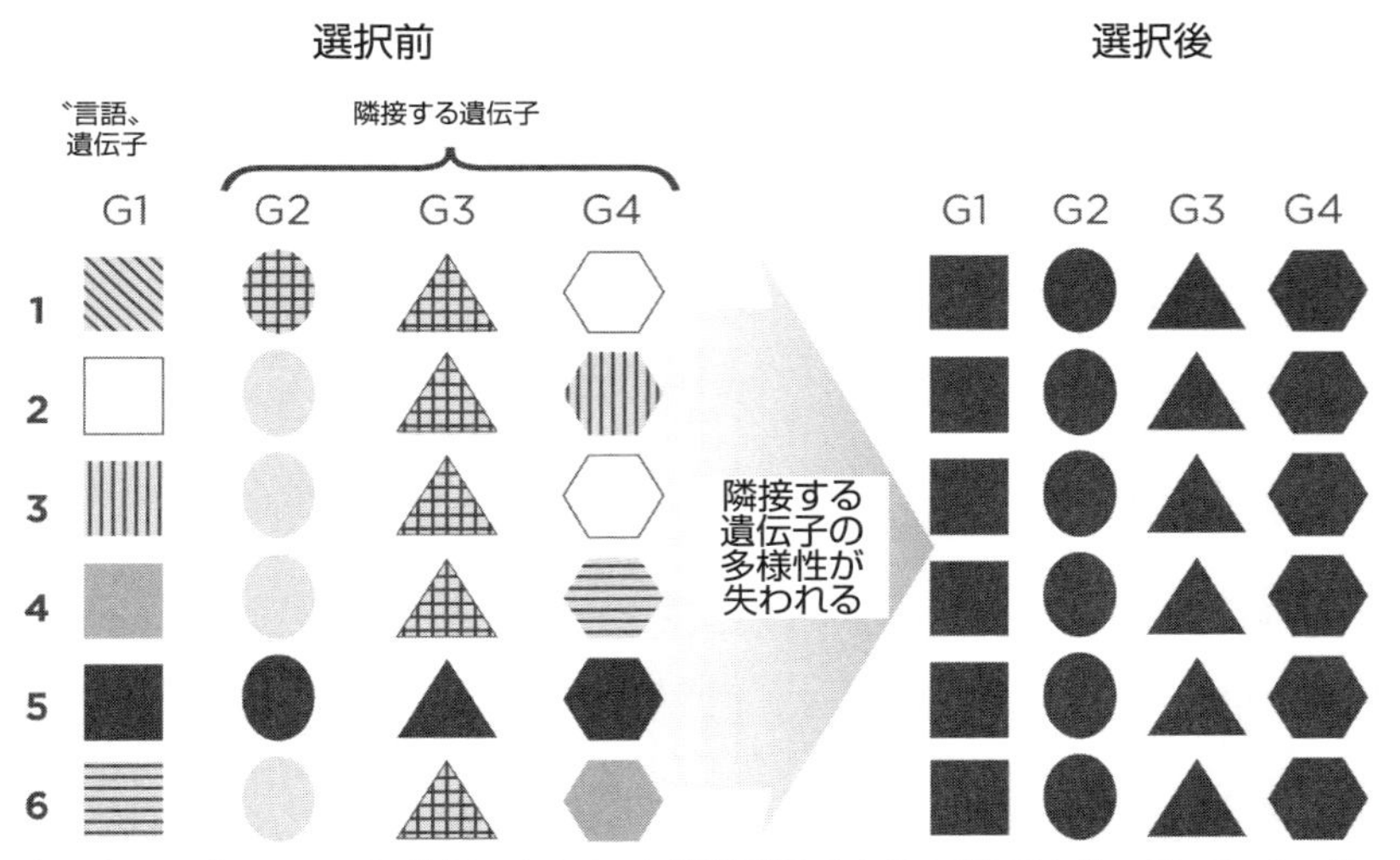

セレクティブ・スイープの結果。すべての人が違う組み合わせの遺伝子を持っていて、ふつうはそれが子孫に受け継がれる。しかしたとえば変異５が有利だと、あとの世代で特に多くの人に、その遺伝子と、近くにあった遺伝子（それら自体は特に有利でなくても）のかたまりが急速に現れる。（レベッカ・カンの図を改作）

ろうか。

ライアン・ヘルナンデス（カリフォルニア大学サンフランシスコ校の准教授）が率いる科学者たちが、多様性の低い部分は、実は特定のタイプの遺伝子のまわりだけでなくゲノムのあちこちにあることを突き止めた。言い換えると、ヒッチハイクする遺伝子は、必ずしもハイウェーで拾ってくれた車にずっと乗っているわけではないということだ。それに加えて、遺伝子頻度の地理的変異は、ヘルナンデスらが調べた標本にも存在し、アフリカ人の標本はヨーロッパ人の標本と違うが、その差はわかりにくいことが多く、程度の問題にすぎない。彼らはセレクティブ・スイープを否定してはいないが、プリチャードとディ・リエンゾと同じように、スイープというメカニズムを重視しすぎて、人の進化を起こす主要な要因だとする考えには警鐘を鳴らしている。

耳あかには二つのタイプがある

一般的に、ある集団における頻度が最近変わった一個の遺伝子や一連のＤＮＡが特定されたとしても、その遺伝子が正確にはどのような働きを持っているかはわからない。その遺伝子は免疫反応に関わるかもしれないし、たんぱく質合成に重要な役割を果たすかもしれないが、働きがはっきりしているものは、ラクターゼ活性持続などごく少数だ。二〇〇六年にもう一つの例外が見つかったが、その小さなＤＮＡ切片が人体に与える影響を知っても、それほど大騒ぎにはならないかもしれない。それは人の耳あかのタイプを左右する遺伝的変化を特定した、日本人のチームによる研究だ。[31]

耳あかについての知識が豊富な人でなければ、耳あかには二つのタイプがあることを知らないだろう。乾燥タイプと湿ったタイプだ。乾燥タイプは東アジア人に多く、アフリカやヨーロッパでは湿ったタイプ（研究者によると〝茶色っぽくて粘りがある〟）が主流だ。南アジアと中央アジアでは、二つのタイプがだいたい半々で見られる。人はアフリカで進化したので、湿ったタイプのほうが原型で、のちに乾燥タイプが北アジアで生じた可能性が高い。中国北部と韓国の標本にもそれが示されている。アジアを南に下るにつれ、乾燥タイプが少なくなる。それはおそらく乾燥タイプの人が、湿ったタイプの遺伝子を持つ南アジア人と異民族結婚したためだろう。アメリカ先住民も乾燥タイプで、それは彼らの祖先がアジアから、シベリアを通ってベーリング海峡を渡って移住してきたという仮説と一致する。

耳あかのタイプがどうあれ、現在、わかっている限りでは、それほど重要ではないように思える。耳あかは土や昆虫が耳の中に入るのを防ぐが、どちらのタイプがより効率的かを示す証拠はない。遺伝的変化は遺伝的浮動で生じたか、あるいは他のもっと重要な性質と結びついていたのかもしれない。この研究を行なった科学者は、耳あかのタイプは発汗量、ひいては体臭と関連しているので、耳あかそのものが自然選択のターゲットではなかったのではないかと推測している。アジア人はヨーロッパ人ほど汗をかかないので、その属性が、ユーラシア北東部の住人の祖先にとって有利だったというのだ。もちろんそれを立証するのは難しいが、ＤＮＡの変化が詳細に記録されていることを見ると、近い過去に起こった進化の追跡能力が向上していることがよくわかる。そしてこの耳あかの話は、いずれもっと多くのケースで、適応上有利になるような一つの変化を細かく追跡し、大きなセレクティブ・スイープが人類史上どのくらい重要だったか、判断できるようになるという希望を与えてくれる。

進化の急流にさらされる

私が本書でとりあげた、つつましい耳あかや他の例は、最近の人間の遺伝子の変化に関する証拠のほんの一部にすぎない。そして〝最近〟というのは視点によって三〇〇〇年にも一万年、二〇万年にもなりうる。さらに言えば、一つや二つの性質を〝いちばん最近の進化〟とランク付けしようとする姿勢には、進化そのものよりも、何事にも順位をつけたがる人間の性質のほうが強く表われている。前述したとおり、〝いちばん最近の進化〟であっても何の賞品もないが、あるとすればそれを勝ち取るのは間違いなく微生物だろう。しかし何事にも秀でたいと思うのが、（進化したものかどうかはともかく）人間の性質らしい。二〇〇九年の『サイエンティフィック・アメリカン』に、ホモ・サピエンスの運命をじっくり論じた記事が掲載され、その著者であるワシントン大学の古生物学者、ピーター・ウォードは「人間は進化についても第一級である」[32]と、私たちを安心させてくれている。

うわずった調子の見出しはともかく、進化にも秀でたいと思うことや、いちばん最近進化した性質を決めようとすることに、何か悪いことがあるだろうか。問題はこうした考え方に、進化には終点があるという意識が表れているということだ。何かに秀でるということは、それが習得できるスキルで、いったん習得してしまえば何か他のものに進めると感じる。けれども私たちの祖先も当然進化していたわけで、第一章で説明したように、どんな生物も完璧に適応した状態に達し、ひと息ついて止まるということはない。私たちのすべての性質、そしてすべての遺伝子は、速さは違っても常に進化にさらされていて、完成形というのはありえないのだ。

これは進化がすべての生物、あるいはそのすべての側面に、同じように働きかけているという意味ではない。また何もかも適応できるという意味でもない。進化の〝うまさ〟について、科学者が口にすることはないが、彼らは進化能（エヴォルバビリティ）と呼ばれる現象については考えている。

〝進化能〟とは、自然選択が働くような進化のための材料——具体的には子孫に伝えられる変異——を生みだす能力だ。変異が多いほど洪水を乗り越えたり、より多くの配偶者を見つけたり、くちばしの大きさを変えたりする機会があるということだ。進化能の議論を群れの中で起きるできごとに限定する人もいる。たとえばマウスの毛皮が、明るいところで生活するか、暗い地中で生活するかで、白から茶色に変化するといったことだ。その一方で、新規のもの（たとえば翼）が、生物の群れ全体にどのように生じたかを説明するために、進化能という概念を使う人もいる。進化能は長所ではなく、生物とその遺伝子が持つ特性であり、時間が過ぎる間に変動するかもしれない。

ギリシャの哲学者ヘラクレイトスは「同じ川に二度入る人はいない」と言ったとされている。彼が〝暗い哲学者〟と呼ばれる理由の一つとして、彼の著作には、解釈が難しいものが多いことがあげられる。事実、この言葉についても、独自性をずっと保っていられるものはないという意味だと言う人もいれば、人生は常に変化していて、人はいつでも自分をつくり直すことができるという意味だと主張する人もいる。進化にあてはめると、生物は常に変化する川のような環境に反応しているため、進化自体も続いていく。しかし本当に進化をまねるなら、その川には終わりがなく、そこに足を踏み入れた人は、違った方法で川を渡ろうとしなければならなくなる。私たちの生活は更新世の祖先の生活と違うだけでなく、更新世の祖先の生活も、さらに昔の祖先とは違っているのだ。

進化自体を過去のものとするパレオファンタジー

食事からデートの習慣まで、パレオファンタジーはあらゆるところにある。より自然なライフスタイルに憧れるウェブサイトだけでなく、大学関係者や専門職向けのニュースサイト〝クロニクル・オブ・ハイアー・エデュケーション〟でも最近、私たちがサクサクした食べ物を好む理由について、進化する間にしみついた、昆虫を噛み砕くときの快感が呼びさまされるからだという記事が掲載された（それらを食べたときの音がさまざまな感覚を刺激し〝脳の特別な場所〟を占めるようになったのではないかとも書かれている）[33]。こうしたパレオファンタジーは、進化生物学者の故スティーヴン・ジェイ・グールドが言っていたように、あらゆるものの進化上の重要性について、もっともらしい話をつくり上げるだけではすまなくなる。私たちは、今の人間にとって弱みとなっている性質がなぜかつては環境に適応したものだったのか、そのシナリオを勝手に書こうとしているだけではない。進化自体を過去のものにしようとしているのだ。

よく運動して、加工食品を減らし、子どもたちと密接にふれあう素朴な生活をおくるのは好ましいことだ。けれども祖先をまねたいという理由で、そのような生活をおくろうとするべきではない。もっと大きな意味でしか、工業化以前、あるいは農耕以前の社会をまねることはできない。過去は私たちの現在や将来を批判するために使うのではなく、私たちがどこから来たのかを理解するために使うべきだ。パレオファンタジーは私たちを取り巻くものすべて（体、心、行動）が、環境と協調していた時代があったと思わせる。けれども本書でこれまで説明してきたように、そのような時代は存在しなかったのだ。人間、そして他のすべての生物は、あちらへ行ったりこちらへ行ったりしながら進化していて、そこには必ず生命体の特徴であるトレードオフがある。パレオファンタジーを捨てても失うものはない。むしろ得るものがたくさんある。

人間は進化の最終形ではない

一つには、私たちは環境に適応しておらず、その合わない現代の世界で苦しまなければならないという不安が減る。たしかに二〇世紀から二一世紀の生活には、それまでなかったものが次々と登場した。コンピュータ、高層ビル、携帯電話。しかしそんな現代の生活は、石器時代の遺伝子を持つ私たちには合っていないと非難するのではなく、その生活のどの部分が原因で、進化の許容範囲を越えてしまったのかを突き止める必要がある。そのために必要なのはデータであり、何でも非難することではない。たいていは全体を一般化するだけで、細かいことを気にする必要はない。たとえば座ることが多い生活は、不調に結びつきやすい。しかしその問題を改善するために、マンモス狩りをしていた原始人を見習うことはない。ただカウチから立ち上がればいいだけだ。

もう一つは、現代の狩猟採集民族や類人猿を、大昔の人間のモデルとして見る必要がなくなる。現在、生きているものはすべて、他の生物と同じように進化してきた。そして人間と同じ歴史をたどってきたものはない。たしかに私たちはみんな親戚であり、人間や他の霊長類がどのように、違う環境で違う選択圧を受けていたかを調べることはできるが、最も周囲に適応しているという賞をもらえる種はない。

パレオファンタジーを手放せば、私たちがもっと他の生物とつながっていると感じられる。私たちの生活が原始時代の祖先や、親戚の類人猿の生活と違っているからといって、同じ進化の力を受けなかったということにはならない。さらに自分たちは体制に逆らっていると感じなくなれば、もっと幸せになれる。『セルフ』誌に掲載された、もっと楽天的になることを勧める記事では、神経心理学者のリック・ハンソンの言葉を引用している。「人の脳は、あらゆるところに危険があった時代に進化したため、もともと否定的なバイアスがかかっている。人がそのような苦境を生き抜くには、危険を察知する脳の部位が大いに発達しなければならなかった。危険にいち早く反応できる人が、進化で有利になったのだ」[34]。けれどもそのような心配性は人間だけに限ったものではない（本物のニワトリも危険が餌のボウルのかげのような、何気ないところに潜んでいると察しているようなふるまいをする。それは私も経験からはっきり言える）。すべての動物が、あらゆるところに危険がある時代に進化してきた。それは危険が常にあらゆるところに存在するからだ。しかし人間が進化して、他の種以上に否定的になったわけではないし、危険を警戒することで必然的に、あるいは著しく悲観的になるわけでもない。

パレオファンタジーを捨てれば、どのような環境も——昔であれ最近であれ——その痕跡を残しているとわかるようになる。私たちの遺伝子は、旧石器時代や中世や工業化時代といった、一つの環境の影響ですべて決まるわけではない。遺伝子は周囲の環境に反応し、そして互いに反応し合う。グロックを象徴とするブログ、〝マークス・デイリー・アップル〟のコメント欄に、次のような書き込みがあった。「大昔の祖先と今との大きな違いは、ごくわずかな例外はあっても、今は変化が昔より急激に起こるということだ」[35]。おそらくそうなのだろう。けれども変化は連続的なもので、その大昔の祖先も変化を経験してきた。彼らは動物を飼い、穀物を育て、病気に対処してきた。変化は災難とは限らない。さらなる変化を生みだすことがあるというだけだ。

謝辞

私はいつも同僚たちや、世界中の科学者に感謝の念を抱いている。彼らは私にデータやエピソードを提供し、助言を与え、トラブルから遠ざけようとしてくれる（うまくいくときもあればいかないときもあるけれど）。特にこの本に関わってくれた人々には、ここではっきりと謝意を伝えておきたい。それは今回、ふつうだったら人類学者が扱う、辛辣さと敵意が渦巻くとされる領域に、あえて足を踏み入れているからだ。けれども幸運にも私が助言を求めた人類学者たちは、いつもやさしく手を差し伸べてくれた。次の人々には特に感謝している。ジーン・アンダーソン、ロブ・ボイド、ベッキー・キャン、グレッグ・ダウニー、クリステン・ホークス、ジョン・ホークス、ローズマリー・ジョイス、サン・ヒー・リー、ジョーン・シルク、ティム・ホワイト。レスリー・アイエロは〝パレオファンタジー〟という言葉を使うよう熱心に勧めてくれたという点で特筆にあたいする。しかし私は彼女のもともとの意図よりも、はるかにその意味を広く解釈して用いた。ベッキー・キャンは最後の最後で、セレクティブ・スイープのすばらしい図を提供して助けてくれた。進化のスピードについての考え方については、カリフォルニア大学リバーサイド校生物学部の同僚たちを含め、多くの生物学者たちから影響を受けた。スウェーデンのウプサラ大学、そして西オーストラリア大学動物生物学部は、この本に書かれた多くのことともに、私をあたたかく受け入れてくれた。

ライターの友人たちにも感謝している。彼らは大きなこと、あるいは小さなことで、私の意欲をかきたててくれる。デボラ・ブラム、スーザン・モーシャート、バージニア・モレル、スーザン・ストレート、カール・ジマー。アンジェラ・フォン・デル・リップ、ローラ・ロメイン、アナ・マジェラスは、本をとても大切に思っているすばらしい編集者だ。そういう人はどんどん少なくなっている。ストロスマン・エージェンシーのウェンディ・ストロスマンとローレン・マクロードは、常に私を助け励ましてくれた。ローレンがソーシャル・メディアに精通していたことが、私にはとてもありがたかった。私自身はまだそれを原始人並にしか使いこなせていない。ステファニー・ヒーバートは原稿の編集にすばらしい手腕を発揮してくれた。そして最後に、ジョン・ロテンベリーは一貫して、強力で、ありがたい支援者だった。

訳者あとがき

健康は現代人にとって大きな関心事だ。体によい食事やエクササイズに関する本がベストセラーとなり、テレビをつければ、さまざまなダイエット法について本当に効果的か検証している。アメリカでは最近、一万年以上前に生きていた原始人のライフスタイルをまねる健康法が注目を集めているらしい。〝パレオ式〟と呼ばれるその方法は、たとえば穀物や乳製品は食べない、主に肉を食べる、裸足に近い状態で走る、負荷の高い運動を短時間行なうといったことにこだわる。なぜ原始人と同じ生活をするのが望ましいのか。それは今の私たちが、急速に進歩を遂げた現代の環境には適応できていないからだ、というのがパレオ派の主張である。私たちの中身は石器時代の人間と同じなので、当時と同じように生活をするのが、体にも心にも適しているのだと。

本書の著者である生物学者マーリーン・ズックは、その考え方に異議を唱えている。パレオダイエットやエクササイズの、個々の方法にではなく「人間が完全に環境に適応していた時代があった」という、その前提に対してだ。人間にしろ他の動物にしろ、外見から生活方式まで、現在の姿になったのは自然選択による偶然であり、環境に完全に適応することはありえない。現在の生物の姿は、妥協の産物だというのが彼女の主張だ。パレオ派の中には農業が定着して穀物を食べるようになったのが、諸悪の根源とする考えもあるが、定着するからには有利なことが必ずあったはずだ。それがある一面で不都合を引き起こす。そのようなトレードオフが、進化にはつきものだという。そして進化は今でも進行中だ。

進化というと、とてつもなく時間がかかるというイメージがある。最近、鮭のサイズが、この二万年で大幅に小さくなっているというニュースがあった。二万年というのは進化というものさしではほぼ一瞬と言われるが、それでもはるかに遠い昔の話だ。けれども最新技術を用いた研究により、考えられていた以上の速さで進化する性質がいくつもあることが明らかになった。著者のズックらが発見したハワイ諸島に生息するコオロギは、五年未満（だいたい二〇世代）でオスが鳴かなくなったという。その理由はコオロギに寄生するハエに見つからないようにするためだ。オスのコオロギが鳴くのはメスを呼ぶための求愛行動なので、鳴かなくなるとメスに見つかりにくいという不利益が生じる。しかしそれ以上に、ハエを避けることのほうが重要だったのだ。この変化は「人間に当てはめてみると、グーテンベルク聖書の発行（一四五五年）から『種の起源』の出版（一八五九年）までの間に、人間がいつのまにか話せなくなったようなものだ」という。ズックがこのコオロギを発見したのは二〇〇三年、ごく最近のことだ。これほどわかりやすい進化を目の当たりにしたのはズックにとっても驚きであったようで、第三章の描写からは、発見したときの混乱と興奮がまざまざと伝わってくる。

とはいうものの、人間ではそこまで速い進化は起こらないのではないか。いや、そんなことはない、とズックは主張する。たとえば、チベットの高地に住む住人には、高山病を起こさないための、独特な遺伝子変化が認められた。それがいつ起こったのかという予想には幅があるが、もし三〇〇〇年以内のことなら、これまでで最速で進化した性質になるという。遺伝子変化が確認されていなくても、自然選択は私たちの身近で起きている。その例として、特定の地域で数世代にわたって行なわれた調査結果があげられている。その地域に住む女性は、調査された期間で身長が低く小太りになる一方、コレステロール値と血圧は低くなったという。

それなら最近の日本の若者の脚が長く、顔が小さくなっているのも自然選択の結果なのだろうか。芸能人やミスコン参加者に限らず、近所のティーンエージャーを見て、そのスタイルのよさに驚くことがある。一世代前（つまり私を含めた親の時代）とは明らかに平均値が違っているように思える。これは食事の変化や、テーブルに椅子といった生活習慣の影響だけではなく、脚が長いことが子孫を残すうえで有利になるという、自然選択が働いたせいなのだろうか。まだ確認されていなくても、実は遺伝子レベルでの変更が起こっているのだろうか。なぜそれが有利になるのか、そのトレードオフとして何か不都合なことが起きているのではないか。そして今後もさらに、日本人のスタイルは向上し続けるのだろうか。

いや、〝向上する〟という考え方は、「生物が完全に適応できる環境がどこかに存在する」「生物はある理想の姿に向かって進化する」という、ズックが批判している思考に毒された見方かもしれない。これから大きな環境の変化があれば、逆に脚が短く顔が大きいことが生存競争において有利になり、自然選択によってその方向に進化が向かう可能性もあるのだ。

渡会圭子

解説　炭水化物は人類を滅ぼさない

垂水雄二（科学ジャーナリスト）

近頃、糖質制限ダイエットというのが大流行のようで、それに関する書籍がベストセラーになっているそうだ。現代人のいわゆる生活習慣病、ことに糖尿病は栄養過多が大きな原因の一つだから、食餌制限が一定の効果を発揮するのはまちがいないだろう。しかし、この手の食餌制限やサプリメントによる健康法に共通して見られる欠点は、一つの栄養素や成分にすべての責任を押しつけてしまうことである。これさえ食べなければ、あるいはこれさえ摂取しておけばという論理は、一見説得力があり、暗示的効果もある。しかし、たいていまちがっている。ただまちがっているだけでなく、へたな健康法は時には命を脅かしかねない。

どんな栄養素も絶対に必要とか絶対に不要とかいうことは簡単には言えない。人間の健康は、さまざまな成分が複雑かつ緻密に影響しあって維持されているものだから、体が不調だからといって、なにか一つを足したり減らしたりすれば解決するというような単純なものではない。少なければ命にかかわるものもあれば、少々足りなくても平気なものもある。有益なものでも多すぎれば有害になるし、微量ならば有益な作用をする毒物さえある。要は適切な量を摂取することである。炭水化物もまた人類を滅ぼすどころか、不可欠な栄養成分である。

糖質制限ダイエットの源流は、アメリカで大流行しているパレオ・ダイエットと呼ばれるものである。

旧石器時代（パレオリシック）の原始人と同じような生活をして健康になろうというのである。その前提になっているのは、原始人は穀物や糖分をとらず、肉を主食にしていたのに健康で幸せだったという思い込みだ。本書は、現代の最先端の科学的知識を総動員して、その思い込みを突き崩して、パレオ・ダイエットを批判する。

原始人が植物の実や根を集め、獲物を狩って生活していたことはまちがいなく、人類の肉体と精神のあり方が、基本的にこのような狩猟採集生活によって形成されたと考えるのは自然だ。そこで、現代人の生活習慣が原始人の肉体や生理を無視することによって病気が生じる。ゆえに原始人の生活に戻れば健康を取り戻せるというのが、パレオ主義者の考えである。そして穀物や糖分の摂取が非難の対象になり、農耕が諸悪の根源とみなされる。しかし、この論理には二つの大きな誤りがあることを、本書は明らかにしている。

一つは原始人の生活はけっして安楽でも快適でもなかったことである。農耕が誕生しなければ、たえず飢え死にの危険にさらされていただろうし、文明はうまれなかっただろう。幼児の死亡率は高く、病気や災害に苦しめられることも多かったに違いない。古代人の平均寿命が短いのは、成人が短命だったのではなく、死亡率が一般に高く、とりわけ幼児死亡率が高かったからにすぎない。旧石器時代とまではいわなくとも、第二次世界大戦以前の日本でさえ、出産時の妊婦の死亡率は一〇万人当たり、二〇〇人（現在では四人以下）、乳児の死亡率は一〇〇〇人当たり約一〇〇人（現在では二・五人以下）といった有様で、自然分娩が安全だなどとはけっしていえないのだ。こういった「昔は自然で良かった」という幻想は多くの「自然派」がもちだすが、「自然」は危険に満ちてもいたのだ。

二つ目の誤りは、旧石器時代人から現代の人間までのあいだに、身体的な進化がほとんどなかったという仮定である。農耕の起源は約一万年前で、人類の長い歴史からすればほんの一瞬でしかない。正統的な進化論では、進化は長い時間をかけてゆっくりと進行すると考えられるから、一万年くらいでは、身体的な進化はほとんど起こらない。現代社会に生きる人間も基本的には狩猟採集時代と同じ肉体をもち、その肉体と文明生活の齟齬が生活習慣病の原因となるだろうというのも、常識的な見方だったといえよう。

ところが、近年、進化生物学の発展につれて、驚くほど短期間で進化する実例が次々と明らかになってきた。本書の著者、マーリーン・ズックはその代表的な研究者である。ズックは、ハワイのカウアイ島にすむ美しい鳴き声で知られたナンヨウエンマコオロギが、寄生バエから身を守るために、わずか二〇世代のうちに鳴かなくなったという発見によって一躍世界に名を知られることになった。それ以外にも、本書の第三章でくわしく説明されているように、グッピー、ダーウィンフィンチ、オオヒキガエルなどいくつもの種で、一〇〇年以内での急速な進化の実例が確認されている。人類においても、ミルクを分解する大人のラクトース分解酵素が、牧畜生活が始まって以後に、一部のアフリカ人やヨーロッパ人のあいだに急速に進化した（厳密に言えば、大人になってこの酵素をつくる遺伝子のスイッチがオフにならなくなるという変化）。体のつくりを変えるというような大がかりな進化は長い時間がかかるが、酵素の改変のような小さな進化は短時間でいくつも起こっている。

文明の発展とともに、人類は良きにつけ悪しきにつけ、劇的な環境の変化を生みだしてきた。生物としてのヒトの体は、その変化に応じて微細な改変を積み重ねてきたのであり、これからもそれを続けていくに違いない。

主要参考文献

序文　速い進化と遅い進化

1. 著者がスウェーデンのウプサラ大学アンデルス・ゴートストロム研究室を訪れたのは2009年12月。
2. Holland, J. "The Cavewoman's Guide to Good Health." *Glamour*, September 2010. http://www.glamour.com/health-fitness/2010/09/the-cavewomans-guideto-good-health.
3. Ehkzu, March 6, 2010 (8:39 p.m.), comment on R. C. Rabin, "Doctors and Patients, Not Talking about Weight," *Well* (blog), *New York Times*, March 16, 2010, http://well.blogs.nytimes.com/2010/03/16/doctors-and-patients-not-talking-about-weight/?apage=4#comment-495227.
4. ACW, August 20, 2008 (12:11 p.m.), comment on T. Parker-Pope, "Why Women Stop Breast-Feeding," *Well* (blog), *New York Times*, August 15,2008, http://well.blogs.nytimes.com/2008/08/15/why-women-stop-breast-feeding/?apage=8#comment-51267.
5. tman, July 16, 2010 (11:26 a.m.), comment on G. Reynolds, "Phys Ed: The Men Who Stare at Screens," *Well* (blog), *New York Times*, July 14, 2010, http://well.blogs.nytimes.com/2010/07/14/phys-ed-the-men-who-stare-at-screens/?apage=8#comment-548092.
6. Balter, M. "How Human Intelligence Evolved—Is It Science or 'Paleofantasy'?" *Science* 319 (2008): 1028.
7. Shubin, N. *Your Inner Fish*. New York: Vintage, 2009. 垂水雄二訳『ヒトのなかの魚、魚のなかのヒト：最新科学が明らかにする人体進化35億年の旅』（ハヤカワ文庫　2013年）
8. Wade, N. *Before the Dawn: Recovering the Lost History of Our Ancestors*. New York: Penguin, 2007, 70. 沼尻由起子訳『5万年前——このとき人類の壮大な旅が始まった』（イースト・プレス　2007年）
9. Zuk, M., Rotenberry, J. T., and Tinghitella, R. M. "Silent Night: Adaptive Disappearance of a Sexual Signal in a Parasitized Population of Field Crickets." *Biology Letters* 2 (2006): 521–24. Tinghitella, R. M., and Zuk, M. "Asymmetric Mating Preferences Accommodated the Rapid Evolutionary Loss of a Sexual Signal." *Evolution* 63 (2009): 2087–98.
10. Simpson, G. G. *Tempo and Mode in Evolution*. New York: Columbia University Press, 1944, XV.
11. Coyne, J. A. *Why Evolution Is True*. New York: Penguin, 2010. 塩原通緒訳『進化のなぜを解明する』（日経BP社　2010年）
12. McKie, R. "Is Human Evolution Finally Over? *Observer*, February 2, 2002.
13. Cochran, G., and Harpending, H. *The 10,000 Year Explosion: How Civilization Accelerated Human Evolution*. New York: Basic Books, 2009. 古川奈々子訳『一万年の進化爆発　文明が進化を加速した』（日経BP社　2010年）

第一章 マンションに住む原始人

1. Goldstein, J. "The New Age Cavemen and the City." *New York Times*, January 8, 2010.
2. "Diet Fad from the Stone Age." *Sydney Morning Herald*, February 8, 2010. http://www.smh.

com.au/lifestyle/wellbeing/diet-fad-from-the-stone-age-20100208-ol.html.
3. Hawks, J. "The Cavemen Are Happy in the Modern World." *John Hawks Weblog*(blog), January 11, 2010. http://johnhawks.net/weblog/topics/humor/caveman-diet-nytimes-2010.html.
4. Goldstein, "New Age Cavemen and the City."
5. KP, August 22, 2007 (8:53 a.m.), comment on topic "So Close and Yet So Far...," *Caveman Forum*, http://cavemanforum.com/research/so-close-and-yet-so-far/msg2590/#msg2590.
6. Simopoulos, A. P., and Robinson, J. *The Omega Diet: The Lifesaving Nutritional Program Based on the Best of the Mediterranean Diets*. New York: Harper Paperbacks, 1999, 24.
7. Jacobsen, H. "Essential Caveman Lifestyle and Environmental Changes: Maintaining a Caveman Body Is a Four Legged Stool." Diabetes Cure 101, March 6, 2006, http://diabetescure101.com/cavemansbody.shtml.
8. Adam, November 4, 2010 (11:51 a.m.), comment on C. McDougall, "Born to Run the Marathon?" *Well* (blog), *New York Times*, November 4, 2010, http://well.blogs.nytimes.com/2010/11/04/born-to-run-the-marathon/?apage=4#comment-594535.
9. 著者とグレッグ・ダウニーの会話。2010年9月。
10. 以下に一例をあげる。 http://www.paleojay.com/2011/12/getting-rid-of- eyeglasses.html.
11. Wrangham, R. *Catching Fire: How Cooking Made Us Human*. New York: Basic Books, 2009. 依田卓巳訳『火の賜物：ヒトは料理で進化した」(NTT出版　2010年)
12. Gibbons, A. "Lucy's Toolkit? Old Bones May Show Earliest Evidence of Tool Use." *Science* 329 (2010): 738–39.
13. 同上.
14. Boyd, R., and Silk, J. B. *How Humans Evolved*. 5th ed. New York: Norton, 2009, 279. 松本晶子、小田亮監訳『ヒトはどのように進化してきたか』(ミネルヴァ書房　2011年)
15. Milius, S. "Tapeworms Tell Tales of Deeper Human Past." *Science News*, April 7, 2001. http://findarticles.com/p/articles/mi_m1200/is_14_159/ai_104730217.
16. Green, R. E., Krause, J., Briggs, A. W., Maricic, T., Stenzel, U., Kircher, M., Patterson, N., et al. "A Draft Sequence of the Neandertal Genome." *Science* 328 (2010): 710–22. doi:10.1126/science.1188021.
17. Boyd, R., and Silk, J. B. *How Humans Evolved*. 6th ed. New York: Norton, 2012, 292.
18. Enard, W., Przeworski, M., Fisher, S. E., Lai, C. S. L., Wiebe, V., Kitano, T., Monaco, A. P., and Paabo, S. "Molecular Evolution of FOXP2, a Gene Involved in Speech and Language." *Nature* 418 (2002): 869–72. doi:10.1038/nature01025.
19. Edward Hagen, "What Is the EEA and Why Is It Important?" *Evolutionary Psychology FAQ*, last modified September 8, 2004, http://www.anth.ucsb.edu/projects/human/evpsychfaq.html.
20. ローズマリー・ジョイスから著者へのeメール。2010年11月11日。
21. Bower, B. "The Strange Case of the Tasaday." *Science News* 135 (1989): 280–83.
22. ローズマリー・ジョイスから著者へのeメール。2010年11月11日。
23. *John Hawks Weblog: Paleoanthropology, Genetics and Evolution*, http://johnhawks.net.
24. 同上., under "humor," http://johnhawks.net/weblog/topics/humor.
25. Hawks, J. "Neandertal Stories on Parade." *John Hawks Weblog* (blog), December 4, 2010.

http://johnhawks.net/weblog/reviews/neandertals/symbolism/mckie-neandertal-story-2010.html.
26. Glendinning, L., and agencies. "Neanderthals: Not Stupid, Just Different." *Guardian*, August 26, 2008. http://www.guardian.co.uk/science/2008/aug/26/evolution.
27. Keim, B. "Neanderthals Not Dumb, but Made Dull Gadgets." *Wired Science* (blog), *Wired*, August 26, 2008. http://www.wired.com/wiredscience/2008/08/neanderthals-no.
28. "Stone Me—He's Smart, He's Tough, and He's Equal to Any Homo sapiens." Scotsman.com, August 25, 2008. http://www.scotsman.com/news/uk/stone-me-he-s-smart-he-s-tough-and-he-s-equal-to-any-homo-sapiens-1-1087209.
29. Martin, A. "We've All Suspected, Now It's Official: Ozzy Osbourne IS a Neanderthal." *Daily Mail*, October 25, 2010. http://www.dailymail.co.uk/sciencetech/article-1323455/Weve-suspected-official-Ozzy-Osbourne-IS-Neanderthal.html.
30. Smith, T. M., Tafforeau, P., Reid, D. J., Pouech, J., Lazzari, V., Zermeno, J. P., Guatelli-Steinberg, D., et al. "Dental Evidence for Ontogenetic Differences between Modern Humans and Neanderthals." Preprint, submitted to *Proceedings of the National Academy of Sciences of the USA* July 26, 2010. http://www.pnas.org/content/early/2010/11/08/1010906107.
31. Sponheimer, M., and Lee-Thorp, J. A. "Isotopic Evidence for the Diet of an Early Hominid, *Australopithecus africanus*." *Science* 283 (1999): 368–70.
32. Alleyne, R. "Neanderthals Really Were Sex-Obsessed Thugs." *Telegraph*, November 3, 2010. http://www.telegraph.co.uk/science/evolution/8104939/Neanderthals-really-were-sex-obsessed-thugs.html.
33. "Neanderthals Had a Naughty Sex Life, Unusual Study Suggests." Agence France Press, November 2, 2010. http://www.google.com/hostednews/afp/article/ALeqM5j3ojS1P2CP41qjX2cq_k_ANwgmDA?docId=CNG .d38937404101e4d7e98cb91a23a3c053.41.
34. Nelson, E., Rolian, C., Cashmore, L., and Shultz, S. "Digit Ratios Predict Polygyny in Early Apes, *Ardipithecus*, Neanderthals and Early Modern Humans but Not in *Australopithecus*. *Proceedings of the Royal Society. B* 278 (2010): 1556–63. doi:10.1098/rspb.2010.1740.
35. 以下にわかりやすくまとめられている。Manning, J. T. *Digit Ratio: A Pointer to Fertility, Behavior and Health*. New Brunswick, NJ: Rutgers University Press, 2002.
36. "Cavemen Randier Than People Today." *Mirror*, November 3, 2010. http://www.mirror.co.uk/news/uk-news/cavemen-randier-than-people-today-259336.
37. Joyce, R. "Fingering Neanderthal Sexuality." *What Makes Us Human* (blog), *Psychology Today*, November 4, 2010. http://www.psychologytoday.com/node/50068.
38. Nelson et al., "Digit Ratios Predict Polygyny in Early Apes."
39. Kratochvil, L., and Flegr, J. "Differences in the 2nd to 4th Digit Length Ratio in Humans Reflect Shifts along the Common Allometric Line." *Biology Letters* 5(2009): 643–46.
40. Hawks, J. "'Naughty Neandertals' Did What?" *John Hawks Weblog* (blog),September 24, 2010. http://johnhawks.net/weblog/reviews/neandertals/development/digit-ratio-nelson-neandertal-2009.html.
41. Wrangham, R., and Pilbeam, D. "African Apes as Time Machines." In *The Human Evolution*

Source Book, 2nd ed., edited by R. L. Ciochon and J. G. Fleagle, 33–38. Upper Saddle River, NJ: Pearson Prentice Hall, 2006.

42. Wrangham, R., and Peterson, D. *Demonic Males: Apes and the Origins of Human Violence*. Boston: Houghton Mifflin, 1996.　山下篤子訳『男の凶暴性はどこからきたか』(三田出版会　1998年)
43. Zihlman, A. "The Paleolithic Glass Ceiling: Women in Human Evolution." In *Women in Human Evolution*, edited by L. D. Hager, 91–114. London: Routledge, 1997.
44. White, T. D., Asfaw, B., Beyene, Y., Haile-Selassie, Y., Lovejoy, C. O., Suwa, G., and WoldeGabriel, G. "*Ardipithecus ramidus* and the Paleobiology of Early Hominids." *Science* 326 (2009): 75–86.
45. Wrangham and Pilbeam, "African Apes as Time Machines."
46. Brown, D. E. *Human Universals*. New York: McGraw-Hill, 1991, 5. 鈴木光太郎、中村潔訳『ヒューマン・ユニヴァーサルズ：文化相対主義から普遍性の認識へ』(新曜社　2002年)
47. 同上., 6.
48. Joyce, R. "Do Our Ancestors Walk among Us?" *What Makes Us Human* (blog), *Psychology Today*, September 22, 2010. http://www.psychologytoday.com/blog/what-makes-us-human/201009/do-our-ancestors-walk-among-us.

その他の資料

"Evolution: Neanderthals Matured Fast." *Nature* 468 (2010): 478.doi:10.1038/468478c.

Hawks, J. "Ozzy Osbourne, Archaic Human." *John Hawks Weblog* (blog), October 25, 2010. http://johnhawks.net/node/14969.

Wade, N. *Before the Dawn: Recovering the Lost History of Our Ancestors*. New York: Penguin, 2007. 沼尻由起子訳『5万年前：このとき人類の壮大な旅が始まった』(イースト・プレス　2007年)

White, T. H. "Hominid Paleobiology: How Has Darwin Done?" In *Evolution since Darwin: The First 150 Years*, edited by M. A. Bell, D. J. Futuyma, W. F. Eanes, and J. S. Levinton, 519–60. Sunderland, MA: Sinauer, 2010.

Zimmer, C. *Smithsonian Intimate Guide to Human Origins*. New York: Harper Perennial, 2007.

第二章　農業は呪いか、祝福か

1. Radosavljevic, Z. "Stone Age Sights, Sounds, Smells at Croat Museum." *Reuters*, March 1, 2010. http://www.reuters.com/article/2010/03/01/us-neanderthal-croatia-museum-idUSTRE6202EW20100301.
2. Cosmides, L., and Tooby, J. "Evolutionary Psychology: A Primer." Center for Evolutionary Psychology, last modified January 13, 1997. http://www.psych.ucsb.edu/research/cep/primer.html.
3. Cordain, L. *The Paleo Diet: Lose Weight and Get Healthy by Eating the Foods You Were Designed to Eat*. New York: Wiley, 2001.
4. Diamond, J. "The Worst Mistake in the History of the Human Race." *Discover*, May 1987.

5. Cochran, G., and Harpending, H. *The 10,000 Year Explosion: How Civilization Accelerated Human Evolution.* New York: Basic Books, 2009. 古川奈々子訳『一万年の進化爆発　文明が進化を加速した』（日経BP社　2010年）
6. Diamond, "Worst Mistake."
7. O'Connell, S. "Is Farming the Root of All Evil?" *Telegraph*, June 23, 2009. http://www.telegraph.co.uk/science/science-news/5604296/Is-farming-the-root-of-all-evil.html.
8. Wells, S. *Pandora's Seed: The Unforeseen Cost of Civilization.* New York: RandomHouse, 2010,90. 斉藤隆央訳『パンドラの種：農耕文明が開け放った災いの箱』（化学同人 2012年）
9. Feeney, J. "Agriculture: Ending the World as We Know It." *Zephyr*, August–September 2010.
10. 農業の開始についての一般的な情報は以下より。"Agriculture and Food," *Food Encyclopedia, Huffington Post*, accessed October 2010, http://www.huffingtonpost.com/encyclopedia/definition/agriculture%20and%20food/23.
11. Denham, T. P., Iriarte, J., and Vrydaghs, L., eds. *Rethinking Agriculture: Archaeological and Ethnoarchaeological Perspectives.* Walnut Creek, CA: Left Coast Press, 2009, 6.
12. Cordain, *Paleo Diet*, 3.
13. Harris, D. R. "Agriculture, Cultivation, and Domestication: Exploring the Conceptual Framework of Early Food Production." In *Rethinking Agriculture:Archaeological and Ethnoarchaeological Perspectives*, edited by T. P. Denham, J.Iriarte, and L. Vrydaghs, 16–35. Walnut Creek, CA: Left Coast Press, 2009, 30.
14. Wells, *Pandora's Seed*, 24.
15. Lee, R. B. *The !Kung San: Men, Women and Work in a Foraging Society.* Cambridge: Cambridge University Press, 1979.
16. Diamond, "Worst Mistake."
17. Kaplan, H. S., Hill, K., Lancaster, J. B., and Hurtado, A. M. "A Theory of Human Life History Evolution: Diet, Intelligence, and Longevity." *Evolutionary Anthropology* 9 (2000): 156–85.
18. 同上.
19. Diamond, "Worst Mistake."
20. Gage, T. B. "Are Modern Environments Really Bad for Us?: Revisiting the Demographic and Epidemiologic Transitions." *Yearbook of Physical Anthropology* 48 (2005): 96–117.
21. Bowles, S. "Did Warfare among Ancestral Hunter-Gatherers Affect the Evolution of Human Social Behaviors?" *Science* 324 (2009): 1293–98.
22. Singer, P. "Is Violence History?" *New York Times*, October 6, 2011. http://www.nytimes.com/2011/10/09/books/review/the-better-angels-of-our-nature-by-steven-pinker-book-review.html?_r=2&pagewanted=all.
23. Cochran and Harpending, *10,000 Year Explosion*, 65.
24. Hawks, J. "Why Human Evolution Accelerated." *John Hawks Weblog* (blog),December 12, 2007.http://johnhawks.net/weblog/topics/evolution/selection/acceleration/accel_story_2007.html.
25. Cochran and Harpending, *10,000 Year Explosion.*

26. Powell, A., Shennan, S., and Thomas, M. G. "Late Pleistocene Demography and the Appearance of Modern Human Behavior." *Science* 324 (2009): 1298–1301.
27. Wells, *Pandora's Seed*, 53.
28. Cosmides and Tooby, "Evolutionary Psychology."
29. 同上.
30. Edward Hagen, "What Is the EEA and Why Is It Important?" *Evolutionary Psychology FAQ*, last modified September 8, 2004, http://www.anth.ucsb.edu/projects/human/evpsychfaq.html.
31. Strassmann, B. I., and Dunbar, R. I. M. "Human Evolution and Disease: Putting the Stone Age in Perspective." In *Evolution in Health and Disease*, edited by S. C. Stearns, 91–101. Oxford: Oxford University Press, 1999.
32. Britten, R. J. "Divergence between Samples of Chimpanzee and Human DNA Sequences Is 5%, Counting Indels." *Proceedings of the National Academy of Sciences of the USA* 99 (2002): 13633–35.
33. Marks, J. *What It Means to Be 98% Chimpanzee: Apes, People, and Their Genes.*Berkeley: University of California Press, 2002. 長野敬, 赤松眞紀訳『98%チンパンジー：分子人類学から見た現代遺伝学』(青土社　2004年)
34. Cordain, *Paleo Diet*, 9.
35. レベッカ・カンから著者へのeメール。2010年12月。
36. Carroll, S. B. "Genetics and the Making of *Homo sapiens*." *Nature* 422 (2003):849–57.
37. 同上.
38. Tooby, J., and Cosmides, L. "The Past Explains the Present: Emotional Adaptations and the Structure of Ancestral Environments." *Ethology and Sociobiology* 11 (1990): 375–424.
39. Irons, W. "Adaptively Relevant Environments versus the Environment of Evolutionary Adaptedness." *Evolutionary Anthropology* 6 (1998): 194–204.
40. 同上.
41. 同上.
42. Wright, S. "The Roles of Mutation, Inbreeding, Crossbreeding and Selection in Evolution." In *Proceedings of the Sixth International Congress of Genetics,Ithaca, New York, 1932, Vol. 1: Transactions and General Addresses*, edited by Donald F. Jones, 356–66. 1932.

第三章　私たちの眼前で生じる進化

1. Hendry, A. P., and Kinnison, M. T. "Perspective: The Pace of Modern Life: Measuring Rates of Contemporary Microevolution." *Evolution* 53 (1999): 1637–53.
2. Bumpus, H. C. "The Elimination of the Unfit as Illustrated by the Introduced House Sparrow, *Passer domesticus*." *Biological Lectures Delivered at the Marine Biological Laboratory at Woods Hole* (1899), 209–25.
3. Haldane, J. B. S. "Suggestions as to Quantitative Measurement of Rates of Evolution." *Evolution* 3 (1949): 51–56.
4. Gingerich, P. D.. "Rates of Evolution: Effects of Time and Temporal Scaling." *Science* 222 (1983): 159–61.
   Gingerich, P. D. "Quantification and Comparison of Evolutionary Rates." *American Journal*

of Science, 293 (1993): 453–78.
5. Robinson Jeffers, "The Beaks of Eagles," PoemHunter.com, submitted April 12, 2010, http://www.poemhunter.com/poem/the-beaks-of-eagles.
6. Grant, P. R., and Grant, B. R. "Unpredictable Evolution in a 30-Year Study of Darwin's Finches." *Science* 296 (2002): 707–11.
7. Ogden Nash, "The Guppy," PoemHunter.com, submitted January 13, 2003, http://www.poemhunter.com/poem/the-guppy.
8. Reznick, D. N., Shaw, F. H., Rodd, F. H., and Shaw, R. G. "Evaluation of the Rate of Evolution in Natural Populations of Guppies (*Poecilia reticulata*)." *Science* 275 (1997): 1934–37.
9. Reznick, D. N., Ghalambor, C. K., and Crooks, K. "Experimental Studies of Evolution in Guppies: A Model for Understanding the Evolutionary Consequences of Predator Removal in Natural Communities." *Molecular Ecology* 17 (2008): 97–107.
10. Reznick, Ghalambor, and Crooks, "Experimental Studies of Evolution in Guppies" ; Reznick et al., "Evaluation of the Rate of Evolution."
11. 同上.
12. Berthold, P., Helbig, A. J., Mohr, G., and Querner, U. "Rapid Microevolution of Migratory Behaviour in a Wild Bird Species." *Nature* 360 (1992): 668–70.
13. Barrett, R. D. H., Paccard, A., Healy, T. M., Bergek, S., Schulte, P. M., Schluter, D., and Rogers, S. M. "Rapid Evolution of Cold Tolerance in Stickleback." *Proceedings of the Royal Society B* 278 (2010): 233–38.
14. Carroll, S. P., Loye, J. E., Dingle, H., Mathieson, M., Famula, T. R., and Zalucki,M. P. "And the Beak Shall Inherit—Evolution in Response to Invasion." *Ecology Letters* 8 (2005): 944–51. Carroll, S. P. "Facing Change: Forms and Foundations of Contemporary Adaptation to Biotic Invasions." *Molecular Ecology* 17 (2008): 361–72.
15. Schoener, T. W. "The Newest Synthesis: Understanding the Interplay of Evolutionary and Ecological Dynamics." *Science* 331 (2011): 426.
16. Hendry and Kinnison, "Perspective."
17. The Ten Thousand Toads Project. *Turtle Care Sunshine Coast*, accessed July 16, 2012, http://www.turtlecare.com.au/10k-toads-project.php.
18. "Kill Cane Toads Humanely: RSPCA," *Animals Australia*, February 19, 2011, http://www.animalsaustralia.org/media/in_the_news.php?article=1948.
19. The Kimberley Toadbusters, http://www.canetoads.com.au.
20. Phillips, B. L., and Shine, R. "Adapting to an Invasive Species: Toxic Cane Toads Induce Morphological Change in Australian Snakes." *Proceedings of the National Academy of Sciences of the USA* 101 (2004): 17150–55. 以下も参照。http://www.canetoadsinoz.com
21. Phillips, B. L., Brown, G. P., and Shine, R. "Evolutionarily Accelerated Invasions: The Rate of Dispersal Evolves Upwards during the Range Advance of Cane Toads." *Journal of Evolutionary Biology* 23 (2010): 2595–601.
22. "Cane Toad Evolution," CaneToadsinOz.com, accessed July 16, 2012, http://www.canetoadsinoz.com/cane_toad_evolution.html.

23. 同上.
24. Coltman, D. W., O'Donoghue, P., Jorgenson, J. T., Strobeck, C., Festa-Bianchet,M., and Hogg, J. T. "Undesirable Evolutionary Consequences of Trophy Hunting." *Nature* 426 (2003): 655–58.
25. Eldridge, W. H., Hard, J. J., and Naish, K. A. "Simulating Fishery-Induced Evolution in Chinook Salmon: The Role of Gear, Location, and Genetic Correlation among Traits." *Ecological Applications* 20 (2010): 1936–48.
26. Wolak, M. E., Gilchrist, G. W., Ruzicka, V. A., Nally, D. M., and Chambers, R. M. "A Contemporary, Sex-Limited Change in Body Size of an Estuarine Turtle in Response to Commercial Fishing." *Conservation Biology* 24 (2010): 1268–77.
27. Rudolf, J. C. "Speedy Evolution, Indeed." *New York Times*, February 18, 2011.
28. Wirgin, I., Roy, N. K., Loftus, M., Chambers, R. C., Franks, D. G., and Hahn, M. E. "Mechanistic Basis of Resistance to PCBs in Atlantic Tomcod from the Hudson River." *Science* 331 (2011): 1322–25.
29. 同上.
30. Elmer, K. R., Lehtonen, T. K., Kautt, A. F., Harrod, C., and Meyer, A. "Rapid Sympatric Ecological Differentiation of Crater Lake Cichlid Fishes within Historic Times." *BMC Biology* 8 (2010): 60.
31. Halfwerk, W., Holleman, L., Lessells, K., and Slabbekoorn, H. "Negative Impact of Traffic Noise on Avian Reproductive Success." *Journal of Applied Ecology* 48 (2011): 210–19.

その他の資料

Allendorf, F. W., and Hard, J. L. "Human-Induced Evolution Caused by Unnatural Selection through Harvest of Wild Animals." *Proceedings of the National Academy of Sciences of the USA* 106 (2009): 9987–94.

Carroll, S. P., Hendry, A. P., Reznick, D. N., and Fox, C. W. "Evolution on Ecological Time-Scales." *Functional Ecology* 21 (2007): 387–93.

Seger, J. "El Niño and Darwin's Finches." *Nature* 327 (1987): 461.

第四章　ミルクは人類にとって害毒か

1. Robert M. Kradjian, "The Milk Letter: A Message to My Patients," Notmilk.com, accessed February 2011, http://www.notmilk.com/kradjian.html.
2. Robert Cohen, "Detox from Milk: Seven Days," Notmilk.com, accessed February 2011, http://www.notmilk.com/detox.txt.
3. interfool, January 1, 2011 (6:59 p.m.), comment on T. Bilanow, "Salads with Crunch, Sweetness and Zest," *Well* (blog), *New York Times*, December 31, 2010, http://well.blogs.nytimes.com/2010/12/31/salads-with-crunch-sweetness-and-zest/#comment-616849.
4. Warren Dew, February 1, 2011 (7:36 p.m.), reply #3 on topic "Whats [*sic*]Wrong with Cheese?" *Caveman Forum*, http://cavemanforum.com/diet-and-nutrition/whats-wrong-with-cheese/msg47077/#msg47077.
5. Schiebinger, L. "Why Mammals Are Called Mammals: Gender Politics in Eighteenth-Century Natural History." *American Historical Review* 98 (1993):382–411.

6. ミルクのタイプについての情報は、グエルフ大学（カナダ）食物科学部より。http://www.uoguelph.ca/foodscience/content/table-3-composition-milk-different-mammalian-species-100-g-fresh-milk.
7. Bloom, G., and Sherman, P. W. "Dairying Barriers Affect the Distribution of Lactose Malabsorption." *Evolution and Human Behavior* 26 (2005): 301.e1–33.
8. Beja-Pereira, A., Luikart, G., England, P. R., Bradley, D. G., Jann, O. C., Bertorelle, G., Chamberlain, A. T., et al. "Gene-Culture Coevolution between Cattle Milk Protein Genes and Human Lactase Genes." *Nature Genetics* 35 (2003): 311–13.
9. Boyd, R., and Silk, J. B. *How Humans Evolved*. 6th ed. New York: Norton, 2012. 松本晶子、小田亮監訳『ヒトはどのように進化してきたか』（ミネルヴァ書房　2011年）
10. Gerbault, P., Liebert, A., Itan, Y., Powell, A., Currat, M., Burger, J., Swallow, D. M., and Thomas, M. G. "Evolution of Lactase Persistence: An Example of Human Niche Construction." *Philosophical Transactions of the Royal Society B* 366 (2011): 863–77.
11. Alan R. Rogers, notes for lecture titled "Evolution of Lactase Persistence," November 16, 2009, http://content.csbs.utah.edu/~rogers/ant5221/lecture/lactase-2x3.pdf.
12. Gerbault, P., Moret, C., Currat, M., and Sanchez-Mazas, A. "Impact of Selection and Demography on the Diffusion of Lactase Persistence." *PLoS ONE* 4(2009): e6369.
13. Anderson, B., and Vullo, C. "Did Malaria Select for Primary Adult Lactase Deficiency?" *Gut* 35 (1994): 1487–89.
14. Tishkoff, S. A., Reed, F. A., Ranciaro, A., Voight, B. F., Babbitt, C. C., Silverman, J. S., Powell, K., et al. "Convergent Adaptation of Human Lactase Persistence in Africa and Europe." *Nature Genetics* 39 (2007): 31–40.
15. Ingram, C. J. E., Mulcare, C. A., Itan, Y., Thomas, M. G., and Swallow, D. M. "Lactose Digestion and the Evolutionary Genetics of Lactase Persistence." *Human Genetics* 124 (2009): 579–91.

その他の資料

Itan, Y., Jones, B. L., Ingram, C. J. E., Swallow, D. M., and Thomas, M. G. "A Worldwide Correlation of Lactase Persistence Phenotype and Genotypes." *BMC Evolutionary Biology* 10 (2010): 36.

Kiple, K. F., and Ornelas, K. C., eds. *The Cambridge World History of Food*. Cambridge: Cambridge University Press, 2000. 石毛直道ほかシリーズ監訳『ケンブリッジ世界の食物史大百科事典』（朝倉書店　2004-2005年）

Scheindlin, B. "Lactose Intolerance and Evolution: No Use Crying over Undigested Milk." *Gastronomica: The Journal of Food and Culture* 7 (2007): 59–63.

第五章　原始人の食卓

1. Revedin, A., Aranguren, B., Becattini, R., Longo, L., Marconi, E., Lippi, M. M., Skakun, N., Sinitsyn, A., Spiridonova, E., and Svoboda, J. "Thirty Thousand-Year-Old Evidence of Plant Food Processing." *Proceedings of the National Academy of Sciences of the USA* 107 (2010): 18815–19.
2. Henry, A. G., Brooks, A. S., and Piperno, D. R. "Microfossils in Calculus Demonstrate

Consumption of Plants and Cooked Foods in Neanderthal Diets(Shanidar III, Iraq; Spy I and II, Belgium)." *Proceedings of the National Academy of Sciences of the USA* 108 (2010): 486–91. doi:10.1073/pnas.1016868108.

3. Henry, A. G., Ungar, P. S., Passey, B. H., Sponheimer, M., Rossouw, L., Bamford, M., Sandberg, P., de Ruiter, D. J., and Berger, L. "The Diet of *Australopithecus sediba.*" *Nature* 487 (2012): 90–93.
4. Hirst, K. K. "Grinding Flour in the Upper Paleolithic." About.com, October 18, 2010. http://archaeology.about.com/b/2010/10/18/grinding-flour-in-the-upper-paleolithic.htm.
5. Karen, December 11, 2010 (12:29 p.m.), comment on T. Parker-Pope, "Pass the Pasta!" *Well* (blog), *New York Times*, December 10, 2010, http://well.blogs.nytimes.com/2010/12/10/pass-the-pasta/#comment-608687.
6. KevinJFUm, August 3, 2011 (9:26 p.m.), comment on topic "Are Meat Cravings Normal?" *Caveman Forum*, http://cavemanforum.com/diet-and-nutrition/are-meat-cravings-normal.
7. Cordain, L. *The Paleo Diet: Lose Weight and Get Healthy by Eating the Foods You Were Designed to Eat.* New York: Wiley, 2001.
8. Vonderplanitz, A. *We Want to Live.* Santa Monica, CA: Carnelian Bay Castle Press, 2005.
9. Wolf, R. *The Paleo Solution: The Original Human Diet.* Victory Belt Publishing, 2010.
10. Voegtlin, W. *The Stone Age Diet.* New York: Vantage, 1975, 3.
11. 同上., 1.
12. 同上., 23–24.
13. Mallory, August 2, 2011 (5:09 p.m.), comment on topic "Do Carbs Make Your Nose Rounder?" *PaleoHacks*, http://paleohacks.com/questions/55442/do-carbs-make-your-nose-rounder#axzz20uvViyXl.
14. "進化と現代の環境における病気" ベルリン医科大学にて。2009年10月
15. Cordain, *Paleo Diet*, 3.
16. 同上.
17. scott, October 19, 2010 (11:40 a.m.), comment on "The Stone Age Food Pyramid Included Flour Made from Wild Grains, *80beats* (blog), *Discover*, October 18, 2010, http://blogs.discovermagazine.com/80beats/2010/10/18/the-stone-age-food-pyramid-included-flour-made-from-wild-grains.
18. "Best Diets," *U.S. News & World Report*, accessed July 17, 2012, http://health.usnews.com/best-diet.
19. Avery Comarow, "Best Diets Methodology: How We Rated 25 Eating Plans," *U.S. News & World Report*, January 3, 2012, accessed July 17, 2012,http://health.usnews.com/best-diet/articles/2012/01/03/best-diets-methodology-how-we-rated-25-eating-plans.
20. "Paleo Diet," *U.S. News & World Report*, accessed July 17, 2012, http://health.usnews.com/best-diet/paleo-diet.
21. "Best Diets Overall," *U.S. News & World Report*, accessed July 17, 2012, http://health.usnews.com/best-diet/best-overall-diets?page=3.
22. "Caveman Fad Diet," *NHS Choices*, May 9, 2008, http://www.nhs.uk/news/2008/05May/Pages/Cavemanfaddiet.aspx.

23. 同上.
24. Marlowe, F. W. "Hunter-Gatherers and Human Evolution." *Evolutionary Anthropology* 14 (2005): 54–67.
25. Milton, K. "Hunter-Gatherer Diets: Wild Foods Signal Relief from Diseases of Affluence." In *Human Diet: Its Origin and Evolution*, edited by P. S. Ungar and M. F. Teaford, 111–22. Westport, CT: Bergen and Garvey, 2002.
26. Milton, K. "Hunter-Gatherer Diets—A Different Perspective." *American Journal of Clinical Nutrition* 71 (2000): 665–67.
27. Milton, "Hunter-Gatherer Diets" (2002).
28. Gibbons, A. "An Evolutionary Theory of Dentistry." *Science* 336 (2012): 973–75.
29. 同上.
30. Texas Parks and Wildlife Department, "Nutritional Data," accessed March 2011, http://www.tpwd.state.tx.us/exptexas/programs/wildgame/nutrition.
31. Pollan, M. "Breaking Ground; the Call of the Wild Apple." *New York Times*, November 5, 1998. http://www.nytimes.com/1998/11/05/garden/breaking-ground-the-call-of-the-wild-apple.html?pagewanted=all&src=pm.
32. Milton, "Hunter-Gatherer Diets" (2002).
33. 同上.
34. Il Capo, August 15, 2011 (11:07 a.m.), comment on topic "New to This WOE but Need to Ask—Who Eats Potatoes?" *Caveman Forum*, http://cavemanforum.com/diet-and-nutrition/new-to-this-woe-but-need-to-ask-who-eats-potatoes.
35. Armelagos, G. J. "The Omnivore's Dilemma: The Evolution of the Brain and the Determinants of Food Choice." *Journal of Anthropological Research* 66 (2010):161–86.
36. Perry, G. H., Dominy, N. J., Claw, K. G., Lee, A. S., Fiegler, H., Redon, R., Werner, J., et al. "Diet and the Evolution of Human Amylase Gene Copy Number Variation." *Nature Genetics* 39 (2007): 1256–60.
37. Patin, E., and Quintana-Murci, L. "Demeter's Legacy: Rapid Changes to Our Genome Imposed by Diet." *Trends in Ecology and Evolution* 23 (2008): 56–69.
38. Perry et al., "Diet and the Evolution of Human Amylase Gene."
39. Oota, H., Pakendorf, B., Weiss, G., von Haeseler, A., Pookajorn, S., Settheetham-Ishida, W., Tiwawech, D., Ishida, T., and Stoneking, M. "Recent Origin and Cultural Reversion of a Hunter–Gatherer Group." *PLoS Biology* 3 (2005): e71.
40. Luca, F., Bubba, G., Basile, M., Brdicka, R., Michalodimitrakis, E., Rickards, O., Vershubsky, G., Quintana-Murci, L., Kozlov, A. I., and Novelletto, A. "Multiple Advantageous Amino Acid Variants in the NAT2 Gene in Human Populations." *PLoS ONE* 3 (2008): e3136.
41. Sabbagh, A., Darlu, P., Crouau-Roy, B., and Poloni, E. S. "Arylamine *N*-Acetyltransferase 2 (*NAT2*) Genetic Diversity and Traditional Subsistence:A Worldwide Population Survey." *PLoS ONE* 6 (2011): e18507.
42. Luca, F., Perry, G. H., and Di Rienzo, A. "Evolutionary Adaptations to Dietary Changes." *Annual Reviews in Nutrition* 30 (2010): 291–314.
43. Hehemann, J.-H., Correc, G., Barbeyron, T., Helbert, W., Czjzek, M., and Michel,G. "Transfer

of Carbohydrate-Active Enzymes from Marine Bacteria to Japanese Gut Microbiota." *Nature* 464 (2010): 908–14.

44. Kau, A. L., Ahern, P. P., Griffin, N. W., Goodman, A. L., and Gordon, J. I. "Human Nutrition, the Gut Microbiome and the Immune System." *Nature* 474 (2011):327–36.

その他の資料

Babbitt, C. C., Warner, L. R., Fedrigo, O., Wall, C. E., and Wray, G. E. "Genomic Signatures of Diet-Related Shifts during Human Origins." *Proceedings of the Royal Society B* 278 (2011): 961–69.

Cordain, L., Miller, J. B., Eaton, S. B., and Mann, N. "Macronutrient Estimations in Hunter-Gatherer Diets." *American Journal of Clinical Nutrition* 72 (2000):1589–90.

———. "Reply to SC Cunnane." *American Journal of Clinical Nutrition* 72 (2000):1585–86.

Cunnane, S. C. "Hunter-Gatherer Diets—A Shore-Based Perspective." *American Journal of Clinical Nutrition* 72 (2000): 1583–84.

Hobson, K. "Paleo Diet: Can Our Caveman Ancestors Teach Us the Best Modern Diet?" *U.S. News & World Report*, April 28, 2009.

Jew, S., AbuMweis, S. S., and Jones, P. J. H. "Evolution of the Human Diet: Linking Our Ancestral Diet to Modern Functional Foods as a Means of Chronic Disease Prevention." *Journal of Medicinal Food* 12 (2009): 925–34.

Kleim, B. "Ancient Grains Show Paleolithic Diet Was More Than Meat." *Wired Science* (blog), *Wired*, October 18, 2010. http://www.wired.com/wiredscience/2010/10/revised-paleolithic-diet.

Lawler, A. "Early Farmers Went Heavy on the Starch." *Science* 332 (2011): 416–17.

Milton, K. "Reply to L. Cordain et al." *American Journal of Clinical Nutrition* 72 (2000):1590–92.

———. "Reply to SC Cunnane." *American Journal of Clinical Nutrition* 72 (2000):1585–86.

Minogue, K. "The Cavemen's Complex Kitchen." *Science Now*, October 18, 2010.

Perkes, C. "A Diet Plate Right Out of History." *Orange County Register*, June 14, 2011.

Reuters. "Paleolithic Humans Had Bread Along with Their Meat." *New York Times*, October 18, 2010.

Schoeninger, M. J. "The Ancestral Dinner Table." *Nature* 487 (2012): 42–43.

Sponheimer, M., and Lee-Thorp, J. A. "Isotopic Evidence for the Diet of an Early Hominid, *Australopithecus africanus*." *Science* 283 (1999): 368–70.

"The Stone Age Food Pyramid Included Flour Made from Wild Grains." *80beats* (blog), *Discover*, October 18, 2010. http://blogs.discovermagazine.com/80beats/2010/10/18/the-stone-age-food-pyramid-included-flour-made-from-wild-grains.

Viegas, J. "Cavemen Ground Flour, Prepped Veggies." ABC Science, October 19,2010. http://www.abc.net.au/science/articles/2010/10/19/3042264.htm.

第六章　石器時代エクササイズ

1. Goldstein, J. "The New Age Cavemen and the City." *New York Times*, January 8, 2010.
2. "How to Start," *CrossFit*, accessed July 24, 2012, http://www.crossfit.com/cf-info/start-how.

html.
3. "What Is CrossFit?" *CrossFit*, accessed July 24, 2012, http://www.crossfit.com/cf- info/what-crossfit.html.
4. De Vany, A. "Art's (Slightly Edited Original) Essay on Evolutionary Fitness." *Arthur De Vany's Evolutionary Fitness* (blog), October 22, 2010. http://www.arthurdevany.com/articles/20101022.
5. 同上.
6. O'Keefe, J. H., Vogel, R., Lavie, C. J., and Cordain, L. "Achieving Hunter-Gatherer Fitness in the 21st Century: Back to the Future." *American Journal of Medicine* 123 (2010): 1082–86. ———. "Exercise like a Hunter-Gatherer: A Prescription for Organic Physical Fitness." *Progress in Cardiovascular Diseases* 53 (2011): 471–79.
7. 同上.
8. Owen, N., Healy, G. N., Matthews, C. E., and Dunstan, D. W. "Too Much Sitting:The Population Health Science of Sedentary Behavior." *Exercise and Sport Sciences Reviews* 38 (2010): 105–13.
9. Levine, J. A. "Nonexercise Activity Thermogenesis—Liberating the Life-Force." *Journal of Internal Medicine* 262 (2007): 273–87.
10. Owen et al., "Too Much Sitting."
11. Levine, "Nonexercise Activity Thermogenesis."
12. 同上.
13. Levine, J. A., McCrady, S. K., Boyne, S., Smith, J., Cargill, C., and Forrester, T. "Non-exercise Physical Activity in Agricultural and Urban People." *Urban Studies* 48 (2011): 2417–27.
14. 同上.
15. Booth, F. W., Laye, M. J., Lees, S. J., Rector, R. S., and Thyfault, J. P. "Reduced Physical Activity and Risk of Chronic Disease: The Biology behind the Consequences." *European Journal of Applied Physiology* 102 (2008): 381–90.
16. Booth, F. W., Chakravarthy, M. V., and Spangenburg, E. E. "Exercise and Gene Expression: Physiological Regulation of the Human Genome through Physical Activity." *Journal of Physiology* 543(Pt.2) (2002): 399–411.; Booth et al., "Reduced Physical Activity."
17. De Vany, "Art's... Essay on Evolutionary Fitness."
18. O'Keefe et al., "Achieving Hunter-Gatherer Fitness" ; O'Keefe et al., "Exercise like a Hunter-Gatherer."
19. De Vany, "Art's... Essay on Evolutionary Fitness."
20. Taleb, N. N. *The Black Swan: The Impact of the Highly Improbable*, 2nd ed. New York: Random House Trade Paperbacks, 2010, "Why I Do All This Walking." 望月衛訳『ブラック・スワン:不確実性とリスクの本質』(ダイヤモンド社　2009年)
21. Johnson, D. P. "Live Like a Caveman?" *D Patrick Johnson* (blog), January 25, 2010. http://dpatrickjohnson.wordpress.com/2010/01/25/live-like-a-caveman.
22. Taleb, *Black Swan*, 26.
23. 同上, 30.
24. Carrier, D. R. "The Energetic Paradox of Human Running and Hominid Evolution." *Current Anthropology* 25 (1984): 483–95.

25. McDougall, C. "Born to Run Marathons." *Christopher McDougall* (blog), November 6, 2010. http://www.chrismcdougall.com/blog/2010/11/born-to-run-marathons.
26. Carrier, "Energetic Paradox."
27. McDougall, C. *Born to Run: A Hidden Tribe, Superathletes, and the Greatest Race the World Has Never Seen*. New York: Knopf, 2009, 223. 近藤隆文訳『BORN TO RUN　走るために生まれた：ウルトラランナーvs人類最強の"走る民族"』（日本放送出版協会　2010年）
28. Bramble, D. M., and Lieberman, D. E. "Endurance Running and the Evolution of *Homo*." *Nature* 432 (2004): 345–52.
29. 同上.
30. Carrier, "Energetic Paradox."
31. Liebenberg, L. "Persistence Hunting by Modern Hunter–Gatherers." *Current Anthropology* 47 (2006): 1017–26.
32. Zorpette, G. "Louis Liebenberg: Call of the Wild." *IEEE Spectrum*, February 2006. http://spectrum.ieee.org/computing/networks/louis-liebenberg-call-of-the-wild.
33. McDougall, *Born to Run*, 239–240.
34. Bramble and Lieberman, "Endurance Running."
35. McDougall, "Born to Run Marathons."
36. Noakes, T., and Spedding, M. "Run for Your Life." *Nature* 487 (2012): 295–96.
37. Mark Sisson, "Who Is Grok?" *Mark's Daily Apple* (blog), accessed July 17, 2012. http://www.marksdailyapple.com/about-2/who-is-grok/#axzz1z7sfawh9.
38. Mark Sisson, "Did Humans Evolve to Be Long-Distance Runners?" *Mark's Daily Apple* (blog), April 21, 2009, http://www.marksdailyapple.com/did-humans-evolve-to-be-long-distance-runners/#axzz216klVrM0.
39. Taleb, *Black Swan*, "Why I Do All This Walking."
40. Bunn, H. T., and Pickering, T. R. "Bovid Mortality Profiles in Paleoecological Context Falsify Hypotheses of Endurance Running–Hunting and Passive Scavenging by Early Pleistocene Hominins." *Quaternary Research* 74 (2010):395–404.
41. 同上.
42. Steudel-Numbers, K. L., and Wall-Scheffler, C. M. "Optimal Running Speed and the Evolution of Hominin Hunting Strategies." *Journal of Human Evolution* 56 (2009): 355–60.
43. Lieberman, D. E., Bramble, D. M., Raichlen, D. A., and Shea, J. J. "The Evolution of Endurance Running and the Tyranny of Ethnography: A Reply to Pickering And Bunn (2007)." *Journal of Human Evolution* 53 (2007): 439–42.
44. Raichlen, D. A., Armstrong, H., and Lieberman, D. E. "Calcaneus Length Determines Running Economy: Implications for Endurance Running Performance in Modern Humans and Neandertals." *Journal of Human Evolution* 60 (2011): 299–308.
45. Ruxton, G. D., and Wilkinson, D. M. "Thermoregulation and Endurance Running in Extinct Hominins: Wheeler's Models Revisited." *Journal of Human Evolution* 61 (2011): 169–75.
46. Downey, G. "Lose Your Shoes: Is Barefoot Better?" *Neuroanthropology* (blog), July 26, 2009. http://neuroanthropology.net/2009/07/26/lose-your-shoes-is-barefoot-better.
47. van Mechelen, W. "Running Injuries: A Review of the Epidemiological Literature." *Sports*

Medicine 14 (1992): 320–35.
48. Macera, C. A., Pate, R. R., Powell, K. E., Jackson, K. L., Kendrick, J. S. and Craven, D. E. "Predicting Lower-Extremity Injuries among Habitual Runners." *Archives of Internal Medicine* 149 (1989): 2565–68.
49. "2011 Marathon, Half-Marathon and State of the Sport Results: Running USA's Annual Marathon Report," *Running USA*, March 16, 2011, http://www.runningusa.org/node/76115; "Running USA: Running Defies the Great Recession: Running USA's State of the Sport 2010—Part II," LetsRun.com,June 16, 2010, http://www.letsrun.com/2010/recessionproofrunning0617.php.
50. Newman, A. A. "Appealing to Runners, Even the Barefoot Brigade." *New York Times*, July 27, 2011. http://www.nytimes.com/2011/07/28/business/media/appealing-to-runners-even-the-shoeless.html.
51. Christopher McDougall, "The Barefoot Running Debate," *Christopher McDougall* (blog), accessed July 17, 2012, http://www.chrismcdougall.com/barefoot.html.
52. McDougall, *Born to Run*.
53. Parker-Pope, T. "Are Barefoot Shoes Really Better?" *Well* (blog), *New York Times*, September 30, 2011. http://well.blogs.nytimes.com/2011/09/30/are-barefoot-shoes-really-better.
54. Lieberman, D. E., Venkadesan, M., Werbel, W. A., Daoud, A. I., D'Andrea, S., Davis, I. S., Ojiambo Mang'Eni, R., and Pitsiladis, Y. "Foot Strike Patterns and Collision Forces in Habitually Barefoot versus Shod Runners." *Nature* 463 (2010): 531–36.
55. Christopher McDougall, "The Barefoot Running Debate," *Christopher McDougall* (blog), accessed July 17, 2012, http://www.chrismcdougall.com/barefoot.html.
56. Jenkins, D. W., and Cauthon, D. J. "Barefoot Running Claims and Controversies:A Review of the Literature." *Journal of the American Podiatric Medical Association* 101 (2011): 231–46.
57. Colin John, June 8, 2011 (2:29 p.m.), comment on G. Reynolds, "Are We Built to Run Barefoot?" *Well* (blog), *New York Times*, June 8, 2011, http://well.blogs.nytimes.com/2011/06/08/are-we-built-to-run-barefoot/?comments#permid=91.
58. MarkRemy, June 8, 2011 (2:28 p.m.), comment on G. Reynolds, "Are We Built to Run Barefoot?" *Well* (blog), *New York Times*, June 8, 2011, http://well.blogs.nytimes.com/2011/06/08/are-we-built-to-run-barefoot/?comments#permid=87.
59. Downey, "Lose Your Shoes."
60. Berman, Y., and North, K. N. "A Gene for Speed: The Emerging Role of a-Actinin-3 in Muscle Metabolism." *Physiology* 25 (2010): 250–59.
61. MacArthur, D. G., Seto, J. T., Raftery, J. M., Quinlan, K. G., Huttley, G. A., Hook, J. W., Lemckert, F. A., et al. "Loss of ACTN3 Gene Function Alters Mouse Muscle Metabolism and Shows Evidence of Positive Selection in Humans." *Nature Genetics* 39 (2007): 1261–65.
62. 同上.
63. Ruiz, J. R., Gomez-Gallego, F., Santiago, C., Gonzalez-Freire, M., Verde, Z., Foster, C., and Lucia, A. "Is There an Optimum Endurance Polygenic Profile?" *Journal of Physiology* 587 (2009): 1527–34.
64. MacArthur, D. "The ACTN3 Sports Gene Test: What Can It Really Tell You?" *Wired Science*

(blog), *Wired*, November 30, 2008. http://www.wired.com/wiredscience/2008/11/the-actn3-sports-gene-test-what-can-it-really-tell-you.
65. Downey, "Lose Your Shoes."
66. Jacob, F. "Evolution and Tinkering." *Science* 196 (1977): 1161–66.
その他の資料
McDougall, C. "Born to Be a Trail Runner." *Well* (blog), *New York Times*, March 18,2011. http://well.blogs.nytimes.com/2011/03/18/born-to-be-a-trail-runner.
———. "The Once and Future Way to Run." *New York Times*, November 2, 2011.
Murphy, J. "What's Your Workout?" *Wall Street Journal*, June 7, 2011. http://online.wsj.com/article/SB10001424052702303745304576357341289831146.html.
Reynolds, G. "Are We Built to Run Barefoot?" *Well* (blog), *New York Times*, June 8, 2011. http://well.blogs.nytimes.com/2011/06/08/are-we-built-to-run-barefoot.
———. "Phys Ed: Is Running Barefoot Better for You?" *Well* (blog), *New York Times*, October 21, 2009. http://well.blogs.nytimes.com/2009/10/21/phys-ed-is-running-barefoot-better-for-you.
"Running USA: Running Defies the Great Recession." LetsRun.com, June 16,2010. http://www.letsrun.com/2010/recessionproofrunning0617.php.
Sisson, M. *The Primal Blueprint*. Malibu, CA: Primal Nutrition, 2009.
Stanfield, M. "Barefoot Running: Crazy Trend or Timeless Wisdom?" *O&P Edge*,April 2010. http://www.oandp.com/articles/2010-04_06.asp.
Yaeger, S. "Your Body's Biggest Enemy." *Women'sHealth*, November 2009 (last modified June 14, 2010). http://www.womenshealthmag.com/health/sedentary-lifestyle-hazards.

第七章　石器時代の愛とセックス

1. Shalit, W. "Is Infidelity Natural? Ask the Apes." *CNN Opinion*, September 2, 2010. http://www.cnn.com/2010/OPINION/09/02/shalit.infidelity/index.html?hpt=C2.
2. vizirus, (date and time unknown), comment on W. Shalit, "Is Infidelity Natural? Ask the Apes," *CNN Opinion*, September 2, 2010. http:// www.cnn.com/2010/OPINION/09/02/shalit.infidelity/index.html#comment-74792430.
3. Ryan, C., and Jethá, C. *Sex at Dawn: How We Mate, Why We Stray, and What It Means for Modern Relationships*. New York: Harper Perennial, 2010, 2.　山本規雄訳『性の進化論：女性のオルガスムは、なぜ霊長類にだけ発達したか?』(作品社　2014年)
4. celticcavegirl, April 21, 2011 (5:04 p.m.), reply #137 on topic "Involuntary Celibacy—The Underground Epidemic," *Caveman Forum*, http://cavemanforum.com/miscellaneous/involuntary-celibacy-the-underground-epidemic/137.
5. Il Capo, March 26, 2011 (12:52 p.m.), reply #3 on topic "Involuntary Celibacy—The Underground Epidemic," *Caveman Forum*, http://cavemanforum.com/miscellaneous/involuntary-celibacy-the-underground-epidemic/3.
6. smcdow, October 16, 2010 (4:36 p.m.), comment on topic "Sexual Habits of Our Ancestors," *PaleoHacks*, http://paleohacks.com/questions/12167/sexual-habits-of-our-ancestors#axzz21BBiSuft.

7. DAC, March 15, 2011 (12:37 p.m.), comment on topic "Has Going Paleo Made You Leave Behind Any Societal Norms Regarding Sexuality?" *PaleoHacks*, http://paleohacks.com/questions/27619/has-going-paleo-made-you-leave-behind-any-societal-norms-regarding-sexuality#axzz21BBiSuft.
8. Trivers, R. L. "Parental Investment and Sexual Selection." *In Sexual Selection and the Descent of Man, 1871–1971*, edited by B. Campbell, 136–79. Chicago: Aldine,1972.
9. Ryan and Jethá, *Sex at Dawn*, 50.
10. De Waal, F. B. M. *Bonobo: The Forgotten Ape*. Berkeley: University of California,1998, 134. 加納隆至監修・藤井留美訳『ヒトに最も近い類人猿ボノボ』(TBSブリタニカ　2000年)
11. 同上., 2.
12. Ryan and Jethá, *Sex at Dawn*.
13. Stanford, C. B. "The Social Behavior of Chimpanzees and Bonobos." *Current Anthropology* 39 (1998): 399–420.
14. 同上.
15. 同上.
16. Shultz, S., Opie, C., and Atkinson, Q. D. "Stepwise Evolution of Stable Sociality in Primates." *Nature* 479 (2011): 219–24.
17. Ingoldsby, B. B. "Marital Structure." In *Families in Global and Multicultural Perspective*, 2nd ed., edited by B. B. Ingoldsby and S. D. Smith, 99–112. Thousand Oaks, CA: Sage, 2006, 100.
18. Ryan, C. "Sex, Evolution, and the Case of the Missing Polygamists: Were Our Ancestors Polygamists, Monogamists, or Happy Sluts?" *Sex at Dawn* (blog),*Psychology Today*, October 1, 2010. http://www.psychologytoday.com/blog/sex-dawn/201010/sex-evolution-and-the-case-the-missing-polygamists.
19. Fortunato, L. "Reconstructing the History of Marriage Strategies in Indo-European–Speaking Societies: Monogamy and Polygyny." *Human Biology* 83(2011): 87–105.
20. Hammer, M. F., Woerner, A. E., Mendez, F. L., Watkins, J. C., Cox, M. P., and Wall, J. D. "The Ratio of Human X Chromosome to Autosome Diversity Is Positively Correlated with Genetic Distance from Genes." *Nature Genetics* 42 (2010): 830–31.
21. Hager, L. D. "Sex and Gender in Paleoanthropology." In *Women in Human Evolution*, edited by L. D. Hager, 1–28. London: Routledge, 1997.
22. Zihlman, A. "The Paleolithic Glass Ceiling: Women in Human Evolution." In *Women in Human Evolution*, edited by L. D. Hager, 91–113. London: Routledge, 1997.
23. Bird, R. "Cooperation and Conflict: The Behavioral Ecology of the Sexual Division of Labor." *Evolutionary Anthropology* 8(2) (1999): 65–75.
24. 同上.
25. Codding, B. F., Bird, R. B., and Bird, D. W. "Provisioning Offspring and Others: Risk-Energy Trade-Offs and Gender Differences in Hunter-Gatherer Foraging Strategies." *Proceedings of the Royal Society B* 278 (2011): 2502–09
26. Hawkes, K., O'Connell, J. F., and Coxworth, J. E. "Family Provisioning Is Not the Only

Reason Men Hunt: A Comment on Gurven and Hill." *Current Anthropology* 51 (2010): 259–64.
27. Hawkes, K., and Bird, R. B. "Showing Off, Handicap Signaling, and the Evolution of Men's Work." *Evolutionary Anthropology* 11 (2002): 58–67.
28. 著者とジェーン・ランカスターとの会話。1987年、サーカにて。
29. Lovejoy, O. J. "Reexamining Human Origins in Light of *Ardipithecus ramidus*." *Science* 326 (2009): 74e1–8.
30. De Waal, F. B. M. "Was 'Ardi' a Liberal?" *The Blog* (blog), *Huffington Post*, October 18, 2009. http://www.huffingtonpost.com/frans-de-waal/was-ardi-perhaps-liberal_b_325201.html.
31. Holden, C., and Mace, R. "Sexual Dimorphism in Stature and Women's Work: A Phylogenetic Cross-Cultural Analysis." *American Journal of Physical Anthropology* 110 (1999): 27–45.
32. Soulsbury, C. D. "Genetic Patterns of Paternity and Testes Size in Mammals." *PLoS ONE* 5 (2010): e9581.
33. Ryan and Jethá, *Sex at Dawn*.

その他の資料

Darwin, C. *The Descent of Man and Selection in Relation to Sex*. London: John Murray, 1871. Reprinted in *The Origin of Species by Means of Natural Selection; or The Preservation of Favored Races in the Struggle for Life and The Descent of Man and Selection in Relation to Sex*. New York: Modern Library, 1936.　長谷川眞理子訳『人間の進化と性淘汰』（ダーウィン著作集1-2）（文一総合出版　1999-2000年）

Geary, D. C. *Male, Female: The Evolution of Human Sex Differences*. 2nd ed.Washington, DC: American Psychological Association, 2010.

Gurven, M., and Hill, K. "Why Do Men Hunt? A Reevaluation of "Man The Hunter" and the Sexual Division of Labor." *Current Anthropology* 50 (2009): 51–74.

Hrdy, S. B. *Mother Nature: A History of Mothers, Infants, and Natural Selection*. New York: Pantheon, 1999.　塩原通緒訳『マザー・ネイチャー：「母親」はいかにヒトを進化させたか』（早川書房　2005年）

———. *Mothers and Others: The Evolutionary Origins of Mutual Understanding*. Cambridge, MA: Belknap Press of Harvard University Press, 2011.

McLean, C. Y., Reno, P. L., Pollen, A. A., Bassan A. I., Capellini, T. D., Guenther, C., Indjeian, V. B, et al. "Human-Specific Loss of Regulatory DNA and the Evolution of Human-Specific Traits." *Nature* 471 (2011): 216–19.

Silk, J. B. "The Path to Sociality." *Nature* 479 (2011): 182–83.

Small, M. F. *What's Love Got to Do with It? The Evolution of Human Mating*. New York: Anchor Books, 1995.　野中邦子訳『愛の魔力：セックスに愛は必要か』（角川書店　1996年）

Zinjanthropus. "The Sexuality Wars, Featuring Apes." *A Primate of Modern Aspect* (blog), September 6, 2010. http://zinjanthropus.wordpress.com/2010/09/06/the-sexuality-wars-featuring-apes.

Zuk, M. *Sexual Selections: What We Can and Can't Learn about Sex from Animals*.Berkeley:

University of California Press, 2002.　佐藤恵子訳『性淘汰：ヒトは動物の性から何を学べるのか』（白揚社　2008年）

第八章　家族はいつできたのか

1. Iunabelle, June 22, 2011 (6:58 a.m.), comment on topic "Babies Crying Fixed with a Movement." *PaleoHacks*, http://paleohacks.com/questions/46489/babies-crying-fixed-with-a-movement#axzz22EKrng1y.
2. Hrdy, S. B. *Mothers and Others: The Evolutionary Origins of Mutual Understanding*. Cambridge, MA: Belknap Press of Harvard University Press, 2011, 69.
3. DeSilva, J. M. "A Shift toward Birthing Relatively Large Infants Early in Human Evolution." *Proceedings of the National Academy of Sciences of the USA* 108 (2011): 1022–27.
4. Rosemary Joyce, "Back-packing Mommas and Brainy Babies," *What Makes Us Human—And One Percent Neanderthal* (blog), *Psychology Today*, October 27, 2010, http://www.psychologytoday.com/blog/what-makes-us-human/201010/back-packing-mommas-and-brainy-babies.
5. Gibbons, A. "The Birth of Childhood." *Science* 322 (2008): 1040–43.
6. Blurton-Jones, N. G., and Marlowe, F. W. "Selection for Delayed Maturity: Does It Take 20 Years to Learn to Hunt and Gather?" *Human Nature* 13 (2002): 199–238.
7. 同上.
8. Small, M. F. "Mother's Little Helpers." *New Scientist*, December 7, 2002.
9. Bogin, B. "Evolutionary Hypotheses for Human Childhood." *Yearbook of Physical Anthropology* 40 (1997): 63–89.
10. 同上.
11. Hrdy, S. B. *The Langurs of Abu: Female and Male Strategies of Reproduction*. Cambridge, MA: Harvard University Press, 1980.
12. 同上.
13. Hrdy, *Mothers and Others*.
14. 同上., 85.
15. 同上., 109.
16. 同上., 150.
17. Kruger, A. C., and Konner, M. "Who Responds to Crying? Maternal Care and Allocare among the !Kung." *Human Nature* 21 (2010): 309–29.
18. Kramer, K. L. "Cooperative Breeding and Its Significance to the Demographic Success of Humans." *Annual Review of Anthropology* 39 (2010): 417–36.
19. Hrdy, *Mothers and Others*, 130.
20. Mace, R., and Sear, R. "Are Humans Cooperative Breeders?" In *Grandmotherhood: The Evolutionary Significance of the Second Half of Female Life*, edited by E. Voland, A. Chasiotis, and W. Schiefenhoevel, 143–59. Piscataway, NJ: Rutgers University Press, 2005.
21. Kramer, "Cooperative Breeding."
22. Strassmann, B. I. "Cooperation and Competition in a Cliff-Dwelling People." *Proceedings of the National Academy of Sciences of the USA* 108 (2011): 10894–901.

23. Hrdy, *Mothers and Others*, 128.
24. Gettler, L. T., McDade, T. W., Feranilc, A. B., and Kuzawa, C. W. "Longitudinal Evidence That Fatherhood Decreases Testosterone in Human Males." *Proceedings of the National Academy of Sciences of the USA* 108 (2011): 16194–99.
25. Gray, P. B. "The Descent of a Man's Testosterone." *Proceedings of the National Academy of Sciences of the USA* 108 (2011): 16141–42.
26. Gettler, L. T. "Direct Male Care and Hominin Evolution: Why Male–Child Interaction Is More Than a Nice Social Idea." *American Anthropologist* 112 (2010): 7–21.
27. 同上.
28. Winking, J., and Gurven, M. "The Total Cost of Father Desertion." *American Journal of Human Biology* 23 (2011): 755–63.
29. Hrdy, *Mothers and Others*.
30. Mace and Sear, "Are Humans Cooperative Breeders?"
31. Kaptijn, R., Thomese, F., van Tilburg, T. G., and Liefbroer, A. C. "How Grandparents Matter: Support for the Cooperative Breeding Hypothesis in a Contemporary Dutch Population." *Human Nature* 21 (2010): 393–405.
32. Cant, M. A., and Johnstone, R. A. "Reproductive Conflict and the Separation of Reproductive Generations in Humans." *Proceedings of the National Academy of Sciences of the USA* 105 (2008): 5332–36.
33. Hagen, E. H., and Barrett, H. C. "Cooperative Breeding and Adolescent Siblings: Evidence for the Ecological Constraints Model?" *Current Anthropology* 50 (2009): 727–37.
34. 同上.
35. McKenna, J. J., Ball, H. L., and Gettler, L. T. "Mother-Infant Cosleeping, Breastfeeding and Sudden Infant Death Syndrome: What Biological Anthropology Has Discovered about Normal Infant Sleep and Pediatric Sleep Medicine." *Yearbook of Physical Anthropology* 50 (2007): 133–61.
36. Mansbach, A. *Go the F**k to Sleep*. New York: Akashic Books, 2011. つちやあきら訳『とっととおやすみ』(辰巳出版　2011年)
37. Small, M. F. *Our Babies, Ourselves: How Biology and Culture Shape the Way We Parent*. New York: Doubleday, 1998.　野中邦子訳『赤ん坊にも理由がある』(角川書店　2000年)
38. 同上.
39. McKenna, Ball, and Gettler, "Mother-Infant Cosleeping."
40. McKenna, Ball, and Gettler, "Mother-Infant Cosleeping" ; Mother-Baby Behavioral Sleep Laboratory, http://nd.edu/~jmckenn1/lab, accessed April 2012.
41. Gettler, L. T., and McKenna, J. J. "Evolutionary Perspectives on Mother–Infant Sleep Proximity and Breastfeeding in a Laboratory Setting." *American Journal of Physical Anthropology* 144 (2011): 454–62.
42. Small, *Our Babies, Ourselves*, 153.
43. Kruger and Konner, "Who Responds to Crying?"
44. "Babywearing in Church." TheBabyWearer.com, accessed April 2012. http://www.thebabywearer.com/index.php?page=bwchurch.

その他の資料
Hrdy, S. B. *Mother Nature: A History of Mothers, Infants, and Natural Selection*. New York: Pantheon, 1999.
Koenig, W. D., and Dickinson, J. L., eds. *Ecology and Evolution of Cooperative Breeding in Birds*. Cambridge: Cambridge University Press, 2004.
Kramer, K. L. "The Evolution of Human Parental Care and Recruitment of Juvenile Help." *Trends in Ecology and Evolution* 26 (2011): 533–40.
Strassmann, B. I., and Gillespie, B. "Life-History Theory, Fertility and Reproductive Success in Humans." *Proceedings of the Royal Society B* 269 (2002): 553–62.

第九章　病気と健康の進化論

1. markus, November 1, 2007, comment on M. Sisson, "The Biggest Myth about Cancer: That It Just 'Happens,'" *Mark's Daily Apple* (blog), October 31, 2007, http://www.marksdailyapple.com/cancer-myths-and-facts/#axzz22KPaV0zt.
2. Mike OD, October 31, 2007, comment on M. Sisson, "The Biggest Myth about Cancer: That It Just 'Happens,'" *Mark's Daily Apple* (blog), October 31, 2007, http://www.marksdailyapple.com/cancer-myths-and-facts/#axzz22KPtoV3I.
3. Mennerat, A., Nilsen, F., Ebert, D., and Skorping, A. "Intensive Farming: Evolutionary Implications for Parasites and Pathogens." *Evolutionary Biology* 37 (2010): 59–67.
4. 同上.
5. Wells, S. *Pandora's Seed: The Unforeseen Cost of Civilization*. New York: Random House, 2010, 89.　斉藤隆央訳『パンドラの種：農耕文明が開け放った災いの箱』(化学同人 2012年)
6. Gage, T. B. "Are Modern Environments Really Bad for Us?: Revisiting the Demographic and Epidemiologic Transitions." *Yearbook of Physical Anthropology* 48 (2005): 96–117.
7. "Reconstructing Health and Disease in Europe: The Early Middle Ages through the Industrial Period." Poster presented at 78th Annual Meeting of the American Association of Physical Anthropologists, Chicago, IL, April 2009.
8. Domazet-Lošo, T., and Tautz, D. "An Ancient Evolutionary Origin of Genes Associated with Human Genetic Diseases." *Molecular Biology and Evolution* 25 (2008): 2699–707.
9. 同上.
10. Stephens, J. C., Reich, D. E., Goldstein, D. B., Shin, H. D., Smith, M. W., Carrington,M., Winkler, C., et al. "Dating the Origin of the CCR5-Δ32 AIDS-Resistance Allele by the Coalescence of Haplotypes." *American Journal of Human Genetics* 62 (1998): 1507–15.
11. Galvani, A. P., and Slatkin, M. "Evaluating Plague and Smallpox as Historical Selective Pressures for the CCR5-Δ32 HIV-Resistance Allele." *Proceedings of the National Academy of Sciences of the USA* 100 (2003): 15276–79.
12. Galvani, A. P., and Slatkin, M. "Intense Selection in an Age-Structured Population." *Proceedings of the Royal Society B* 271 (2004): 171–76.
13. Novembre, J., Galvani, A. P., and Slatkin, M. "The Geographic Spread of the CCR5 Δ32 HIV-Resistance Allele." *PLoS Biology* 3 (2005): e339.

14. Baron, B., and Schembri-Wismayer, P. "Using the Distribution of the CCR5- Δ 32 Allele in Third-Generation Maltese Citizens to Disprove the Black Death Hypothesis." *International Journal of Immunogenetics* 38 (2010): 139–43.
15. "Final 2011 West Nile Virus Human Infections in the United States." CDC, accessed July 2012, http://www.cdc.gov/ncidod/dvbid/westnile/surv&controlCaseCount11_detailed.htm.
16. Glass, W. G., McDermott, D. H., Lim, J. K., Lekhong, S., Yu, S. F., Franks, W. A., Pape, J., Cheshier, R. C., and Murphy, P. M. "CCR5 Deficiency Increases Risk of Symptomatic West Nile Virus Infection." *Journal of Experimental Medicine* 203 (2006): 35–40.
17. Donoghue, H. D. "Insights Gained from Palaeomicrobiology into Ancient and Modern Tuberculosis." *Clinical Microbiology and Infection* 17 (2011): 821–29.
18. 同上.
19. Barnes, I., Duda, A., Pybus, O. G., and Thomas, M. G. "Ancient Urbanization Predicts Genetic Resistance to Tuberculosis." *Evolution* 65 (2010): 842–48.
20. "The History of Cancer," American Cancer Society, accessed April 2012. http://www.cancer.org/Cancer/CancerBasics/TheHistoryOfCancer.
21. "About the American Cancer Society," American Cancer Society, accessed April 2012, http://pressroom.cancer.org/index.php?s=43&item=52.
22. "Cancer," NewTreatments.org, accessed July 2012, http://www.newtreatments.org/cancer.
23. 同上.
24. NewTreatments.org, http://www.newtreatments.org/index.
25. David, A. R., and Zimmerman, M. R. "Cancer: An Old Disease, a New Disease or Something In Between? *Nature Reviews Cancer* 10 (2011): 728–33.
26. R. David, in Coghlan, A. "Briefing: Cancer Is Not a Disease of the Modern World." *New Scientist*, October 14, 2010.
27. Deborah Mitchell, "Mummies Don' t Lie: Cancer Is Modern and Man Made," *EmaxHealth*, October 15, 2010, http://www.emaxhealth.com/1275/mummies-dont-lie-cancer-modern-and-man-made.
28. Richard Alleyne, "Cancer Caused by Modern Man as It Was Virtually Non-existent in Ancient World," *Telegraph*, October 14, 2010, http://www.telegraph.co.uk/health/healthnews/8064554/Cancer-caused-by-modern-man-as-it-was-virtually-non-existent-in-ancient-world.html.
29. "Report to the Nation Finds Continuing Declines in Cancer Death Rates since the Early 1990s," NCI Press Release, National Cancer Institute, accessed August 2012, http://www.cancer.gov/newscenter/pressreleases/2012/ReportNationRelease2012.
30. Waldron, T. "What Was the Prevalence of Malignant Disease in the Past?" *International Journal of Osteoarchaeology* 6 (1996): 463–70.
31. Nerlich, A. G., and Bachmeier, B. E. "Paleopathology of Malignant Tumours Supports the Concept of Human Vulnerability to Cancer." *Nature Reviews Cancer* 7 (2007): 563.
32. Coghlan, "Briefing: Cancer Is Not."
33. Finch, C. E. "Evolution of the Human Lifespan and Diseases of Aging: Roles of Infection, Inflammation, and Nutrition." *Proceedings of the National Academy of Sciences of the USA* 107

(2010): 1718–24.
34. Greaves, M. "Darwinian Medicine: A Case for Cancer." *Nature Reviews Cancer* 7 (2007): 213–21.
35. Crespi, B. J. "The Emergence of Human-Evolutionary Medical Genomics." *Evolutionary Applications* 4 (2011): 292–314.
36. 同上.
その他の資料
de Silva, E., and Stumpf, M. P. H. "HIV and the CCR5-Δ32 Resistance Allele." *FEMS Microbiology Letters* 241 (2004): 1–12.
Dickerson, J. E., Zhu, A., Robertson, D. L., and Hentges, K. E. "Defining the Role of Essential Genes in Human Disease." *PLoS ONE* 6 (2011): e27368.
Starr, B. "Is There a Genetic Reason Some People Survived the Plague during the Middle Ages?" Tech Museum, May 12, 2004. http://www.thetech.org/genetics/ask.php?id=10.

第一〇章　私たちは今でも進化しているのか

1. Stiffler, January 7, 2010 (12:08 p.m.), comment on C. Zimmer, "The Origin of the Future: Death by Mutation?" *The Loom* (blog), *Discover Magazine*, January 7, 2010, http://blogs.discovermagazine.com/loom/2010/01/07/the-origin-of-the-future-death-by-mutation.
2. klcarbaugh, October 31, 2009 (12:22 p.m.), comment on topic "Human Evolution Speeding Up," *Caveman Forum*, http://cavemanforum.com/research/human-evolution-speeding-up/msg16332/#msg16332.
3. Destor, October 4, 2010 (12:04 p.m.), comment on topic "Rapid Evolutionary Adaptations," *Caveman Forum*, http://cavemanforum.com/diet-and-nutrition/rapid-evolutionary-adaptations/msg38901/#msg38901.
4. BragonDorn, January 7, 2012 (5:22 p.m.), comment on Heskew, "Are Humans Still Evolving?" *Sports Abode* (blog), January 7, 2012, http://www.thesportsabode.com/2012/01/are-humans-still-evolving.html.
5. Alfred Lord Tennyson, *In Memoriam A. H. H.*
6. Greg, W. R. "On the Failure of 'Natural Selection' in the Case of Man." *Fraser's Magazine*, September 1868.
7. Tait, L. "Has the Law of Natural Selection by Survival of the Fittest Failed in the Case of Man?" *Dublin Quarterly Journal of Medical Science* 47 (1869): 102–13.
8. Darwin, C. *The Descent of Man and Selection in Relation to Sex*. London: John Murray, 1871. Reprinted in *The Origin of Species by Means of Natural Selection; or The Preservation of Favored Races in the Struggle for Life and The Descent of Man and Selection in Relation to Sex*. New York: Modern Library, 1936, 501.　長谷川眞理子訳『人間の進化と性淘汰』(ダーウィン著作集 1-2)(文一総合出版　1999-2000年)
9. Shepherd, J. A. "Lawson Tait—Disciple of Charles Darwin." *British Medical Journal* 284 (1982): 1386–87.
10. McKie, R. "Is Human Evolution Finally Over?" *Guardian*, February 2, 2002. http://www.guardian.co.uk/science/2002/feb/03/genetics.research.

11. Stock, J. T. "Are Humans Still Evolving?" *European Molecular Biology Organization Reports* 9 (2008): S51–54.
12. Meredith Small, quoted in "Ask the Experts: Are Human Beings Still Evolving? It Would Seem That Evolution Is Impossible Now That the Ability to Reproduce Is Essentially Universally Available. Are We Nevertheless Changing as a Species?" *Scientific American*, October 21, 1999, http://www.scientificamerican.com/article.cfm?id=are-human-beings-still-ev.
13. Hawks, J. "Human Evolution Stopping? Wrong, Wrong, Wrong." *John Hawks Weblog* (blog), October 10, 2008. http://johnhawks.net/taxonomy/term/304.
14. 同上.
15. 同上.
16. 同上.
17. Balter, M. "Are Humans Still Evolving?" *Science* 309 (2005): 234–37.
18. Byars, S. G., Ewbank, D., Govindarajuc, D. R., and Stearns, S. C. "Natural Selection in a Contemporary Human Population." *Proceedings of the National Academy of Sciences of the USA* 107 (2010): 1787–92.
19. 同上.
20. Stearns, S. C., Byars, S. G., Govindarajuc, D. R., and Ewbank, D. "Measuring Selection in Contemporary Human Populations." *Nature Reviews Genetics* 11 (2010): 611–22.
21. Milot, E., Mayer, F. M., Nussey, D. H., Boisverta, M., Pelletierc, F., and Réale, D. "Evidence for Evolution in Response to Natural Selection in a Contemporary Human Population." *Proceedings of the National Academy of Sciences of the USA* 108 (2011): 17040–45.
22. Stearns et al., "Measuring Selection."
23. 同上.
24. 同上.
25. Yi, X., Liang, Y., Huerta-Sanchez, E., Jin, X., Cuo, Z. X. P., Pool, J. E., Xu, X., et al. "Sequencing of 50 Human Exomes Reveals Adaptation to High Altitude." *Science* 329 (2010): 75–78.
26. Simonson, T. S., Yang, Y., Huff, C. D., Yun, H., Qin, G., Witherspoon, D. J., Bai, Z., et al. "Genetic Evidence for High-Altitude Adaptation in Tibet." *Science* 329 (2010): 72–75.
27. Storz, J. T. "Genes for High Altitudes." *Science* 329 (2010): 40–42.
28. Williamson, S. H., Hubisz, M. J., Clark, A. G., Payseur, B. A., Bustamante, C. D., and Nielsen, R. "Localizing Recent Adaptive Evolution in the Human Genome." *PLoS Genetics* 3 (2007): e90.
29. 同上.
30. Hernandez, R. D., Kelley, J. L., Elyashiv, E., Melton, S. C., Auton, A., McVean, G., 1000 Genomes Project, Sella, G., and Przeworski, M. "Classic Selective Sweeps Were Rare in Recent Human Evolution." *Science* 331 (2011): 920–24.
31. Yoshiura, K., Kinoshita, A., Ishida, T., Ninokata, A., Ishikawa, T., Kaname, T., Bannai, M., et al. "A SNP in the *ABCC*11 Gene Is the Determinant of Human Earwax Type." *Nature Genetics* 38 (2006): 324–30.
32. Ward, P. "What Will Become of *Homo sapiens*?" *Scientific American*, January 2009.

33. Allen, J. S. "Why Humans Are Crazy for Crispy." *Chronicle Review*, May 27, 2012.
34. Graves, G. "Feel as Happy as a Pig in Mud!" *Self*, April 2012.
35. Michelle, January 4, 2012, comment on M. Sisson, "How Much Have Human Dietary Requirements Evolved in the Last 10,000 Years?" *Mark's Daily Apple* (blog), January 4, 2012, http://www.marksdailyapple.com/are-humans-still-evolving/#axzz22WKGUl1R.

その他の資料

Alenderfer, M. S. "Moving Up in the World." *American Scientist* 91 (2003): 542–49.

Andrews, T. M., Kalinowski, S. T., and Leonard, M. J. " 'Are Humans Evolving?' A Classroom Discussion to Change Student Misconceptions Regarding Natural Selection." *Evolution Education and Outreach* 4 (2011): 456–66.

Brantingham, P. J., Rhode, D., and Madsen, D. B. "Archaeology Augments Tibet's Genetic History." *Science* 329 (2010): 1466–67.

Cauchi, S. "Long and Short of It—We're Taller." The Age, April 12, 2004. http://www.theage.com.au/articles/2004/04/11/1081621836499.html#.

Cochran, G., and Harpending, H. *The 10,000 Year Explosion: How Civilization Accelerated Human Evolution*. New York: Basic Books, 2009.　古川奈々子訳『一万年の進化爆発　文明が進化を加速した』(日経BP社　2010年)

Coyne, J. A. "Are Humans Still Evolving? A Radio 4 Show." *Why Evolution Is True* (blog), August 17, 2011. http://whyevolutionistrue.wordpress.com/2011/08/17/are-humans-still-evolving-a-radio-4-show.

———. "Are We Still Evolving? Part 2." *Why Evolution Is True* (blog), September 18, 2010. http://whyevolutionistrue.wordpress.com/2010/09/18/are-we-still-evolving-part-2.

———. *Why Evolution Is True*. New York: Penguin, 2010.　塩原通緒訳『進化のなぜを解明する』(日経BP社　2010年)

Gibbons, A. "Tracing Evolution's Recent Fingerprints." *Science* 329 (2010): 740–42.

Pritchard, J. K., and Di Rienzo, A. "Adaptation—Not by Sweeps Alone." *Nature Reviews Genetics* 11 (2010): 665–67.

Pritchard, J. K., Pickrell, J. K., and Coop, G. "The Genetics of Human Adaptation: Hard Sweeps, Soft Sweeps, and Polygenic Adaptation." *Current Biology* 20 (2010): R208–15.

Wade, N. "Adventures in Very Recent Evolution." *New York Times*, July 19, 2010.

———. "Scientists Cite Fastest Case of Human Evolution." *New York Times*, July 1, 2010.

Yi, X., Liang, Y., Huerta-Sanchez, E., Jin, X., Cuo, Z. X. P., Pool, J. E., Xu, X., et al. "Response to Brantingham et al. 2010." *Science* 329 (2010): 1467–68.

著者
マーリーン・ズック　Marlene Zuk
カリフォルニア大学サンタバーバラ校で生物学を学ぶ。1986年、コオロギの行動と寄生者についての研究により博士号を取得。この研究がのちに、ハワイ諸島において寄生バエの攻撃を避けるため、わずか5年で鳴かないように急速に進化した新種コオロギの発見につながった。また、性選択における「ハミルトン－ズックのパラサイト仮説」で有名。求愛行動においてメスはオスの寄生体耐性を判断して選択するというもので、耐性があることを示すオスの指標として、クジャクの美しい羽や鶏の立派なとさかなどがあげられる。現在、ミネソタ大学教授。専門は進化生物学と行動生態学。邦訳書に『性淘汰』（白揚社）、『考える寄生体』（東洋書林）がある。

訳者
渡会圭子　Keiko Watarai
1963年生まれ。上智大学文学部卒業。主な訳書に『地球進化46億年の物語』（ロバート・ヘイゼン、講談社ブルーバックス）、『スノーボール・アース』（ガブリエル・ウォーカー、ハヤカワ・ノンフィクション文庫）、『習慣の力』（チャールズ・デュヒッグ、講談社）、『フラッシュ・ボーイズ』（マイケル・ルイス、文藝春秋）などがある。

解説
垂水雄二　Yuji Tarumi
翻訳家・科学ジャーナリスト。京都大学大学院理学研究科博士課程修了。著書に『進化論の何が問題か　ドーキンスとグールドの論争』（八坂書房）、訳書に『恐竜はなぜ鳥に進化したのか』（文春文庫）、『遺伝子の川』（草思社文庫）、『ヒトのなかの魚、魚のなかのヒト』（ハヤカワ・ノンフィクション文庫）など多数ある。

私たちは今でも進化しているのか？

2015年1月25日　　第1刷

著　者　マーリーン・ズック
訳　者　渡会圭子
発行者　飯窪成幸
発行所　株式会社　文藝春秋
東京都千代田区紀尾井町3-23（〒102-8008）
電話　03-3265-1211
印刷所　大日本印刷
製本所　大口製本

ISBN 978-4-16-390193-0　　Printed in Japan